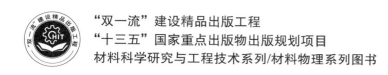

“双一流”建设精品出版工程

“十三五”国家重点出版物出版规划项目

材料科学研究与工程技术系列/材料物理系列图书

固 体 物 理

SOLID STATE PHYSICS

（第3版）

费维栋　编

U0223343

哈爾濱工業大學出版社

HITP HARBIN INSTITUTE OF TECHNOLOGY PRESS

内容简介

本书首先介绍了学习固体理论所必需的量子物理基础和晶体学知识,而后讲述了固体物理的基本理论(包括晶格动力学、自由电子理论和能带理论基础),在此基础上对半导体性质、固体的磁性质、固体的介电与铁电性质以及固体的超导电性的物理基础和性能起源进行了分析和阐述。

本书可作为材料类本科生和研究生教材,也可供相关研究人员参考。

图书在版编目(CIP)数据

固体物理/费维栋编. —3 版. —哈尔滨:哈尔滨工业大学出版社,2020.9(2024.3 重印)
ISBN 978 - 7 - 5603 - 8986 - 8

Ⅰ.①固⋯　Ⅱ.①费⋯　Ⅲ.①固体物理学 - 高等学校 - 教材　Ⅳ.①O48

中国版本图书馆 CIP 数据核字(2020)第 146586 号

材料科学与工程
图书工作室

策划编辑　许雅莹　杨　桦
责任编辑　许雅莹
封面设计　屈　佳
出版发行　哈尔滨工业大学出版社
社　　址　哈尔滨市南岗区复华四道街 10 号　邮编 150006
传　　真　0451 - 86414749
网　　址　http://hitpress.hit.edu.cn
印　　刷　哈尔滨市石桥印务有限公司
开　　本　787 mm × 1092 mm　1/16　印张 18.5　字数 370 千字
版　　次　2014 年 9 月第 1 版　2020 年 9 月第 3 版　2024 年 3 月第 4 次印刷
书　　号　ISBN 978 - 7 - 5603 - 8986 - 8
定　　价　44.00 元

(如因印装质量问题影响阅读,我社负责调换)

第 3 版前言

本书第 1 版自 2014 年出版以来,得到了广大读者的肯定,已数次重印,本版是编者结合本书几年来的使用情况进行的修订。

本书是作者在多年讲授固体物理课程的讲义基础上针对材料类专业本科生和材料科学与工程专业硕士研究生编写的教材。第 1 版编写时,已经有多种中英文固体物理教材问世,其中有许多经典之作,例如,基泰尔(C. Kittle)编著的名著《固体物理导论》(有中文译本),方俊鑫和陆栋编著的《固体物理》,黄昆编著、韩汝奇改编的《固体物理学》,等等。这些经典教材对固体物理相关学科的人才培养和科学研究起到了巨大作用。在此情况下,是否还需要编写一部新的固体物理教材是作者心中很纠结的问题。本书的编写主要基于以下两个方面的考虑:

首先,早期的固体物理教材主要是为物理类的高年级学生编写的,要求学生有较好的数学和物理基础。随着学科专业的调整和人才培养的需要,材料类专业的本科生和硕士研究生也都开设了固体物理课程。在此形势下,编写一部适合材料类及其相关专业教学需要的固体物理教材是必要的。因此,本书强调物理逻辑分析而减少了烦琐的数学推导,特别是加强了几类重要功能材料的性能起源的物理分析。

另外,材料类专业的课程设置中一般都包括晶体结构和晶体缺陷、晶体 X 射线衍射分析、材料力学性能等课程,这些内容可以不包括在固体物理课程中,所以本书只是适当地选取了有关晶体学方面的内容。

本书在排版和绘图方面吸取了国外教材的优点,以方便学生阅读。

由于编者水平有限,再版时虽全力修订,但书中疏漏仍在所难免,希望读者不吝赐教。

编　者
2020 年 4 月

目　　录

第 1 章　量子理论基础

　　固体可以看成是由大量离子和价电子组成的复杂多体体系,固体物理的任务就是要描述这些微观粒子的运动规律,进而阐明固体的宏观物理性质。描述离子和电子运动规律的工具是量子力学,现代固体理论的发展完全得益于量子力学的应用。

　　原则上讲,当体系的哈密顿量(Hamiltonian)给定以后,利用量子力学的薛定谔(Schrödinger)方程就可以获得体系的状态、能量等。但是我们所面临的多体问题实在是太复杂了,获得这样一个包含 10^{23} 个粒子(而且它们之间还存在复杂的相互作用)的多体体系薛定谔方程的精确解是不可能的。即使这个解可以得到也是没有意义的,因为它含有太多的变量。

设想一下,1 s考察一个变量,考察 10^{23} 个变量需要多少年?

　　本章的目的不仅仅是针对材料科学与工程学科量子力学基础薄弱的同学设计的,还想通过相关知识的梳理,初步阐明固体物理的基本方法。所以,作者建议即便是对量子力学比较熟悉的同学也要花一些时间阅读本章的内容。

1.1　微观粒子的基本属性

1.1.1　微观粒子的波粒二象性和波函数

1. 波粒二象性

　　1905 年,爱因斯坦(Einstein)为了解释光电效应,提出光具有粒子性。其后,德布罗意(de Broglie)推断实物粒子(静止质量不为零的粒子。光子的静止质量为零,所以光子不是实物粒子)也具有波动性。一个动量为 p 的实物粒子的波长为

$$\lambda = \frac{h}{p} \tag{1.1}$$

则粒子的动量可表示为

$$p = \frac{h}{\lambda} = \hbar k$$

粒子的动能为

$$E = \frac{p^2}{2m} = \frac{\hbar^2 k^2}{2m} = \hbar \omega$$

式中,h 为普朗克(Planck)常数,$h \approx 6.626 \times 10^{-34} \text{J} \cdot \text{s}$;$\hbar = h/2\pi$;$k$ 为

粒子波的波矢量;ω 为粒子波的角频率。

式(1.1)就是著名的德布罗意关系式。

波动和粒子的双重属性称为粒子的波粒二象性。应当指出,微观粒子的粒子属性不能等同于经典的刚球,例如,经典粒子的运动规律可用粒子的运动轨迹加以描述,而微观粒子则不能;同样,微观粒子的波动性也并非指粒子的运动路径是波动的,而指的是粒子运动状态的不确定性与可迭加性。电子的波动性被电子衍射实验所证实。

2. 波函数

在经典牛顿(Newton)力学中,粒子的状态可用其轨迹方程 $r = r(t)$ 加以完备描述。由于微观粒子具有波粒二象性,可以发生干涉或衍射现象,粒子的轨迹方程不复存在。人们提出用波函数描述粒子的状态,波函数一般记为 $\psi(r, t)$。一般情况下,波函数为复函数。

波函数的玻恩(Born)统计诠释。

> 波函数的物理意义是其模平方 $|\psi(r,t)|^2$ 表示 t 时刻,在空间 r 处发现粒子的几率密度,其中 $|\psi|^2 = \psi^*\psi$(ψ^* 是 ψ 的复共轭函数)。

由波函数的统计诠释容易得出波函数应满足的归一化条件

$$\int |\psi|^2 \mathrm{d}v = \int \psi^*\psi \mathrm{d}v = 1 \tag{1.2}$$

式中,ψ^* 是 ψ 的复共轭函数,积分区间遍及粒子存在的整个空间。

波函数应满足以下条件:

(1)$\psi(r,t)$ 必须是有界的,因为 $|\psi|^2$ 是发现粒子的几率密度,而几率密度只能是一个有限的数;

(2)$\psi(r,t)$ 必须是单值的,因为空间中不可能有两个不同的电子几率密度;

(3)$\psi(r,t)$ 必须是连续函数;

(4)$\psi(r,t)$ 是整个空间平方可积函数。

3. 自由粒子波函数

最简单的粒子是自由粒子(即粒子不受任何作用)。早在薛定谔引入波函数和薛定谔方程前,人们就假定自由粒子可以用最简单的波——简谐平面波来描述,即自由粒子的波函数为

$$\psi(r,t) = A\mathrm{e}^{\mathrm{i}(k \cdot r - \omega t)} = A\mathrm{e}^{\frac{\mathrm{i}}{\hbar}(p \cdot r - Et)} \tag{1.3}$$

式中,A 为归一化常数。

由自由粒子波函数可以发现,自由粒子在空间各处的几率密度是一样的,这一点与经典粒子完全不同。

4. 多粒子体系波函数

由 N 个粒子组成的多粒子体系,其波函数可以表示为

$$\psi = \psi(r_1, r_2, \cdots, r_N; t) \tag{1.4}$$

对于多粒子体系波函数,玻恩统计诠释依然是正确的,而且波函数也

要满足前面所给的条件。

1.1.2 微观粒子状态的可迭加性

微观粒子的干涉或衍射现象体现了其状态的可迭加性,这一点完全不同于经典粒子。态迭加原理是量子力学的基本假定之一,也是微观粒子波动性的必然结果。下面介绍态迭加原理的基本思想。

假设 ψ_1 和 ψ_2 都是体系的状态,那么它们的线性组合也是体系可能状态,即

$$\psi = C_1\psi_1 + C_2\psi_2$$

也是体系的可能波函数。式中,C_1 和 C_2 为任意复常数。

上式还具有下述物理意义:即粒子处于 ψ_1 所描述状态的几率为 $|C_1|^2$,粒子处于 ψ_2 所描述状态的几率为 $|C_2|^2$。若 ψ_1 和 ψ_2 都是归一化的,则必有

$$|C_1|^2 + |C_2|^2 = 1$$

更一般的情况是,若 $\psi_1,\psi_2,\cdots,\psi_n$ 为体系的可能状态,那么 $\psi = \sum C_i\psi_i$(C_i 为复常数)也是体系的可能状态。态迭加原理要求描述体系的状态方程必须是线性的。

1.1.3 全同微观粒子的不可分辨性

首先来分析全同微观粒子的不可分辨性。在经典力学中,尽管两个粒子的固有性质完全相同,但由于运动中都有其自身完全确定的轨道,所以两个经典粒子仍然是可以区分的。在量子力学中,两个全同粒子在空间中函数是相互重叠的。这样,由于两个粒子的固有属性完全一样,而它们又不具确定的速度和位置,因而无法对两个粒子进行区分。

下面用图1.1中两个粒子的碰撞过程来形象地说明微观粒子的不可分辨性。对于经典宏观粒子而言,图1.1所示的两个过程是完全可以分辨的。但对于全同微观粒子而言,粒子的波函数实际上是空间扩展的,在它们相互碰撞时,波函数严重重叠。碰撞过后,没有办法区分两个粒子与碰撞前的对应关系。

态迭加原理。

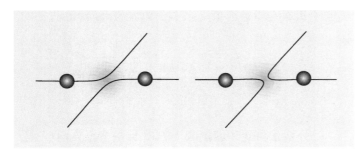

图 1.1 两个粒子的碰撞过程示意图

(阴影区表示两个粒子的波函数有严重重叠)

在自由粒子的情况下,粒子的不可分辨性更容易理解。如前所述,自由粒子在空间的分布几率密度是均匀的。当将两个全同粒子放入同一空间时,由于波函数的相互重叠,区分两个粒子是没有意义的。

全同粒子的这种不可区分性是微观粒子所具有的特性。这种不可区分性使得全同粒子体系中,两个全同粒子互换不引起物理状态的改变,这就是全同性原理。

依据全同性原理,在多体波函数中,互换任意两个坐标后,波函数最多相差一个负号。即对全同粒子体系必然有

$$\psi(\boldsymbol{r}_1,\cdots,\boldsymbol{r}_i,\cdots,\boldsymbol{r}_j,\cdots,\boldsymbol{r}_N;t) = \pm\psi(\boldsymbol{r}_1,\cdots,\boldsymbol{r}_j,\cdots,\boldsymbol{r}_i,\cdots,\boldsymbol{r}_N;t) \quad (1.5)$$

式(1.5)表明,全同粒子体系波函数只能是对称或反对称的。

1.1.4 费米子和玻色子

1. 微观粒子的自旋

在阐述微观粒子的另外一个重要属性——自旋之前,先来简略地回顾一下电子自旋的发现过程。在经典物理中,带电粒子的运动可以产生磁矩,而且这种磁矩总是同带电粒子的角动量相联系。例如,一个经典粒子做匀速圆周运动,其角动量是守恒的,它就会产生一个恒定不变的磁矩。

实验表明,电子除了具有轨道磁矩之外,还具有一种内禀的磁矩。由于磁矩总是与角动量相联系,所以将这种产生电子内禀磁矩的角动量定义为电子自旋角动量。

对于有心力场中运动的电子的轨道角动量平方 L^2 及在参考方向上的投影 L_z,由下式确定

$$\begin{cases} L^2 = l(l+1)\hbar^2 \\ L_z = m\hbar \end{cases} \quad (1.6)$$

式中,l 为轨道角动量的量子数,且 $l = 0,1,2,\cdots$;m 为磁量子数,且 $m = \pm l,\pm(l-1),\cdots,0$。

利用电子磁矩的测量结果,人们发现,电子自旋角动量的表达式为

$$\begin{cases} S^2 = s(s+1)\hbar^2 = \dfrac{1}{2}\left(\dfrac{1}{2}+1\right)\hbar^2 \\ S_z = m_s\hbar = \pm\dfrac{1}{2}\hbar \end{cases} \quad (1.7)$$

式中,S^2 和 S_z 分别是自旋角动量的平方以及在参考方向(一般选 z 方向)上的投影。

将电子自旋角动量平方的取值同电子轨道角动量平方的取值进

行比较,可以看出量子数 s 同轨道角动量量子数 l 的意义相当,所以 s 被称为电子的自旋量子数。可见,电子自旋角动量量子数为 $1/2$,其在 z 方向上的投影只能是 $\pm \hbar/2$。

电子自旋角动量已被大量实验所证实,但不能将自旋理解为电子绕自身某个转轴旋转的结果。电子自旋同电子电荷、电子质量一样是电子固有的内禀属性之一。

事实上,自旋并不仅限于电子,人们发现所有的基本粒子都具有自旋特性。例如,光子的自旋量子数为 1,质子和中子的自旋量子数为 $1/2$,等等。按自旋量子数可以将粒子分成费米(Fermi)子和玻色(Bose)子两类。

> 自旋量子数为半整数的粒子称为费米子;自旋量子数为整数的粒子称为玻色子。

2. 费米子的泡利不相容原理

在经典物理中,一个体系中的不同经典粒子可以具有相同的动量、能量、角动量等。但是,两个粒子不能在同一时间处于同一位置,否则与经典刚性粒子概念相矛盾。对于全同性微观粒子,关于粒子状态的限制与经典情况有很大差别。

对于全同玻色子体系而言,描述粒子状态的量子数没有限制。例如,全同玻色子体系在温度趋于 0 K 时,所有粒子均倾向于占据能量最低的状态,这就是著名的玻色 – 爱因斯坦凝聚。

费米子则要满足泡利(Pauli)不相容原理:

> 在全同费米子组成的体系中,任意两个费米子不能处于同一状态,即体系中不可能有两个全同费米子具有完全相同的量子数,这一原理称为泡利不相容原理。

例如,在原子中,描述电子的量子数分别为主量子数、轨道角动量量子数、磁量子数和自旋量子数四个量子数,在一个原子中不可能有两个电子同时具有完全相同的四个量子数。

再如,对于自由电子组成的体系,描述电子状态的量子数为动量量子数 k(电子的动量为 $\hbar k$)和自旋量子数 s。在这样的体系中不可能有两个电子具有完全相同的动量和自旋角动量。

1.2 薛定谔方程

1.2.1 含时间的薛定谔方程

对于经典宏观粒子,若其在保守势场 $V(\boldsymbol{r})$ 中运动,则其运动方程

就是著名的牛顿第二定律,即

$$m \frac{\mathrm{d}^2 \boldsymbol{r}}{\mathrm{d}t^2} = \boldsymbol{F} = -\nabla V(\boldsymbol{r}) \tag{1.8}$$

式中,∇ 为梯度算符,$\nabla = \boldsymbol{i}\partial/\partial x + \boldsymbol{j}\partial/\partial y + \boldsymbol{k}\partial/\partial z$($\boldsymbol{i}$、$\boldsymbol{j}$、$\boldsymbol{k}$ 为笛卡尔坐标系中三个坐标轴方向上的单位矢量);m 为粒子的质量;$\boldsymbol{F}$ 为粒子所受的力。

由牛顿第二定律可知,在初始条件和边界条件已知的情况下,可以得到粒子在任意时刻的状态,即 $\boldsymbol{r} = \boldsymbol{r}(t)$。由此可以获得宏观粒子的各种物理量,如速度、动量、角动量等。

我们已经知道,一个微观粒子的状态(或称量子态)可用波函数 $\psi(\boldsymbol{r}, t)$ 来描述,那么,如何求解描述粒子状态的波函数 $\psi(\boldsymbol{r}, t)$ 呢?1926 年,薛定谔提出了著名的薛定谔方程。后面会看到,薛定谔方程的地位同经典力学中牛顿第二定律是相当的。薛定谔方程是量子力学的一个基本假定,它是不能证明的,它的正确与否只能由实验来验证。量子力学理论表明,只要知道了粒子的状态函数,粒子的所有物理量均可由状态函数得到。

> 处在势能函数 $V(\boldsymbol{r}, t)$ 中的粒子满足下述薛定谔方程:
>
> $$i\hbar \frac{\partial}{\partial t}\psi(\boldsymbol{r}, t) = \left[-\frac{\hbar^2}{2m}\nabla^2 + V(\boldsymbol{r}, t) \right]\psi(\boldsymbol{r}, t) = \hat{H}\psi(\boldsymbol{r}, t) \tag{1.9}$$

式中,∇^2 为拉普拉斯(Laplas)算符,$\nabla^2 = \frac{\partial^2}{\partial x^2} + \frac{\partial^2}{\partial y^2} + \frac{\partial^2}{\partial z^2}$;$\hat{H}$ 称为体系的哈密顿量或哈密顿算符,$\hat{H} = -\frac{\hbar^2}{2m}\nabla^2 + V(\boldsymbol{r}, t)$。

用数学公式表达物理定律,是物理学从定性到定量的必经之路。回顾这些重要方程或定律的建立过程是有帮助的。牛顿比他的前辈先贤更为高明的是将物理定律公式化。在前人实验观察的基础上,他给出了万有引力公式和以他名字命名的经典力学第二定律。可以说,经典力学公式是在实验数据的归纳总结基础上建立起来的。从下述薛定谔方程的提出过程,我们可以发现"推而广之"同样是获取科学规律的重要途径之一。

首先,分析描述粒子的动力学方程应该具有什么特点。其一,受牛顿第二定律的启发,这个方程应当是一个初值问题,即方程中应当含有关于时间的微分项;其二,这个方程应当是一个边值问题,即方程中应当含有对空间坐标的微分项;其三,态迭加原理要求方程是线性的,即方程中只能含有波函数的一次项。利用上述三个要求,从自由粒子出发寻求求解波函数的方程,具体思路如图 1.2 所示。

图 1.2 薛定谔方程的建立过程示意图

先来研究对波函数的时间微分,对自由电子波函数进行时间偏微分可以得到 $\frac{\partial}{\partial t}\psi = -\frac{i}{\hbar}E\psi$(此处 ψ 代表自由电子波函数),即

$$i\hbar\frac{\partial}{\partial t}\psi = E\psi \tag{1.10}$$

算符 $i\hbar\frac{\partial}{\partial t}$ 作用到波函数的效果是产生能量 E,所以称为能量算符。读者可以自己去尝试对波函数进行二阶、三阶 …… 时间偏导。

接下来研究对波函数的空间坐标微分。仿照前面对自由电子波函数的时间偏导运算,对自由电子波函数进行一阶空间坐标微分(求梯度)可以得到

$$-i\hbar\nabla\psi = i\hbar\left(\boldsymbol{i}\frac{\partial}{\partial x} + \boldsymbol{j}\frac{\partial}{\partial y} + \boldsymbol{k}\frac{\partial}{\partial z}\right)\psi = \\ (p_x\boldsymbol{i} + p_y\boldsymbol{j} + p_z\boldsymbol{k})\psi = \boldsymbol{p}\psi \tag{1.11}$$

式中,$-i\hbar\nabla$ 为动量算符。

至此,依然不能建立波函数时间微分和空间坐标微分之间的联系。为此,对波函数进行空间坐标的二阶微分得到

$$-\frac{\hbar^2}{2m}\nabla^2\psi = \frac{p^2}{2m}\psi \tag{1.12}$$

由于 $p^2/2m$ 是粒子的动能,所以称 $\hat{T} = -\frac{\hbar^2}{2m}\nabla^2$ 为动能算符。对于自由电子而言,电子不受任何势场的作用,其能量就是动能,所以式(1.12)可以写为

$$\hat{T}\psi = E\psi \tag{1.13}$$

现在可以建立起波函数对时间微分和对空间坐标微分之间的关系了。比较式(1.10)和式(1.13)可以发现,对自由电子而言,有

$$i\hbar\frac{\partial}{\partial t}\psi = -\frac{\hbar^2}{2m}\nabla^2\psi = \hat{T}\psi \tag{1.14}$$

将式(1.14)推广到更为一般的情况。对于一个在势场 $V(\boldsymbol{r},t)$ 运动的粒子,其总能量为动能和势能之和,即 $\frac{p^2}{2m} + V(\boldsymbol{r},t)$。为此,将式(1.14)右侧的动能算符用总能量替换,即 $\hat{T} \to -\frac{\hbar^2}{2m}\nabla^2 + V$。这样就得

到了推广到任意粒子的方程

薛定谔方程。

$$i\hbar\frac{\partial\psi}{\partial t} = (-\frac{\hbar^2}{2m}\nabla^2 + V)\psi = \hat{H}\psi \qquad (1.15)$$

式(1.15)就是著名的薛定谔方程,它揭示了微观粒子的基本运动规律。由薛定谔方程可知,只要给定粒子的势能函数,原则上就可求出描述粒子量子状态的波函数。迄今,尚未发现任何违背薛定谔方程的实验证据(粒子速度要远小于光速),而它的有效性则越来越明显地表现出来。薛定谔方程已经成为分析微观粒子运动行为的最有效工具。

1.2.2　不含时间的薛定谔方程 —— 定态问题

在许多情况下,势能函数不显含时间 t,这类问题被称为定态问题。定态薛定谔方程在固体物理学中具有重要意义。本节主要介绍定态情况下的薛定谔方程。希望读者能细心领会微分方程的分离变量求解这一重要的数学技巧。

先来复习数学中微分方程的分离变量求解方法。

> 一个关于多变量函数 $\psi(x_1, x_2, \cdots, x_N)$ 的偏微分方程中,如果没有各变量之间的交叉项,则可以对函数 $\psi(x_1, x_2, \cdots, x_N)$ 进行分离变量,即令
> $$\psi(x_1, x_2, \cdots, x_N) = \varphi_1(x_1)\varphi_2(x_2)\cdots\varphi_N(x_N) = \prod_j \varphi_j(x_j)$$

显然,若势能函数 $V(\boldsymbol{r})$ 不显含 t,则可利用分离变量方法求解薛定谔方程(1.9),令

$$\psi(\boldsymbol{r}, t) = \varphi(\boldsymbol{r})f(t)$$

代入方程(1.9),等式两边同时除以 $\psi(\boldsymbol{r}, t) = \varphi(\boldsymbol{r})f(t)$,可以得到

$$\frac{i\hbar}{f(t)}\frac{\mathrm{d}f}{\mathrm{d}t} = \frac{\hat{H}\varphi(\boldsymbol{r})}{\varphi(\boldsymbol{r})} = E$$

由于式中第一项仅是时间 t 的函数,第二项仅是空间坐标的函数,二者相等,那么它们必定是常函数。可以证明,这个常数 E 就是粒子的能量本征值。由式(1.15)得到如下两个方程

$$\frac{i\hbar}{f(t)}\frac{\mathrm{d}f}{\mathrm{d}t} = E \qquad (1.16)$$

$$\frac{\hat{H}\varphi(\boldsymbol{r})}{\varphi(\boldsymbol{r})} = E \qquad (1.17)$$

求解方程(1.16)得到

$$f(t) \sim \mathrm{e}^{-\frac{i}{\hbar}Et} \qquad (1.18)$$

因此,对于定态问题,薛定谔方程的解可以写成

$$\psi(\boldsymbol{r}, t) = \varphi(\boldsymbol{r})\mathrm{e}^{-\frac{i}{\hbar}Et} \qquad (1.19)$$

方程(1.17)称为定态或不含时间的薛定谔方程。对于势能函数不显含

时间的粒子,其波函数可以写成空间坐标变量函数和时间变量函数的乘积,其中含时间变量函数对所有粒子都相同,只需求解方程(1.17)。

若粒子的势能函数不显含时间,则满足如下定态或不含时间的薛定谔方程为

$$\hat{H}\varphi(\boldsymbol{r}) = E\varphi(\boldsymbol{r}) \tag{1.20}$$

对于多体体系为

$$\hat{H} = \sum_i -\frac{\hbar^2}{2m}\nabla_i^2 + V(\boldsymbol{r}_1,\boldsymbol{r}_2,\cdots,\boldsymbol{r}_N)$$

多体定态薛定谔方程为

$$\hat{H}\varphi(\boldsymbol{r}_1,\boldsymbol{r}_2,\cdots,\boldsymbol{r}_N) = E\varphi(\boldsymbol{r}_1,\boldsymbol{r}_2,\cdots,\boldsymbol{r}_N) \tag{1.21}$$

下面对定态薛定谔方程做如下讨论:

(1) $\hat{H} = \frac{\hat{p}^2}{2m} + V(\boldsymbol{r}) = -\frac{\hbar^2}{2m}\nabla^2 + V(\boldsymbol{r})$ 是粒子的能量算符,而定态薛定谔方程就是体系能量算符的本征函数,E 称为能量本征值,有关算符的本征值问题详见本章附录。尽管在数学上,对 E 没有特殊要求,但波函数本身的性质(如有界、单值、连续等)对 E 的取值可能有具体限制。

(2) 处于定态的粒子的空间几率密度 $|\varphi(\boldsymbol{r})\mathrm{e}^{-\frac{\mathrm{i}}{\hbar}Et}|^2 = |\varphi(\boldsymbol{r})|^2$ 不随时间而变化。

1.2.3　定态问题举例

定态问题具有十分重要的意义,如氢原子能级和光谱、分子键合、固体能带等都属于定态问题。本节主要讲述几个典型定态问题的求解,这些问题不仅可以帮助读者理解和掌握量子力学问题的求解过程,同时许多结论和思路在后几章中还要用到,如线性谐振子问题、分离变量方法等。

1. 二维无限深方势阱问题

如图1.3所示,二维无限深方势阱的势能函数 $V(x,y)$ 可以表示为

$$V(x,y) = \begin{cases} 0 & (0 \leqslant x \leqslant a, 0 \leqslant y \leqslant a) \\ \infty & (x,y < 0, \text{或} x,y > a) \end{cases} \tag{1.22}$$

本节将就一个粒子和多个粒子的情况分别进行讨论,其中多个粒子情况对理解固体物理理论具有重要的启发。

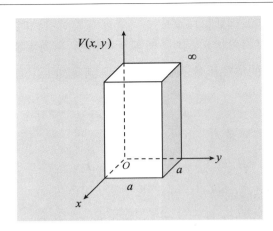

图 1.3 二维无限深方势阱

（1）一个粒子的情况。

下面将考查一个粒子在二维无限深方势阱中运动的情况。此时，定态薛定谔方程为

$$\left(-\frac{\hbar^2}{2m}\frac{\partial^2}{\partial x^2} - \frac{\hbar^2}{2m}\frac{\partial^2}{\partial y^2} + V\right)\varphi(x,y) = E\varphi(x,y) \qquad (1.23)$$

先分析势阱外的情况。考虑到 $\varphi(x,y)$ 必须有界，而 $V(x,y)$ 在势阱外为无穷大，所以在势阱外必然有

$$\varphi(x,y) = 0 \quad （势阱外） \qquad (1.24)$$

在势阱内，$V(x,y) = 0$，定态薛定谔方程为

$$-\frac{\hbar^2}{2m}\left(\frac{\partial^2\varphi(x,y)}{\partial x^2} + \frac{\partial^2\varphi(x,y)}{\partial y^2}\right) = E\varphi(x,y) \qquad (1.25)$$

令 $k^2 = \dfrac{2mE}{\hbar^2}$，则方程（1.25）变为

$$\frac{\partial^2\varphi}{\partial x^2} + \frac{\partial^2\varphi}{\partial y^2} + k^2\varphi = 0 \qquad (1.26)$$

方程（1.26）中没有变量 x，y 的交叉项，可以分离变量求解。即令 $\varphi(x,y) = \varphi_1(x)\varphi_2(y)$，代入方程（1.26），方程两边同时除以 $\varphi(x,y) = \varphi_1(x)\varphi_2(y)$，得到

两个方程形式完全一致，只需求解一个方程，另外的方程将变量换一下就行啦！

$$\begin{cases} \dfrac{\mathrm{d}\varphi_1^2(x)}{\mathrm{d}x^2} + k_1^2\varphi_1(x) = 0 \\[2mm] \dfrac{\mathrm{d}\varphi_2^2(y)}{\mathrm{d}y^2} + k_2^2\varphi_2(y) = 0 \end{cases} \qquad (1.27)$$

式中，$k_1^2 + k_2^2 = k^2$。

方程（1.27）中的两个方程形式上完全等同，只需求解一个方程。不妨求解关于 x 的方程，令

$$\varphi_1(x) = A_1\cos k_1 x + B_1\sin k_1 x \qquad (1.28)$$

由于波函数 $\varphi(x)$ 在整个空间必须是连续的,所以有

$$\varphi_1(0) = \varphi_1(a) = 0$$

由 $\varphi_1(0) = 0$ 可以得到,$A = 0$。由 $\varphi_1(a) = 0$,可以得到

$$B_1 \sin k_1 a = 0$$

因为 $A = 0$ 且 $B_1 = 0$,相当于势阱中没有粒子,没有物理意义,故有 $\sin k_1 a = 0$,则

$$k_1 = \frac{l_1 \pi}{a} \quad (l_1 = 1, 2, \cdots) \tag{1.29}$$

所以,在势阱内部

$$\varphi_1(x) = B_1 \sin \frac{l_1 \pi}{a} x \tag{1.30}$$

由于方程(1.27)的两个方程在形式上完全等同,只是变量的名称不同而已。可以根据以上的求解过程直接写出方程(1.27)中关于变量 y 的偏微分方程的解为

$$\begin{cases} \varphi_2(y) = 0 & \text{势阱外} \\ \varphi_2(y) = B_2 \sin \frac{l_2 \pi}{a} y \quad (l_2 = 1, 2, \cdots) & \text{势阱内} \end{cases} \tag{1.31}$$

这样就可以得到一个粒子在二维无限深方势阱中的定态薛定谔方程的解

$$\varphi(x, y) = \begin{cases} 0 & \text{势阱外} \\ C \sin \frac{l_1 \pi}{a} x \sin \frac{l_2 \pi}{a} y \quad (l_1, l_2 = 1, 2, \cdots) & \text{势阱内} \end{cases} \tag{1.32}$$

式中,$C = B_1 B_2$ 是归一化常数,读者可以自行计算之。

粒子的能量为

$$E = \frac{\hbar^2}{2m}(k_1^2 + k_2^2) = \frac{\pi^2 \hbar^2}{2ma^2}(l_1^2 + l_2^2) \tag{1.33}$$

通过分析式(1.32)和式(1.33)可以看出,当将 l_1 和 l_2 相互对换时,粒子的能量不变而其波函数却是不同的(除去 $l_1 = l_2$ 的情况)。为了表述这种现象,人们引入了能级简并的概念。

> 一个能级对应于多个波函数(状态)的现象称为能级简并,一个能级对应的波函数的个数称为该能级的简并度。

对于一个粒子在二维无限深方势阱中运动的情况而言,除去 $l_1 = l_2$ 情况以外,其他能级都是二重简并的。

(2)N 个无相互作用粒子的情况。

假如 N 个无相互作用的粒子在上述二维无限深势阱中运动,利用分离变量方法研究其波函数和能级。

首先分析势阱外的情况。由于势垒为无限高,放入势阱内的粒子不可能越过无限高的势垒而在势阱外运动,所以在势阱外的波函数一

暂不考虑自旋,若考虑自旋情况如何?

定为零。

在势阱内，势能函数为零。体系的薛定谔方程为

$$\left[\sum_{i=1}^{N}-\frac{\hbar^2}{2m}\left(\frac{\partial^2}{\partial x_i^2}+\frac{\partial^2}{\partial y_i^2}\right)\right]\varphi(x_1,y_1,\cdots,x_N,y_N)=E_t\varphi(x_1,y_1,\cdots,x_N,y_N)$$

$$(1.34)$$

上述方程中，没有变量的交叉项，所以可以采用分离变量的方法求解。

令

$$\varphi(x_1,y_1,\cdots,x_N,y_N)=\prod_{i=1}^{N}\varphi_i(x_i,y_i) \qquad (1.35)$$

将式（1.35）代入方程（1.34），并用此式去除方程两边，可以得到

$$\frac{\hat{H}_1\varphi_1(x_1,y_1)}{\varphi_1(x_1,y_1)}+\frac{\hat{H}_2\varphi_2(x_2,y_2)}{\varphi_1(x_2,y_2)}+\cdots+\frac{\hat{H}_N\varphi_N(x_N,y_N)}{\varphi_N(x_N,y_N)}=E_t \quad (1.36)$$

其中

$$\hat{H}_i=-\frac{\hbar^2}{2m}\left(\frac{\partial^2}{\partial x_i^2}+\frac{\partial^2}{\partial y_i^2}\right)$$

上述方程左边的第 i 项仅是第 i 个粒子坐标的函数，而其和为常函数，所以方程（1.36）中每一项都必定是常数。可令第 i 项等于 E_i，则可以得到下面 N 个方程

$$\begin{cases}\hat{H}_1\varphi_1(x_1,y_1)=E_1\varphi_1(x_1,y_1)\\ \hat{H}_2\varphi_2(x_2,y_2)=E_2\varphi_2(x_2,y_2)\\ \qquad\qquad\vdots\\ \hat{H}_N\varphi_N(x_N,y_N)=E_N\varphi_N(x_N,y_N)\end{cases} \qquad (1.37)$$

方程组（1.37）中的所有方程在形式上都是完全等同的，唯一的差别就是坐标编号不同，所以每个方程的解在形式上是完全一致的。只要知道其中一个方程的解，将坐标代换就可以得到所有方程的解。由于方程组的每个方程均与方程（1.23）相同，而方程（1.23）的解（1.32）和（1.33）在前面已经得到，所以通过坐标代换就可以直接得到方程组（1.37）的解

$$\varphi_i(x,y)=\begin{cases}0 & \text{势阱外}\\ C_i\sin\dfrac{m_i\pi}{a}x_i\sin\dfrac{n_i\pi}{a}y_i & \text{势阱内}\end{cases} \qquad (1.38)$$

$$E_i=\frac{\pi^2\hbar^2}{2ma^2}(m_i^2+n_i^2) \qquad (1.39)$$

式中，$m_i,\ n_i=1,2,3,\cdots$。

很显然体系的总波函数和总能量为

$$\varphi(x,y)=\begin{cases}0 & \text{势阱外}\\ C\displaystyle\prod_{i=1}^{N}\sin\dfrac{m_i\pi}{a}x_i\sin\dfrac{n_i\pi}{a}y_i & \text{势阱内}\end{cases} \qquad (1.40)$$

$$E=\sum_{i=1}^{\infty}E_if_i$$

式中，f_i 是能级为 E_i 的粒子数；C 为归一化常数。

在 N 个粒子的二维无限深势阱问题中，每个粒子的能级 E_i 都是不连续的，有无穷多个分立取值，而且所有粒子的能级表达式是一样的，即所有粒子都具有完全相同的能级结构。那么，我们自然要问，每个粒子的能量为何？这个问题还可以这样表述：由于 N 个粒子组成的二维无限深势阱中只有一种能级结构，那么，每个能级上究竟有多少个粒子占据呢？回答这个问题，必须先确定粒子的自旋（费米子还是玻色子），然后利用统计物理理论给出正确答案。我们将在 1.3 节回答这个问题。

2. 一维谐振子问题

尽管固体中原子或分子偏离平衡位置后的恢复力可能十分复杂，但是当振幅很小时，这种振动可以近似成简谐振动。这种近似在处理晶格振动、分子振动等问题时具有重要意义。

选取振动体系的平衡位置为势能零点，则一维谐振子的势能函数可以表示为

$$V(x) = \frac{1}{2}\beta x^2 \tag{1.41}$$

式中，β 常称为恢复力常数。

下面对一个和 N 个粒子两种情况分别讨论。

（1）一个粒子的情况。

若振子的质量为 m，令 $\omega = \sqrt{\beta/m}$，则哈密顿量为

$$\hat{H} = -\frac{\hbar^2}{2m}\frac{\mathrm{d}^2}{\mathrm{d}x^2} + \frac{1}{2}m\omega^2 x^2 \tag{1.42}$$

薛定谔方程为

$$\left(-\frac{\hbar^2}{2m}\frac{\mathrm{d}^2}{\mathrm{d}x^2} + \frac{1}{2}m\omega^2 x^2\right)\varphi(x) = E\varphi(x) \tag{1.43}$$

为了方便问题的讨论，常常使用无量纲变量，从而令

$$\begin{cases} \xi = \sqrt{\dfrac{m\omega}{\hbar}}x = \alpha x \\ \lambda = \dfrac{E}{\hbar\omega/2} \end{cases} \tag{1.44}$$

可得无量纲方程

$$\left(-\frac{\mathrm{d}^2}{\mathrm{d}\xi^2} + \xi^2\right)\varphi(\xi) = \lambda\varphi(\xi) \tag{1.45}$$

则方程（1.43）可以改写为

$$\frac{\mathrm{d}^2\varphi}{\mathrm{d}\xi^2} + (\lambda - \xi)^2\varphi = 0 \tag{1.46}$$

考虑到本书的主要读者对象，忽略了方程（1.46）的求解过程，有兴趣的读者可参阅有关书籍，如曾谨言编《量子力学（上）》（科学出版社，1982）。这里，我们直接给出结果。

可以证明，一维线性谐振子的能级和波函数为

$$
\begin{cases}
E_n = \hbar\omega\left(n + \dfrac{1}{2}\right) \\
\varphi_n(x) = \left(\dfrac{\alpha}{\sqrt{\pi}2^n n!}\right)^{1/2} e^{-\alpha^2 x^2/2} H_n(\alpha x)
\end{cases}
\qquad (n = 0,1,2,\cdots)
$$

$$(1.47)$$

式中，$H_n(\xi)$ 为 n 阶厄米（Hermite）多项式，且有

$$
H_n(\xi) = (-1)^n e^{\xi^2} \frac{\mathrm{d}^n}{\mathrm{d}\xi^n} e^{-\xi^2}
\qquad (1.48)
$$

由式（1.47）可知，谐振子的基态能量为

$$
E_0 = \frac{1}{2}\hbar\omega_0
\qquad (1.49)
$$

E_0 也称为零点能。可见，谐振子基态能量不等于零，这与经典力学结果大不相同，这是微观粒子波粒二象性的表现。能量为零的"静止"波是没有物理意义的。

另外，以上的分析中，我们没有讨论波函数的形状及粒子概率密度分布情况，这主要是考虑到本书介绍量子力学的目的在于帮助读者理清思路，特别是加深偏微分方程的分离变量求解的方法和技巧。

（2）N 个粒子的情况。

假定体系由 N 个完全相同的粒子组成，每个粒子所受的势能函数都是相同的简谐势函数，体系的哈密顿量为

$$
\begin{cases}
\hat{H} = \sum_{i=1}^{N}\left(-\dfrac{\hbar^2}{2m}\dfrac{\mathrm{d}^2}{\mathrm{d}x_i^2} + \dfrac{1}{2}m\omega_i^2 x_i^2\right) = \sum_{i=1}^{N}\hat{H}_i \\
\hat{H}_i = -\dfrac{\hbar^2}{2m}\dfrac{\mathrm{d}^2}{\mathrm{d}x_i^2} + \dfrac{1}{2}m\omega_i^2 x_i^2
\end{cases}
\qquad (1.50)
$$

体系的薛定谔方程为

$$
\left(\sum_{i=1}^{N}\hat{H}_i\right)\varphi(x_1, x_2, \cdots, x_N) = E\varphi(x_1, x_2, \cdots, x_N)
\qquad (1.51)
$$

在方程（1.51）中没有变量的交叉项，故可以分离变量求解。令 $\varphi = \prod_{i=1}^{N}\varphi_i(x_i)$，代入方程（1.51）后，方程两边同时除以 $\prod_{i=1}^{N}\varphi_i(x_i)$，可以得到

$$
\sum_{i=1}^{N}\frac{\hat{H}_i\varphi_i(x_i)}{\varphi_i} = E
\qquad (1.52)
$$

方程（1.52）左边的每一项必然是一个常数，所以有

$$
\frac{\hat{H}_i\varphi_i(x_i)}{\varphi_i} = E_i \quad (i = 1,2,\cdots,N)
\qquad (1.53)
$$

$$
E = \sum_{i=1}^{N}E_i
\qquad (1.54)
$$

方程（1.53）的 N 个方程的形式完全等同，解的形式必然与式（1.47）

相同,只是坐标变量的名称不同,则体系的总能量为

$$E = \sum_{i=1}^{N} \left(n_i \hbar\omega_i + \frac{1}{2}\hbar\omega_i \right) \tag{1.55}$$

式中,n_i 的取值取决于粒子是费米子还是玻色子,以及体系的温度。这个问题实际上就是,N 个粒子是如何占据 $(n + 1/2)\hbar\omega$ 的能级的(n 为自然数)?读者可以通过下一节的学习得到答案。

1.3 全同粒子体系的统计分布函数

前面一节中,通过两个简单定态问题的例子,利用分离变量方法对 N 个无相互作用的粒子体系的波函数和能级进行了求解。尽管已经知道了粒子的波函数和能级,但是问题并没有完全解决,例如,我们还没有给出一种计算体系总能量的方法。尽管知道了体系每个粒子的能级结构,但还没有确定在温度为 T 时,每个能级被多少个粒子所占据。这就是本节所要解决的问题。

1.3.1 微观状态及最概然分布

首先,利用两个费米子(如电子)在三能级系统中的运动来说明微观状态和微观状态数的概念。粒子在能级的填充情况和系统的总能量列于表 1.1。

表 1.1 两个费米子在三能级系统中的能级填充情况[*]

微观状态	体系的能量	微观状态数
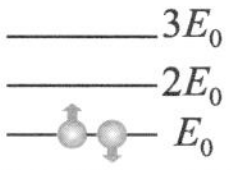 粒子填充在 E_0 能级	$2E_0$	1
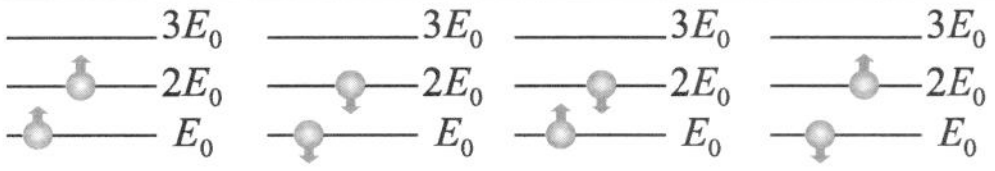 4 种填充方式(E_0、$2E_0$)	$3E_0$	4
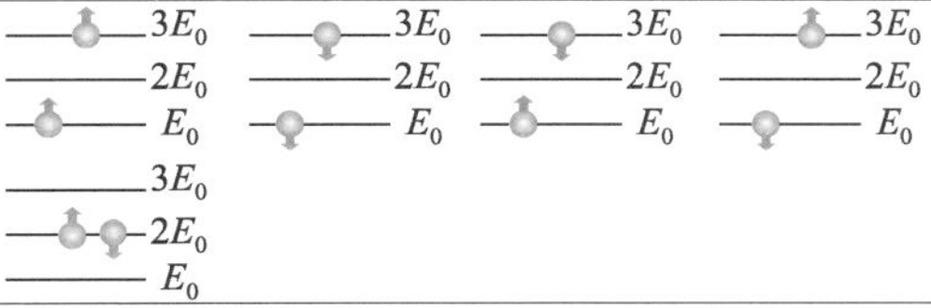 5 种填充方式(E_0、$2E_0$、$3E_0$)	$4E_0$	5
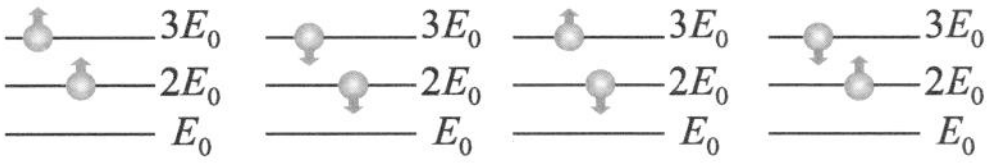 4 种填充方式($2E_0$、$3E_0$)	$5E_0$	4
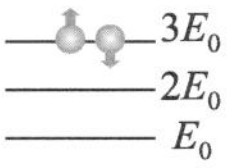 粒子填充在 $3E_0$ 能级	$6E_0$	1

注:[*] 考虑了全同微观粒子的不可分辨性。

由表 1.1 可以发现,同一宏观能量值可以对应不同的微观状态;不同的体系总能量所对应的微观状态数可能不同。

考虑一个由大量无相互作用粒子组成的体系(常常称为近独立体系),若体系为孤立体系且处于平衡态,每个能级上的粒子数分布如下:

E_l 能级有 g_l 个状态。

能级：　　　　　　　　E_1 , E_2 , $\cdots$, E_l , $\cdots$

能级简并度：　　　　g_1 , g_2 , $\cdots$, g_l , $\cdots$

能级的粒子数：　　　a_1 , a_2 , $\cdots$, a_l , $\cdots$

将上述各能级上的粒子数分布记为 $\{a_l\}$。很显然,分布 $\{a_l\}$ 必须满足以下条件

$$\sum_l a_l = N, \qquad \sum_l a_l E_l = E \qquad (1.56)$$

式中,N 为体系的总粒子数;E 为体系的总能量。

当体系处于平衡态时,满足式(1.56)所给条件,且微观状态数最大的分布称为最概然分布(即出现几率最大的分布)。若分布 $\{a_l\}$ 的微观状态数为 Ω,则最概然分布的求法总结如下:

事实上,孤立体系的熵就是 $S = k_B \ln \Omega$,孤立体系的熵趋于最大是热力学第二定律的基本要求。

> 大量无相互作用粒子组成的平衡孤立体系的最概然分布为,$\ln \Omega$ 取极大值且满足式(1.56)所限定的条件,即
>
> $$\Omega \rightarrow 取极大值 \qquad (1.57)$$
>
> 且满足 $\delta N = \sum_l \delta a_l = 0$, $\quad \delta E = \sum_l E_l \delta a_l = 0$

上述极值一般称为拉格朗日(Lagrange)条件极值。为求式(1.57)的极大值,需引入两个拉格朗日乘子 α 和 β,则最概然分布可由下式求出(注意到求 Ω 的极大值等价于求 $\ln \Omega$ 的极大值,而后者更为简单)

$$\delta \ln \Omega - \alpha \sum_l \delta a_l - \beta \sum_l E_l \delta a_l = 0 \qquad (1.58)$$

拉格朗日条件极值。

请读者注意,式中两个拉格朗日乘子(α 和 β)的引入过程。对于粒子数不守恒的体系,不需要拉格朗日乘子 α,或可以认为 $\alpha = 0$。

1.3.2　统计分布函数

统计分布函数就是在平衡态的情况下,近独立粒子体系中,每个状态上的平均粒子数与温度的函数。应当指出,由于在通常情况下,能级是简并的,每个能级上所占有的粒子数应当是该能量下每个状态上平均粒子数与该能级简并度的乘积。鉴于本书的范围和篇幅所限,我们只给出其推导过程,具体计算可以参考相关文献(如汪志诚. 热力学统计物理学[M]. 高等教育出版社,1997,第六章和第七章)。

1. 玻耳兹曼统计分布函数

对于由大量经典粒子组成的近独立体系,若体系是处于平衡态的孤立体系,粒子的统计分布遵从麦克斯韦(Maxwell) – 玻耳兹曼(Boltzman)统计分布律。对于经典粒子,粒子是可以分辨的,而且不受

泡利不相容原理的限制。这样,处于平衡态的近独立粒子体系 $\{a_l\}$ 分布的状态数为

$$\Omega_{\mathrm{MB}} = \frac{N!}{\prod_l a_l!} \prod_l g_l^{a_l} \tag{1.59}$$

式中,下角标 MB 分别是麦克斯韦和玻耳兹曼英文名字第一个字母。利用式(1.58)可以得到处在能量为 E_l 的每个状态上的平均粒子数为

$$f_{\mathrm{MB}} = \mathrm{e}^{-\alpha - \frac{E_l}{k_{\mathrm{B}}T}} \tag{1.60}$$

式中,k_{B} 为玻耳兹曼常数。式中常数 α 由下式确定

$$N = \sum_l g_l \mathrm{e}^{-\alpha - \frac{E_l}{k_{\mathrm{B}}T}} \tag{1.61}$$

式中,N 是粒子的总数。显然体系的总能量为

$$E = \sum_l g_l E_l \mathrm{e}^{-\alpha - \frac{E_l}{k_{\mathrm{B}}T}} \tag{1.62}$$

2. 玻色 - 爱因斯坦分布函数

对于一个处于平衡态的孤立体系,若它是由相互独立的全同玻色子组成的,那么这些粒子是不可分辨的,但不受泡利不相容原理的限制。此时,粒子的统计分布规律称为玻色 - 爱因斯坦分布律。

考虑到全同玻色子是不可分辨的,则 $\{a_l\}$ 分布的微观状态数为

$$\Omega_{\mathrm{BE}} = \prod_l \frac{(g_l + a_l - 1)!}{a_l!(g_l - 1)!} \tag{1.63}$$

利用式(1.58)可以得到,近独立玻色子组成的体系中,处在能级为 E_l 的每个状态上的平均粒子数为

$$f_{\mathrm{BE}} = \frac{1}{\mathrm{e}^{\alpha + E_l/k_{\mathrm{B}}T} - 1} \tag{1.64}$$

若体系中的粒子数为 N,则 α 由下式确定

$$N = \sum_l \frac{g_l}{\mathrm{e}^{\alpha + E_l/k_{\mathrm{B}}T} - 1} \tag{1.65}$$

由热力学关系可以确定,$\alpha = -\mu/k_{\mathrm{B}}T$,则式(1.64)可以改写为

$$f_{\mathrm{BE}} = \frac{1}{\mathrm{e}^{(E_l - \mu)/k_{\mathrm{B}}T} - 1} \tag{1.66}$$

式中,μ 具有明确的物理意义,它就是粒子的化学势。

体系的总能量 E 为

$$E = \sum_l \frac{g_l E_l}{\mathrm{e}^{(E_l - \mu)/k_{\mathrm{B}}T} - 1} \tag{1.67}$$

式(1.65)和式(1.67)中的求和要遍及所有能级。由式(1.64)可知,当温度为 T 时,一个量子态上被玻色子占有数可能大于1,这是玻色子不受泡利不相容原理限制的结果。

需要强调的是,若体系的粒子数不守恒(如光子),则拉格朗日乘子 $\alpha = 0$,与之对应,粒子的化学势(μ)为零,粒子的分布函数简化为

$$f_{BE} = \frac{1}{e^{E_l/k_BT} - 1} \tag{1.68}$$

3. 费米 – 狄拉克分布函数

考虑由大量无相互作用的全同费米子组成的孤立体系,当体系处于平衡状态时,遵从费米 – 狄拉克(Dirac)分布,它是由费米和狄拉克独立发现的。对于全同费米子组成的体系,费米子不仅要服从全同性微观粒子的不可分辨性,还要服从泡利不相容原理,可以得到 $\{a_l\}$ 分布的微观状态数为

$$\Omega_{FD} = \prod_l \frac{g_l!}{a_l!(g_l - a_l)!} \tag{1.69}$$

利用式(1.58)可以得到,对于近独立费米子组成的平衡孤立体系,处在能级为 E_l 的每个状态上的平均粒子数为

$$f_{FD} = \frac{1}{e^{\alpha + E_l/k_BT} + 1} \tag{1.70}$$

若体系中的粒子数为 N,则 α 由下式确定

$$N = \sum_l \frac{g_l}{e^{\alpha + E_l/k_BT} + 1} \tag{1.71}$$

由热力学关系可以确定, $\alpha = -\mu/k_BT$,则式(1.64)可以改写为

$$f_{FD} = \frac{1}{e^{(E_l - \mu)/k_BT} + 1} \tag{1.72}$$

体系的总能量 E 为

$$E = \sum_l \frac{g_l E_l}{e^{(E_l - \mu)/k_BT} + 1} \tag{1.73}$$

由式(1.72)可以看出,当温度为 T 时,每个状态被粒子占据的概率都不大于1,这正是泡利不相容原理约束的必然结果。

1.4 多体体系的一种近似处理方法

一个由 10^{23} 个粒子组成的体系是相当复杂的,因此必须寻求一种近似处理方法。由前面的分析可以知道,只要写出体系的哈密顿量,就可以获得体系的状态。对于由 N 个粒子组成的体系,形式上其哈密顿量可以写为

$$\hat{H}_S = \sum_i -\frac{\hbar^2}{2m}\nabla_i^2 + V(\boldsymbol{r}_1, \boldsymbol{r}_2, \cdots, \boldsymbol{r}_N) \tag{1.74}$$

一般情况下,式(1.74)势能函数中,包含粒子间的相互作用。以电子之间的库仑(Coulomb)相互作用为例,两个电子的相互作用势能可以表示为 $\frac{e^2}{4\pi\varepsilon_0 |\boldsymbol{r}_j - \boldsymbol{r}_i|}$(其中 $\boldsymbol{r}_i$ 和 $\boldsymbol{r}_j$ 分别是第 i 和第 j 个电子的位置矢量; ε_0 是真空介电常数)。很显然,库仑相互作用项是两个粒子坐标

的复杂交叉项。此时,以式(1.74)为哈密顿量的薛定谔方程的求解极为困难,必须予以简化。

最有效的近似方法是将式(1.74)中势能函数的交叉项用非交叉项代替,进而将势能函数写成 N 个粒子势能函数的和,即

$$V(r_1, r_2, \cdots, r_N) \approx \sum_i V_i(r_i) \tag{1.75}$$

式中,$V_i(r_i)$ 为单粒子势能函数,或简称单粒子势。

此时体系的薛定谔方程可以写为

$$\sum_i \left[-\frac{\hbar^2}{2m}\nabla_i^2 + V_i(r_i) \right] \varphi(r_1, r_2, \cdots, r_N) = E_S \varphi(r_1, r_2, \cdots, r_N)$$
$$\tag{1.76}$$

式中,势能函数中没有两个粒子坐标的交叉项,故可以分离变量求解,即令体系的波函数为单粒子波函数的乘积

$$\varphi(r_1, r_2, \cdots, r_N) = \prod_i \varphi_i(r_i) \tag{1.77}$$

将式(1.77)代入方程(1.76),两边同时除以式(1.77)右侧项,就可以得到

$$\sum_i \frac{\left[-\frac{\hbar^2}{2m}\nabla_i^2 + V_i(r_i) \right] \varphi(r_i)}{\varphi(r_i)} = \sum_i \frac{\hat{H}_i \varphi(r_i)}{\varphi(r_i)} = E_S \tag{1.78}$$

式中,$\hat{H}_i$ 为单粒子哈密顿量,$\hat{H}_i = -\frac{\hbar^2}{2m}\nabla_i^2 + V_i(r_i)$ ($i = 1, 2, \cdots, N$)。

在方程(1.78)中左边的第 i 项都仅仅是第 i 个粒子空间坐标的函数,但它们的和却是一个常数,则每一项必然是常数,故可以得到

$$\hat{H}_i \varphi(r_i) = E_i \varphi(r_i) \quad (i = 1, 2, \cdots, N) \tag{1.79}$$

称方程(1.79)为单粒子薛定谔方程,其中包含了 N 个形式上完全相同的方程,因此只需要求解其中一个方程。为简单起见,略去方程中的下角标。每个方程都给出完全相同的能级结构 $E(1), E(2), \cdots,$ $E(n)\cdots$(n 是能级从低到高的顺序标号)。而每个能级上的平均粒子数由统计分布函数给出。例如,对于电子(费米子)组成的体系,能级为 E 上的平均粒子数为

$$\bar{n}(E, T) = \frac{g_E}{e^{(E-\mu)/k_B T} + 1} \tag{1.80}$$

式中,g_E 是能级 E 的简并度。

以上关于多体问题的近似方法即为单粒子近似。鉴于单粒子近似的重要性,我们再次总结如下,如图1.4所示。

将势函数简化成单粒子势函数之和是解决问题的核心所在!

这就是单粒子近似!

第一步：对势能函数进行近似处理，将多体势能函数的不同粒子坐标的交叉项消除，将体系的势能函数表达为单粒子势能函数的和：

$$V(\boldsymbol{r}_1, \boldsymbol{r}_2, \cdots, \boldsymbol{r}_N) \approx \sum_i V_i(\boldsymbol{r}_i)$$

第二步：所有粒子的单粒子哈密顿量的函数形式完全一致，只是坐标编号不一样。利用分离变量 $\varphi(\boldsymbol{r}_1, \boldsymbol{r}_2, \cdots, \boldsymbol{r}_N) = \prod_i \varphi_i(\boldsymbol{r}_i)$ 方法获得 N 个形式上完全相同的单粒子薛定谔方程 $\hat{H}\varphi(\boldsymbol{r}) = E\varphi(\boldsymbol{r})$，从而求得单粒子能级和波函数。注意：仅仅求解一个方程！

第三步：利用费米–狄拉克分布或玻色–爱因斯坦分布，计算每个状态或能级上的平均粒子数，从而可以获得体系的能量等其他物理量。

图 1.4　多体体系单粒子近似处理的基本方法

考虑到全同微观粒子的不可分辨性，即任意改变两个粒子的坐标编号并不产生新的状态，以下所有状态都是等价的，所以应将它们的线性组合作为多体波函数，即

$$\varphi_1(\boldsymbol{r}_1)\varphi_2(\boldsymbol{r}_2)\cdots\varphi_{N-1}(\boldsymbol{r}_{N-1})\varphi_N(\boldsymbol{r}_N)$$
$$\varphi_1(\boldsymbol{r}_2)\varphi_2(\boldsymbol{r}_3)\cdots\varphi_{N-1}(\boldsymbol{r}_N)\varphi_N(\boldsymbol{r}_1)$$
$$\vdots$$
$$\varphi_1(\boldsymbol{r}_N)\varphi_2(\boldsymbol{r}_1)\cdots\varphi_{N-1}(\boldsymbol{r}_N)\varphi_N(\boldsymbol{r}_{N-1})$$

对于电子等费米子体系要满足泡利不相容原理。多体波函数常常可以写作如下具有反对称性质的斯莱特（Slater）行列式，即

$$\varphi^A(\boldsymbol{r}_1, \boldsymbol{r}_2 \cdots, \boldsymbol{r}_N) = \frac{1}{\sqrt{N!}} \begin{vmatrix} \varphi_1(\boldsymbol{r}_1) & \cdots & \varphi_N(\boldsymbol{r}_1) \\ \varphi_1(\boldsymbol{r}_2) & \cdots & \varphi_N(\boldsymbol{r}_2) \\ \varphi_1(\boldsymbol{r}_N) & \cdots & \varphi_N(\boldsymbol{r}_N) \end{vmatrix} \qquad (1.81)$$

式中，$1/\sqrt{N!}$ 为归一化因子。

1.5　固体物理的两个基本近似

固体比以上所讲的多体问题还要复杂，因为以上所介绍的多体体系仅包含了一类粒子，而在固体中包含两类粒子，即离子实和价电子。例如，对于单原子组成的元素晶体而言，体系的哈密顿量可以表述如下

$$\hat{H}_S = \sum_i -\frac{\hbar^2}{2M}\nabla_{R_i}^2 + \frac{1}{2}\sum_{i \neq j}\frac{q^2}{4\pi\varepsilon_0 \mid \boldsymbol{R}_j - \boldsymbol{R}_i \mid} +$$

$$\sum_i -\frac{\hbar^2}{2m}\nabla^2_{r_i} - \sum_{i,j}\frac{qe}{4\pi\varepsilon_0\mid \boldsymbol{r}_i - \boldsymbol{R}_i\mid} + \frac{1}{2}\sum_{i\neq j}\frac{e^2}{4\pi\varepsilon_0\mid \boldsymbol{r}_j - \boldsymbol{r}_i\mid}$$

$$(1.82)$$

式中，$\boldsymbol{R}_i$ 是离子实的空间坐标；$\boldsymbol{r}_i$ 是电子的空间坐标，q 是离子实的电荷。式中求和号前面的 1/2 因子是考虑到 i、j 顺序替换不产生新的库仑相互作用而引入的，即求和是将两个粒子的相互作用能计算了两次。各个坐标的物理意义如图 1.5 所示。

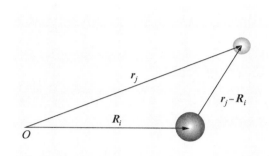

图 1.5　离子实和价电子坐标示意图

很显然，若不进行简化处理，直接求解以式（1.82）为哈密顿量的薛定谔方程的困难是难以想象的。同所有的理论一样，必须在理论建立之前对体系进行适当的抽象或简化处理。固体理论是在以下两点基本假定下建立起来的。

假定一：在研究固体中电子和离子实运动规律时，可以将离子实体系和价电子体系分别予以考虑。在讨论离子实运动时，价电子可以当作一个平均背景，离子实间的相互作用可以用化学键来描述。当考虑电子系统的运动规律时，可以认为离子实在其平衡位置上不动。

这一假定是绝热近似的一个直接结果。其合理性在于：其一，离子实的质量远远大于电子的质量，其运动速度远远小于电子；其二，离子实的位移远远小于电子的位移。

假定二：固体中电子体系可以用单电子近似进行处理，即固体中的所有电子均受到同样的单粒子势能函数作用。这样所有粒子均满足同样形式的单粒子薛定谔方程。在晶体中，电子的势能函数具有同晶体一致的平移周期性。

这一假定的合理性先是被大量的实验所证实，其后被基于局域密度泛函理论的第一性原理所证明。对此不做展开讨论，有兴趣的读者可以参阅相关书籍（如，谢希德，陆栋. 固体的能带理论［M］. 复旦大学出版社，1998）。

附录 1A 量子力学中的力学量

由于微观粒子具有波粒二象性,经典力学中粒子轨迹等概念在量子力学中已不复存在,而代之以波函数来描述微观粒子的运动状态。与之相应,量子力学中力学量的描述也发生了变化。前面可以看到量子力学中的力学量是用算符来描述的(例如,能量是用哈密顿算符描述的,而动量是用 $\hat{p} = -i\hbar\nabla$ 这样的动量算符描述的)。本节首先介绍算符的基本概念和性质,而后介绍量子力学中几个重要的力学量算符和本征值。

1A.1 算符和厄米算符

算符代表一种运算或操作,当它作用于一个函数或变量时,会产生新的函数或某种变化,如

$$\frac{\mathrm{d}}{\mathrm{d}x} f(x) = f'(x) \tag{1A.1}$$

式中,$\dfrac{\mathrm{d}}{\mathrm{d}x}$ 就是一种算符(梯度算符)。

$\int f(x)\,\mathrm{d}x$ 中 $\int \mathrm{d}x$ 也是一种算符。若算符 $\hat{I}$ 作用到任何函数上时都不使函数发生变化,即 $\hat{I}\varphi = \varphi$,则称 $\hat{I}$ 为单位算符。

在量子力学中与力学量对应的算符是厄米算符。若对任意函数 ψ 和 φ,算符 $\hat{A}$ 满足下式,则称 $\hat{A}$ 是厄米的,即

$$\int \psi^* \hat{A}\varphi\,\mathrm{d}v = \int (\hat{A}\psi)^* \varphi\,\mathrm{d}v \tag{1A.2}$$

读者可以自行验证动量和哈密顿算符都是厄米的。

1A.2 厄米算符的本征值和本征函数

如果算符 $\hat{F}$ 作用于一个函数 f 后,结果等于一个常数 a 乘以 f 函数,即

$$\hat{F}f = af \tag{1A.3}$$

则称 a 为 $\hat{F}$ 的本征值,f 为 $\hat{F}$ 的本征函数,方程(1A.3)则称为 $\hat{F}$ 的本征方程。可以证明,厄米算符的本征值是实数。事实上,定态薛定谔方程就是哈密顿算符的本征方程,能量就是哈密顿算符的本征值。

下面来证明一个关于厄米算符本征函数的重要定理,即厄米算符的本征函数是彼此正交的。

定理 A1:厄米算符属于不同本征值的本征函数是彼此正交的。

证明:a_m 和 a_n 分别是厄米算符 $\hat{F}$ 的两个不同本征值,相应的本征函数分别为 f_m 和 f_n,即

$$\begin{cases} \hat{F}f_m = a_m f_m \\ \hat{F}f_n = a_n f_n \end{cases} \tag{1A.4}$$

将式(1A.4)取复共轭并利用 a_m 和 a_n 是实数这一性质,可以得到

$$\begin{cases} \hat{F}^* f_m^* = a_m f_m^* \\ \hat{F}^* f_n^* = a_n f_n^* \end{cases}$$

则

$$\int f_m^* \hat{F} f_n \mathrm{d}v = a_n \int f_m^* f_n \mathrm{d}v = \int (\hat{F}f_m)^* f_n \mathrm{d}v = a_m \int f_m^* f_n \mathrm{d}v \tag{1A.5}$$

这样就有

$$(a_m - a_n) \int f_m^* f_n \mathrm{d}v = 0 \tag{1A.6}$$

由于 $a_m - a_n \neq 0$,所以必然有

$$\int f_m^* f_n \mathrm{d}v = 0 \tag{1A.7}$$

上式称为厄米算符本征函数的正交性。

若 f_m 为归一化本征函数,则可将厄米算符本征函数的正交归一性统一写为

$$\int f_m^* f_n \mathrm{d}v = \delta_{mn} = \begin{cases} 1 & (m = n) \\ 0 & (m \neq n) \end{cases} \tag{1A.8}$$

事实上,厄米算符的本征函数组还构成了一组完备函数组,或者说厄米算符的本征函数组具有完备性。即任意厄米算符的本征函数(或其线性组合)均可以用某一厄米算符本征函数组的线性组合表示。也就是说,如果 Φ 是某一算符的本征函数,则有

$$\Phi = \sum_m C_m f_m \tag{1A.9}$$

式中,f_m 是厄米算符 $\hat{F}$ 的本征函数;C_m 是复常数。

1A.3　算符的对易关系及共同本征函数

对于任意两个算符,有以下定义

$$[\hat{A}, \hat{B}] = \hat{A}\hat{B} - \hat{B}\hat{A} \tag{1A.10}$$

若 $[\hat{A}, \hat{B}] = 0$,则称 $\hat{A}, \hat{B}$ 是对易的,否则称 $\hat{A}$ 和 $\hat{B}$ 是不对易的。现在来求坐标和动量算符之间的对易关系。

对任意波函数 ψ 有

$$x\hat{p}_x\psi = -\mathrm{i}\hbar x \frac{\partial \psi}{\partial x}$$

$$\hat{p}_x x\psi = -\mathrm{i}\hbar \frac{\partial}{\partial x}(x\psi) = -\mathrm{i}\hbar x \frac{\partial \psi}{\partial x} - \mathrm{i}\hbar\psi$$

则有

$$(x\hat{p}_x - \hat{p}_x x)\psi = [x, \hat{p}_x]\psi = \mathrm{i}\hbar\psi$$

即

$$[x, \hat{p}_x] = i\hbar \qquad (1A.11)$$

显然,x 和 $\hat{p}_x$ 是不对易的。

利用同样方法可以证明

$$[x, \hat{p}_x] = [y, \hat{p}_y] = [z, \hat{p}_z] = i\hbar \qquad (1A.12)$$

定理 A2:若 $\hat{A}$ 和 $\hat{B}$ 对易,则 $\hat{A}$ 和 $\hat{B}$ 具有共同本征函数。即若 ψ 是 $\hat{A}$ 和 $\hat{B}$ 的共同本征函数,则有

$$\hat{A}\psi = a\psi$$

$$\hat{B}\psi = b\psi$$

式中,a 和 b 分别是 $\hat{A}$ 和 $\hat{B}$ 的本征值。这个定理留给读者自行证明。

1A.4　量子力学中力学量的算符表述

这是量子力学的一个假定!

量子力学假定:力学量用厄米算符表达,力学量的可能取值是该算符的本征值或其线性组合。若力学量 F 在经典力学中有相应的力学量,则表示这个力学量的算符 $\hat{F}$ 由经典力学表达式 $F = F(\mathbf{r}, \mathbf{p})$ 中将 $\mathbf{p}$ 换成算符 $\hat{\mathbf{p}} = -i\hbar\nabla$ 而得出,即

$$\hat{F} = \hat{F}(\hat{\mathbf{r}}, \hat{\mathbf{p}}) = \hat{F}(\mathbf{r}, -i\hbar\nabla) \qquad (1A.13)$$

前已述及,定态体系的状态是用哈密顿算符的本征函数或其线性组合(态迭加原理)来描述的,因此 $\hat{F}$ 的平均值由下式确定

$$\int \varphi^* \hat{F} \varphi \mathrm{d}v \equiv \langle F \rangle \qquad (1A.14)$$

式中,φ 是哈密顿算符的本征函数或其线性组合,即体系的波函数;$\langle F \rangle$ 为力学量 $\hat{F}$ 的平均值。若 $\hat{F}$ 的本征值是 $\{a_m\}$,本征函数是 $\{f_m\}$,由本征函数组的完备性,可以得到

$$\varphi = \sum_m C_m f_m \qquad (1A.15)$$

利用式(1A.14)和 $\{f_m\}$ 的正交归一性可得

$$\langle F \rangle = \sum_m |C_m|^2 a_m \qquad (1A.16)$$

式(1A.16)表明,当体系处于 φ 所描述的状态时,$\hat{F}$ 的取值仅可能是 $\hat{F}$ 的本征值的线性组合,且取得本征值 a_m 的几率为 $|C_m|^2$。

附录1B　角动量及其本征值

角动量是量子力学中重要力学量之一,它在描述氢原子、多电子原子、周期表和固体磁性等众多问题中具有极为重要的意义。本节首先给出角动量算符的直角坐标和球极坐标表达式,而后讨论角动量算符的本征值和本征函数,最后介绍氢原子能级和波函数。

按上节力学量的构造方法,因角动量的经典表达式为

$$\boldsymbol{L} = \boldsymbol{r} \times \boldsymbol{p} \qquad (1B.1)$$

在量子力学中角动量算符为

$$\hat{\boldsymbol{L}} = \boldsymbol{r} \times \hat{\boldsymbol{p}} = -\mathrm{i}\hbar \boldsymbol{r} \times \nabla \qquad (1B.2)$$

则直角笛卡尔坐标系中,角动量的三个分量算符为

$$\begin{cases} \hat{L}_x = -\mathrm{i}\hbar \left(y\dfrac{\partial}{\partial z} - z\dfrac{\partial}{\partial y} \right) \\[2mm] \hat{L}_y = -\mathrm{i}\hbar \left(z\dfrac{\partial}{\partial x} - x\dfrac{\partial}{\partial z} \right) \\[2mm] \hat{L}_z = -\mathrm{i}\hbar \left(x\dfrac{\partial}{\partial y} - y\dfrac{\partial}{\partial x} \right) \end{cases} \qquad (1B.3)$$

利用直角坐标与球极坐标的换算关系(见图 1.6),得到

$$\begin{cases} \hat{L}^2 = -\hbar^2 \left[\dfrac{1}{\sin\theta}\dfrac{\partial}{\partial\theta}\left(\sin\theta\dfrac{\partial}{\partial\theta}\right) + \dfrac{1}{\sin^2\theta}\dfrac{\partial^2}{\partial\varphi^2} \right] \\[3mm] \hat{L}_z = -\mathrm{i}\hbar\dfrac{\partial}{\partial\varphi} \end{cases} \qquad (1B.4)$$

显然,$\hat{L}^2$ 和 $\hat{L}_z$ 是对易的,可以有共同的本征函数。

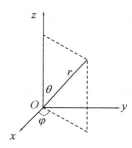

图 1.6　直角坐标系与极坐标的关系

利用数学物理方程中特殊函数的知识,可以得到 $\hat{L}^2$ 和 $\hat{L}_z$ 的共同本征函数为球谐函数,有

$$\begin{cases} \hat{L}^2 Y_{lm}(\theta,\varphi) = l(l+1)\hbar^2 Y_{lm}(\theta,\varphi) & (l=0,1,2\cdots) \\[2mm] L_z Y_{lm}(\theta,\varphi) = m\hbar Y_{lm}(\theta,\varphi) & (m=0,\pm 1,\cdots, \\ & \qquad\qquad \pm(l-1),\pm l) \end{cases}$$
$$(1B.5)$$

即 $\hat{L}^2$ 的本征值是 $l(l+1)\hbar^2$,由于 l 表征了角动量大小,所以称为角量子数或轨道量子数;$\hat{L}_z$ 的本征值为 $m\hbar$,表示角动量在 z 方向的投影的大小,m 称为磁量子数。

习题 1

1.1 求解粒子在边长为 a 和 b 的二维无限深方势阱中运动的波函数和能级。当 $a = b$ 时,讨论能级的简并度。

1.2 考虑一个粒子的二维谐振子问题,粒子的势能函数为

$$V(x,y) = \frac{1}{2}m\omega_1^2 x^2 + \frac{1}{2}m\omega_2^2 y^2$$

求粒子能级的表达式,并讨论:

(1) 当 $\omega_1 = \omega_2$ 时,粒子能级的简并度;

(2) 当 $\omega_1 = 2\omega_2$ 时,粒子能级的简并度。

1.3 证明厄米算符的本征值是实数。

1.4 求动量算符 $\hat{p}_x = -i\hbar \dfrac{\mathrm{d}}{\mathrm{d}x}$ 的本征值和本征函数。

1.5 求以下三种状态粒子动量的平均值:

(1) $\varphi(x) = e^{ikx}$

(2) $\varphi(x) = e^{-kx^2}$

(3) $\varphi(x) = \cos kx \quad (-\infty \leqslant x \leqslant \infty)$

1.6 对于一个由大量费米子组成的体系,能级为 ε_s,一个状态未被电子占据的概率为多少?

1.7 讨论 $T = 0\ \mathrm{K}$ 时,费米子的统计分布。

第 2 章 晶体结构与晶体结合

任何固体都可以看作是由原子、分子或原子集团等基本单元在空间堆砌而成的。组成晶体的这些基本单元在空间有规则地排列,如金刚石、硅和尖晶石等。晶体中基本单元的空间排列规律称为晶体结构,晶体结构决定了晶体材料的性质,如晶体物理性质的各向异性。研究表明,即使是成分相同的晶体,当其内部原子排列规律(即晶体结构)不同时,其物理性质可能大相径庭。例如,石墨和金刚石均由碳原子组成,但前者石墨层间易于滑动硬度较低;而后者则是至今发现的最硬的三维晶体。

晶体结构研究是固体物理的重要内容之一。本章将在阐明晶体结构的基础上讨论固体中原子结合的一般规律,内容只涉及完整的无穷大晶体的一般性描述,不涉及晶体缺陷分析。

2.1 晶体结构的周期性

2.1.1 晶体点阵和晶格

由于组成晶体的原子或原子集团在整个空间是规则排列的,所以总是可以找到一个空间"基本结构单元",令其在空间做三维重复堆砌而得到整个晶体,晶体的这种性质称为周期性。组成晶体的原子集团可能是相当复杂的,如图 2.1 所示,为了方便而简洁地描述晶体结构的周期性,需要对这种复杂结构进行抽象处理。

在每个"基本结构单元"(基元)的原子集团中选择一个代表点来代表该结构单元,所有这些代表点对每个原子集团必须是完全等同的,或者说这些点必须具有完全相同的物理和化学环境(见图2.1)。这些等同点的集合称为晶体点阵或空间点阵,而这些等同点也称为阵点或格点。有时将这些抽象阵点的集合称为布拉菲(Bravais)晶格或布拉菲格子。这样就有

晶体 = 基本结构单元 + 布拉菲格子

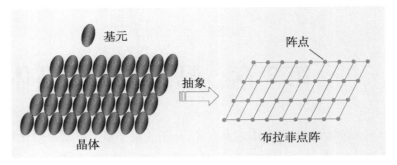

图 2.1　由实际晶体抽象出布拉菲格子（空间点阵）示意图

2.1.2　基本矢量和原胞

　　以某个格点为坐标原点,取三个不共面且端点在格点上的矢量作为布拉菲格子的基本矢量(简称基矢),记为 $\boldsymbol{a}_1$,$\boldsymbol{a}_2$ 和 $\boldsymbol{a}_3$,如图 2.2 所示。需要说明的是,在大部分晶体学教材或著作中,基矢一般用 $\boldsymbol{a}$,$\boldsymbol{b}$ 和 $\boldsymbol{c}$ 表示。本书为了数学公式表述的方便,采用 $\boldsymbol{a}_1$,$\boldsymbol{a}_2$ 和 $\boldsymbol{a}_3$ 表示基矢,它们与晶体学常用记法 $\boldsymbol{a}$,$\boldsymbol{b}$ 和 $\boldsymbol{c}$ 一一对应。定义了布拉菲格子的基矢后,就可以用位置矢量描述格点的位置,即对任意格点均有

$$\boldsymbol{R}_n = l_1\boldsymbol{a}_1 + l_2\boldsymbol{a}_2 + l_3\boldsymbol{a}_3 \tag{2.1}$$

式中,l_1,l_2 和 l_3 是任意整数;$\boldsymbol{R}_n$ 是第 n 个格点的位置矢量,常被称为格矢。

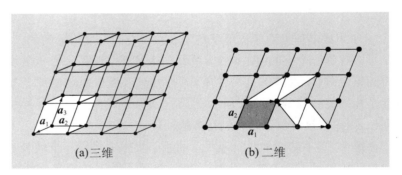

(a)三维　　　　　　(b)二维

图 2.2　三维和二维布拉菲格子的基矢
（其中示出了原胞选取的不唯一性）

　　二维布拉菲格子的格矢则可记为

$$\boldsymbol{R}_n = l_1\boldsymbol{a}_1 + l_2\boldsymbol{a}_2 \tag{2.2}$$

　　由于晶格的周期性,可以用以基矢 $\boldsymbol{a}_1$,$\boldsymbol{a}_2$ 和 $\boldsymbol{a}_3$ 为三个棱边组成的平行六面体作为布拉菲格子的结构单元,它们平行堆砌、互相没有交叠或空隙,可充满整个晶格。体积最小的结构单元称为原胞,如图 2.2 所示。原胞的体积(V_c) 为

$$V_C = \boldsymbol{a}_1 \cdot (\boldsymbol{a}_2 \times \boldsymbol{a}_3) \tag{2.3}$$

对于简单布拉菲格子,格点都在原胞的顶点上,每个格点都为 8 个原胞所共有,每个原胞只含有一个格点,这样式(2.3)可以理解为一个格点所占有的体积,所以说原胞是布拉菲格子的基本重复单元。另外,图 2.2(b)表明原胞的选取不是唯一的。

现在可以给布拉菲格子一个比较严格的数字定义,即式(2.1)所描述的所有格点的集合即为布拉菲格子。显然这个集合是个含有无穷多元素的封闭集合,因为任何两个格矢相加所得到的矢量仍然具有式(2.1)的形式,所以仍然是一个格矢。

晶体平移任意一个格矢 $\boldsymbol{R}_n$ 以后能够复原或完全相互重合,晶体的这个性质称为平移周期性(平移对称性)。平移周期性是晶体的重要属性,任何一种晶体均具有平移周期性。

还应指出,如果不对布拉菲格子的基矢(或原胞)进行约束,原胞和基矢的选择不是唯一的,如图 2.2(b)所示。原胞选取的不确定性给晶体结构的描述带来了不便。所以,为了让原胞(晶格的基本重复单元)尽可能多地反映晶体的几何性质,有必要就原胞的选取给出一定的准则。

晶体具有平移周期性。

2.2 晶体的宏观对称性与晶系

晶体除具有 2.1 节中介绍的平移对称性(周期性),还具有其他类型的对称性。先来看一个例子,设想一个二维正方格子,如果绕过某个格点且垂直二维正方格子所在平面的轴旋转 90°,容易发现,转动前后,晶体是完全相互重复的,这种不变性就是晶体的一种对称性。一般说来,晶体的对称性就是指对晶体施加某种变换后,变换前后的晶体能够完全相互重合的一种性质。前述例子中的旋转就是一种变换。

2.2.1 晶体的宏观对称性

晶体的对称操作可以分为以下两种情况:如果晶体的对称操作过程中至少有一点保持不变,则称此种对称性为宏观对称性或点对称性;否则称为微观对称性。本书主要介绍晶体的宏观对称性。

1. 旋转对称性

若将晶体以某一直线为轴旋转 $360°/n$ 后,与未操作晶体完全重合,则称这个操作为 n 次旋转对称操作,相应的对称性称为 n 次旋转对称性。上述操作过程中,旋转轴上的所有点均保持不动,因而属于宏观对称性,该旋转轴则被称为 n 次旋转对称轴。可以证明,在平移周期性的约束下,n 只能取 1,2,3,4,6。当 $n=1$ 时,对应晶体旋转 360°,这与晶体完全不动是一样的,因此称为单位旋转操作(或平庸操作)。在旋转变换过程中,晶体中的基元不发生手性的变化。旋转对称操作的国际符号为 n。

图 2.3(a) 示出了立方体中的旋转对称操作。显然,绕 AA' 轴旋转 $360°/2 = 180°$ 或 $360°/4 = 90°$ 后,立方体各部分完全互相重合,所以 AA' 轴既是 2 次旋转对称轴也是 4 次旋转对称轴。绕 BB' 轴旋转 $360°/3 = 120°$ 后,旋转前后的立方体同样完全重合,所以 BB' 轴是一个 3 次旋转的对称轴。图 2.3(b) 示出了三次旋转对称轴的一般性原子集团(基元)的分布情况,其中符号"+"表示在纸面以外,"−"表示纸面以内。对于其他旋转对称操作,读者可以做相似分析。为了方便起见,常在作图时使用下述符号代表旋转对称轴。

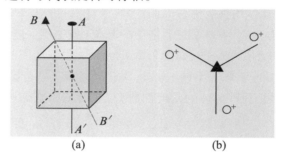

图 2.3　立方体中的旋转对称(a)、三次旋转对称轴的一般性原子集团的分布(b)

(1)二次旋转对称轴:●。
(3)三次旋转对称轴:▲。
(4)四次旋转对称轴:■。
(6)六次旋转对称轴:⬣。

2. 反演对称性

如果晶体经过对某一点 O 反演后,且基元的手性由右手变为左手(或相反),操作前后晶体完全重合,则称晶体具有反演对称性,用符号 $\bar{1}$ 表示。其中,O 点一般称为反演中心或对称中心。如果将 O 点选为坐标原点,则反演对称操作就是把晶体中的点 $\boldsymbol{r}$ 变成 $-\boldsymbol{r}$ 的同时,基元的手性由右手变为左手(或相反)。图 2.4 为反演对称操作的示意图。

3. 反映对称性

若晶体在某一平面(镜面)中的像与晶体完全相互重合,则称晶体具有反映对称性,晶体对某一平面镜成像的操作称为反映对称操作,用符号 m 表示,如图 2.5 所示。很显然,在反映对称操作过程中,基元的手性要发生变化。

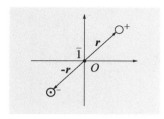
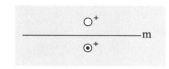

图 2.4　反演对称操作　　　　　　　图 2.5　反映对称操作
○ 表示右手, ⊙ 表示左手　　　　　（镜面 m 垂直于纸面）

4. 旋转 - 反演对称性

旋转 - 反演对称操作是由旋转操作和反演操作结合起来的一种复合对称操作。但这两步操作的每一个操作,既可以是晶体的一种对称操作,也可以不是晶体的对称操作。在旋转反演的对称操作中,先进行反演还是先进行旋转二者是等价的。在旋转 - 反演对称操作过程中,基元的手性要发生变化。

晶体的旋转 - 反演对称操作有两次旋转 - 反演($\bar{2}$)、三次旋转 - 反演($\bar{3}$)、四次旋转 - 反演($\bar{4}$)和六次旋转 - 反演($\bar{6}$)。图 2.6 示出了四次旋转 - 反演对称操作示意图。

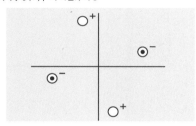

图 2.6　四次旋转 - 反演对称操作示意图

2.2.2　布拉菲单胞与晶系

空间点阵可以看作原胞在三维方向上重复而成。基矢选择的不确定性使得原胞的选择也不是唯一的。为了克服这种困难,布拉菲提出了一种选择晶胞的方案。

> 　按下述三条原则选取的晶胞称为布拉菲单胞:
> （1）平行六面体晶胞的对称性尽可能同晶体的点对称性一致;
> （2）平行六面体棱要尽可能垂直;
> （3）在遵守以上两条后,平行六面体的体积要尽可能小。

布拉菲单胞。

同原胞的基矢选择一样,布拉菲单胞的基矢也是由单胞三个不共面的棱组成,分别记为 $\boldsymbol{a}$、$\boldsymbol{b}$ 和 $\boldsymbol{c}$。$\boldsymbol{b}$ 和 $\boldsymbol{c}$ 之间的夹角记为 α,$\boldsymbol{a}$ 和 $\boldsymbol{c}$ 之间的

夹角记为 β，a 和 b 之间的夹角记为 γ，如图2.7所示。a、b、c、α、β 和 γ 常被称为布拉菲晶格的晶格常数。

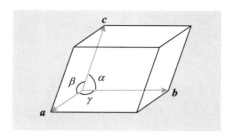

图 2.7　布拉菲单胞基矢及晶格常数

根据基矢长度和夹角的关系，可以将布拉菲格子分成如下 7 种晶系，如表 2.1 所示。

表 2.1　布拉菲晶格

晶系	简单点阵（P）	体心点阵（I）	面心点阵（F）	底心点阵（C）
立方晶系 $a = b = c$ $\alpha = \beta = \gamma = 90°$				
菱方晶系 $a = b = c$ $\alpha = \beta = \gamma \neq 90°$				
六方晶系 $a = b$ $\alpha = \beta = 90°$ $\gamma = 120°$				
四方晶系 $a = b \neq c$ $\alpha = \beta = \gamma = 90°$				
正交晶系 $a \neq b \neq c$, $\alpha = \beta = \gamma = 90°$				
单斜晶系 $a \neq b \neq c$ $\alpha = \gamma = 90°$ $\beta \neq 90°$				
三斜晶系 $a \neq b \neq c$ $\alpha \neq \beta \neq \gamma \neq 90°$				

（1）立方晶系：$a = b = c$，$\alpha = \beta = \gamma = 90°$。

（2）菱方晶系（三角晶系）：$a = b = c$，$\alpha = \beta = \gamma \neq 90°$。

（3）六方晶系：$a = b$，$\alpha = \beta = 90°$，$\gamma = 120°$。

（4）四方晶系（正方晶系）：$a = b \neq c$，$\alpha = \beta = \gamma = 90°$。

（5）正交晶系：$a \neq b \neq c$，$\alpha = \beta = \gamma = 90°$。

（6）单斜晶系：$a \neq b \neq c$，$\alpha = \gamma = 90°$，$\beta \neq 90°$。

（7）三斜晶系：$a \neq b \neq c$，$\alpha \neq \beta \neq \gamma \neq 90°$。

根据单胞中阵点的位置，可以将布拉菲晶格分成如下 4 种类型：

（1）初级点阵（P 点阵）或简单点阵。布拉菲单胞只含有一个阵点，即只有单胞的顶角上有阵点，一般用字母"P"表示。每个顶角上的阵点隶属于 8 个单胞，所以初级点阵单胞中的阵点数为：$1/8 \times 8 = 1$。

（2）体心点阵（I 点阵）。对于体心点阵，布拉菲单胞除顶角上的阵点以外，在单胞的体心位置还存在一个阵点，一般用字母"I"表示，例如体心立方点阵。在体心点阵中，每个单胞中含有两个阵点。

（3）面心点阵（F 点阵）。对于面心点阵，布拉菲单胞除顶角上的阵点以外，在六面体的每个面心上都存在一个阵点，一般用字母"F"表示。由于每个面心上的阵点隶属于两个单胞，所以面心布拉菲单胞含有 4 个阵点。

（4）侧心或底心点阵（A，B 或 C 点阵）。如果除初级阵点以外，在垂直于 a 的面心上还有阵点，则称此点阵为 A 心点阵；如果除初级阵点以外，在垂直于 b 的面心上还有阵点，则称此点阵为 B 心点阵；以上两种点阵常被称为侧心点阵。如果除初级阵点以外，在垂直于 c 的面心上还有阵点，则称此点阵为 C 心点阵或底心点阵。上述三种点阵的布拉菲单胞有两个阵点。

事实上，不是每一种晶系都含有上述 4 种类型，立方晶系只含有简单立方、体心立方（BCC）和面心立方（FCC）三种。布拉菲晶格共有 14 种类型，列于表 2.1。布拉菲单胞可以是原胞也可以不是原胞，取决于单胞中的阵点数目，只有初级布拉菲晶胞才是原胞。

需要强调的是，除了上面介绍的原胞（体积最小的晶胞）和布拉菲单胞（要反映晶体的点对称性）之外，还有一种被晶体学和材料学约定俗成的"惯用单胞（或结晶学单胞）"。惯用单胞一般不做阵点的抽象，单胞中包含了组成晶体的所有原子，但惯用单胞也要尽可能地反映出晶体的点对称性。附录 2A 中给出了立方晶体惯用晶胞（单质晶体的布拉菲单胞和惯用单胞相同）与固体物理中原胞的差别和关系。

原胞、布拉菲单胞、惯用单胞。

2.3 晶向与晶面指数

在许多情况下，需要描述晶格中由阵点组成的点、线和面的几何特征,其中,阵点可以用其坐标和位置矢量(格矢)来描述。本节主要讨论晶格中由阵点构成的线和面的描述方法。为此,需要建立相应的坐标系,晶体学坐标系由原胞(或单胞)的基矢组成。由于基矢之间不一定相互垂直,晶体学坐标系不一定是标准的直角坐标系。

2.3.1　晶向及晶向指数

容易发现,在布拉菲格子中所有相互平行的阵点列是完全等价的,这些相互平行的阵点列(直线)被定义为晶向。晶向的最重要几何特征是其取向,一般用晶向指数来描述,记为 $[uvw]$,且 u,v,w 是一组互质整数。晶向指数的求法如下:

首先在某一晶向的阵点列中任选两个阵点,其坐标分别为 (x_1,y_1,z_1) 和 (x_2,y_2,z_2),定义

$$\begin{cases} u = k(x_2 - x_1) \\ v = k(y_2 - y_1) \\ w = k(z_2 - z_1) \end{cases} \tag{2.4}$$

然后,选择合适的 k 使 u,v,w 为互质整数。由于晶向是一组相互平行的阵点列,所以,每个晶向都包含了晶格中的所有阵点。图2.8示出了立方晶系中的几个晶向指数。

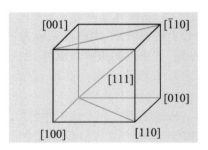

图 2.8　立方晶系中的几个简单晶向指数

2.3.2　晶面及晶面指数

在布拉菲格子中,由阵点列组成的相互平行的平面称为晶面。由于晶面是指一组相互平行的阵点平面,所以,每一个晶面均包含了晶格中的所有阵点。一般用晶面与晶体学坐标的截距描述晶面特征。但是,当晶面与某一坐标轴平行时,晶面与该坐标轴的截距就是无穷大。为了避免无穷大在计算上所引起的困难,用晶面在晶体坐标轴上截距倒数的互质整数比作为晶面指数,记为 (hkl)。晶面指数的求法如下:

选取晶面中任一不经过原点的晶面,确定该点阵平面在三个坐标轴上的截距 h'、k' 和 l'(以基矢长度为单位),定义晶面指数之间的比为

$$h : k : l = \frac{1}{h'} : \frac{1}{k'} : \frac{1}{l'} \tag{2.5}$$

当晶面与某基矢平行时,晶面在该基矢轴上的截距为无限大,定义无限大的倒数为零。图 2.9 示出了简单立方晶格中的几个晶面的指数。按上述方法定义的晶面指数也称密勒(Miller)指数。

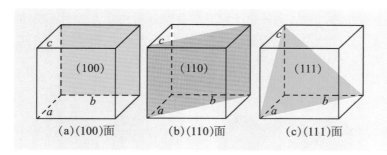

图 2.9　简单立方晶格中几个晶面

2.3.3　晶面间距

两个平行的相邻点阵平面之间的垂直距离称为晶面间距。由于晶体学坐标系不是严格的直角坐标系,求解复杂晶体的晶面间距比较繁琐。这里只给出简单情况的晶面间距表达式,一般情况将在 2.5 节介绍。

当 $\alpha = \beta = r = 90°$(对应于立方晶系、四方晶系和正交晶系)时,可以证明,晶面间距 d 为

$$d = \frac{1}{\sqrt{\left(\frac{h}{a}\right)^2 + \left(\frac{k}{b}\right)^2 + \left(\frac{l}{c}\right)^2}} \tag{2.6}$$

对立方晶系,$a = b = c = a$,有 $d = a/\sqrt{h^2 + k^2 + l^2}$。

应当指出,上面给出的晶面间距对于单胞中只含有一个阵点的情况下是完全正确的。对于布拉菲单胞,上述晶面间距实际是单胞中不包括心阵点(如体心阵点、面心阵点和底心阵点)的初级点阵的面间距。一般晶体的晶面间距可由倒格矢计算(见 2.5 节)。

2.4　实际晶体结构举例

2.4.1　单质金属的晶体结构

单质金属晶体就是由单一元素组成的纯金属晶体,如 Au、Ag、Cu、Fe、Al、Mg 等。由于金属键没有方向性,大部分金属为原子密堆结构,所

以单质金属的晶体结构相对简单,主要有原子密堆积的面心立方(FCC)和密排六方(或称六方密堆,HCP)结构、体心立方(BCC)结构。

1. 体心立方结构

若第一层原子在平面上排列成二维正方格子,然后第二层原子在正方排列原子的间隙堆积,则所形成的晶体结构就是 BCC 结构,其结构如图 2.10 所示。如果第二层原子排列与第一层完全重合,则会形成简单立方结构。但是,同种原子组成简单立方结构在力学上不稳定,所以金属晶体一般不形成简单立方结构。具有体心立方结构的金属有:碱金属、Fe、Cr、V、Nb、Ta 等。

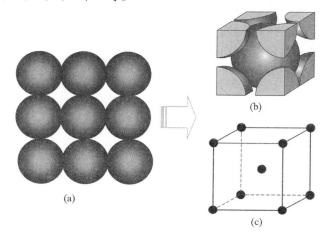

图 2.10　原子二维正方排列(a)、三维 BCC 堆积(b)及 BCC 单胞(c)

2. 密堆积结构

设想第一层原子在平面上紧密排列成二维六方格子,如图 2.11 所示。定义该二维密堆积层为 A 层,第二层原子有两种位置可供堆积:一种是在图中的红色间隙上进行堆积,称此层为 B 层;一种是图中的白色间隙上堆积,称此层为 C 层。原子密堆积的顺序不同,所形成的晶体结构也不同。

面心立方。

(1)若原子的密堆积次序为 $ABCABCABC\cdots$,则形成 FCC 结构,密排面是 FCC 的(111)面,如图 2.11 所示。具有 FCC 结构的单质金属有:Al、Ni、Cu、Ag、Au 等。

密排六方。

(2)若原子的密堆积次序为 $ABABAB\cdots$,则形成 HCP 结构,密排面是 HCP 的(001)面,如图 2.11 所示。图 2.11(e)红线所示的平行六面体是 HCP 的惯用单胞。这里的惯用单胞不是布拉菲单胞,由相邻的两个原子抽象出一个阵点后,才能构成布拉菲六方单胞。具有 HCP 结构的金属有:Co、Mg、Zn、Cd、Sc、Y 等。

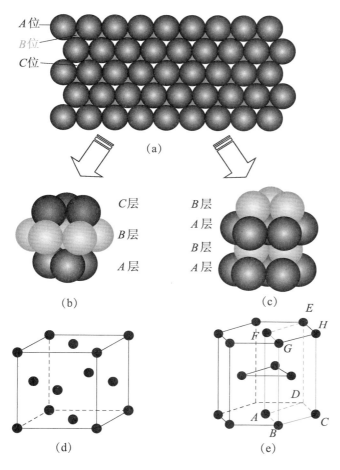

图 2.11　原子二维正方排列(a)、三维 FCC 堆积(b)和 HCP 堆积(c)、
FCC 单胞(d)和 HCP 单胞(e)

2.4.2　碳同素异构体的晶体结构

　　碳是目前发现的具有最多同素异构体的元素,迄今已经发现富勒烯(C_{60}、C_{70} 等)、无定型碳、石墨烯(Graphene)、碳纳米管(CNT)、石墨、金刚石等。这些碳的同素异构体因结构不同而具有不同的性质,引起了人们的广泛研究兴趣。这里,简单介绍其中几种碳同素异构体的结构特点。

　　(1)石墨烯结构。

　　石墨烯是 2004 年由英国科学家 A. K. Geim 和 K. S. Novoelov 发现的,并于 2010 年获得诺贝尔奖。石墨烯是由碳原子在平面上形成的六角单层石墨片,其结构如图 2.12 所示。图中还示出了石墨烯的二维单胞。石墨烯具有许多优异的性质,如极高的拉伸强度、热导率和电子迁移率等。

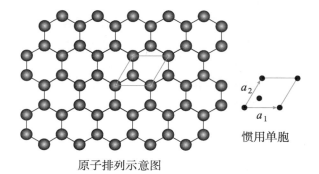

原子排列示意图　　　　　惯用单胞

图 2.12　石墨烯的结构

（2）碳纳米管结构。

CNT 是由石墨烯片卷曲而成的一维纳米管。图 2.13 中给出了一种由石墨片卷曲形成 CNT 的方法[①]，将 O 和 B、A 和 B' 对接就形成了 CNT。$OAB'B$ 被称为 CNT 的单胞。

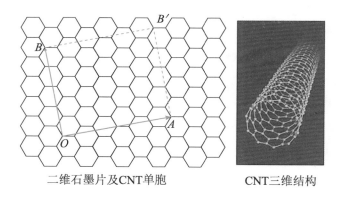

二维石墨片及CNT单胞　　　　CNT三维结构

图 2.13　CNT 单胞及三维结构示意图

（3）石墨结构。

图 2.12 所示的单层石墨烯在垂直于石墨烯片方向堆积就可以形成石墨结构，如图 2.14 所示。石墨片层之间易于滑动，所以石墨可以用作减摩材料。此外，石墨还具有较好的导电性能。

①　张树霖. 拉曼光谱与低维纳米半导体［M］. 科学出版社，2008，212 – 213.

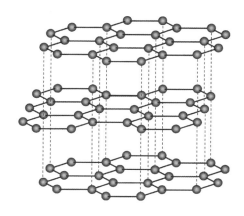

图 2.14　石墨的晶体结构示意图

（4）金刚石结构。

金刚石结构示于图 2.15。金刚石结构是一种典型的复式晶格,其点阵属于面心立方。它可以看成是由两套面心立方晶格镶嵌而成,其中一个面心立方点阵沿另一面心立方点阵的对角线位移了($a + b + c$)/4。在 FCC 单胞内还有四个原子,其坐标分别是(1/4，1/4，1/4)、(3/4，1/4，3/4)、(3/4，3/4，1/4) 和(1/4，3/4，3/4)。金刚石具有极高的硬度和热导率,是良好的电绝缘体。

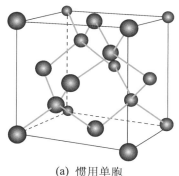

（a）惯用单胞

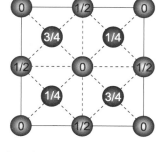

（b）原子在（001）面上的投影

图 2.15　金刚石结构示意图

（其中原子上的分数表示原子的 c 方向的坐标）

2.4.3　立方 ZnS(闪锌矿) 结构

闪锌矿结构的典型例子是立方 ZnS 晶体。如图 2.16 所示,闪锌矿结构同金刚石结构很相似,只是把单胞内的四个原子换成了另外一种原子,闪锌矿结构也是一种面心立方结构,其基元是位于(0,0,0) 的 S 原子和位于(1/4,1/4,1/4) 的 Zn 原子共同组成。立方 BN、β − SiC、

GaAs 等都具有闪锌矿结构。

2.4.4　NaCl 结构

NaCl 晶体结构示于图 2.17。Na 和 Cl 原子分别在空间排列成面心立方点阵,两套面心点阵相互嵌套形成了 NaCl 结构。如果将 NaCl 晶体表达为布拉菲点阵,则可由相邻的 Na 和 Cl 构成基元。很显然,NaCl 晶体是面心立方晶体。属于 NaCl 晶体结构的化合物很多,如 KCl、LiF、NaBr、AgCl、MgO、CaO 等。

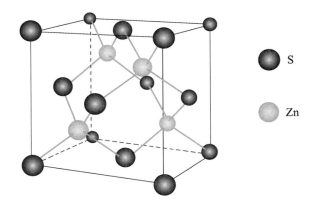

图 2.16　闪锌矿结构示意图

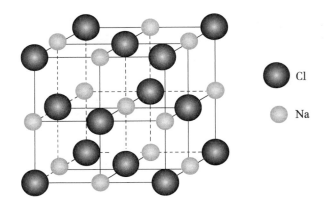

图 2.17　NaCl 晶体结构示意图

2.4.5　CsCl 结构

图 2.18 示出了 CsCl 晶体的结构示意图,由图可以看出,Cs 在空间排列成了简单立方点阵,Cl 也在空间排列成了简单立方点阵,所以 CsCl 晶体结构可以看成是由 Cs 构成的简单立方点阵和 Cl 构成的简单立方点阵嵌套而成。所以说,CsCl 晶体结构的布拉菲格子是简单立方

而不是体心立方,基元由相邻的 Cs 和 Cl 共同组成。

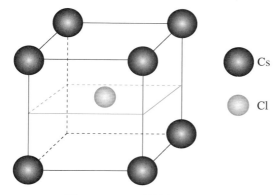

图 2.18 CsCl 晶体结构示意图

具有 CsCl 结构的化合物有 CsBr、CsI、TlCl、TlBr、TlI 等,金属间化合物 AlNi 也具有 CsCl 结构。

2.5 倒格子与布里渊区

2.5.1 倒格子

前面讨论了晶体的布拉菲格子(或称正格子),有时引入倒格子是非常方便的。倒格子与正格子一一对应,为了引入某个正格子的倒格子,首先定义倒格子基矢 $\boldsymbol{b}_1,\boldsymbol{b}_2$ 和 $\boldsymbol{b}_3$ 为

$$\begin{cases} \boldsymbol{b}_1 = \dfrac{2\pi(\boldsymbol{a}_2 \times \boldsymbol{a}_3)}{V_C} \\[2mm] \boldsymbol{b}_2 = \dfrac{2\pi(\boldsymbol{a}_3 \times \boldsymbol{a}_1)}{V_C} \\[2mm] \boldsymbol{b}_3 = \dfrac{2\pi(\boldsymbol{a}_1 \times \boldsymbol{a}_2)}{V_C} \end{cases} \tag{2.7}$$

倒格子基矢。

式中,V_C 是布拉菲格子原胞的体积,$V_C = \boldsymbol{a}_1 \cdot (\boldsymbol{a}_2 \times \boldsymbol{a}_3)$。

与正格子一样,由倒格子基矢也可以构造一个平行六面体,这个平行六面体称为倒原胞(或倒易原胞),将倒原胞在三维空间重复就得到倒格子。倒格子的节点称为倒格点(或倒易阵点)。常将由倒格子基矢所构成的空间称为倒空间(或倒易空间)。由式(2.7)倒格子基矢的定义可以看出,倒格子基矢的量纲是长度的倒数,这是上述概念前面冠以"倒"字的原因。

由倒格子基矢的定义很容易证明,倒格子基矢和布拉菲格子(正格子)基矢有下述关系

$$\boldsymbol{a}_i \cdot \boldsymbol{b}_j = 2\pi\delta_{ij} = \begin{cases} 2\pi & (i = j) \\ 0 & (i \neq j) \end{cases} \tag{2.8}$$

倒格矢。

根据倒格子基矢,可以定义倒格矢为

$$\boldsymbol{G}_{HKL} = H\boldsymbol{b}_1 + K\boldsymbol{b}_2 + L\boldsymbol{b}_3 \qquad (2.9)$$

式中,$\boldsymbol{G}_{HKL}$ 为倒格矢;H,K,L 是整数。

倒格矢也称倒易矢量。倒格矢的起点和终点必定是倒格点,所以,所有 $\boldsymbol{G}_{HKL}$ 的集合(就是所有倒格点的集合)就是倒点阵,或称倒易点阵。后面将会发现,倒格矢是固体物理中的重要物理量。

下面来证明倒格子和正格子关系的两个基本定理。

定理一: 倒格子原胞体积与正格子原胞体积的乘积为 $8\pi^3$。

证明: 根据原胞的体积定义及倒格子基矢和正格子基矢之间的关系,倒格子原胞体积为

$$V_C^* = \boldsymbol{b}_1 \cdot (\boldsymbol{b}_2 \times \boldsymbol{b}_3) = \frac{(2\pi)^3}{V_C^3}(\boldsymbol{a}_2 \times \boldsymbol{a}_3) \cdot [(\boldsymbol{a}_3 \times \boldsymbol{a}_1) \times (\boldsymbol{a}_1 \times \boldsymbol{a}_2)]$$

应用公式

$$\boldsymbol{A} \times (\boldsymbol{B} \times \boldsymbol{C}) = (\boldsymbol{A} \cdot \boldsymbol{C})\boldsymbol{B} - (\boldsymbol{A} \cdot \boldsymbol{B})\boldsymbol{C}$$

可以得到

$$(\boldsymbol{a}_3 \times \boldsymbol{a}_1) \times (\boldsymbol{a}_1 \times \boldsymbol{a}_2) = [(\boldsymbol{a}_3 \times \boldsymbol{a}_1) \cdot \boldsymbol{a}_2]\boldsymbol{a}_1 - [(\boldsymbol{a}_3 \times \boldsymbol{a}_1) \cdot \boldsymbol{a}_1]\boldsymbol{a}_2 = V_C\boldsymbol{a}_1$$

所以

$$V_C^* = \frac{(2\pi)^3}{V_C^3}(\boldsymbol{a}_2 \times \boldsymbol{a}_3) \cdot V_C\boldsymbol{a}_1 = \frac{(2\pi)^3}{V_C^2}(\boldsymbol{a}_2 \times \boldsymbol{a}_3) \cdot \boldsymbol{a}_1$$

则

$$V_C^* = \frac{(2\pi)^3}{V_C} \qquad (2.10)$$

定理二: 正格子中的晶面 (hkl) 同倒格矢 $\boldsymbol{G}_{hkl} = h\boldsymbol{b}_1 + k\boldsymbol{b}_2 + l\boldsymbol{b}_3$ 垂直,且 (hkl) 面的面间距与 $\boldsymbol{G}$ 的乘积为 2π。

证明: 先来证明晶面 (hkl) 同倒格矢 $\boldsymbol{G}_{hkl} = h\boldsymbol{b}_1 + k\boldsymbol{b}_2 + l\boldsymbol{b}_3$ 垂直。事实上 (hkl) 代表一组相互平行的阵点平面,其中最靠近原点的晶面 ABC 示于图 2.19 中,A、B、C 分别是 ABC 面与三个正格子基矢 $\boldsymbol{a}_1$、$\boldsymbol{a}_2$、$\boldsymbol{a}_3$ 坐标轴上的交点。由晶面指数的定义可以知道,ABC 面在三个轴上的截距分别为 $\boldsymbol{a}_1/h, \boldsymbol{a}_2/k, \boldsymbol{a}_3/l$。

欲证明 $\boldsymbol{G}_{hkl} = h\boldsymbol{b}_1 + k\boldsymbol{b}_2 + l\boldsymbol{b}_3$ 与平面 ABC 垂直,只需证明 $\boldsymbol{G}_{hkl}$ 与平面 ABC 上的两个相交矢量 $\overrightarrow{CA}$ 和 $\overrightarrow{CB}$ 垂直。由图 2.19 容易得到

$$\overrightarrow{CA} = \overrightarrow{OA} - \overrightarrow{OC} = \frac{\boldsymbol{a}_1}{h} - \frac{\boldsymbol{a}_3}{l}$$

$$\overrightarrow{CB} = \overrightarrow{OB} - \overrightarrow{OC} = \frac{\boldsymbol{a}_2}{k} - \frac{\boldsymbol{a}_3}{l}$$

那么

$$\boldsymbol{G}_{hkl} \cdot \overrightarrow{CA} = (h\boldsymbol{b}_1 + k\boldsymbol{b}_2 + l\boldsymbol{b}_3) \cdot \left(\frac{\boldsymbol{a}_1}{h} - \frac{\boldsymbol{a}_3}{l}\right) \qquad (2.11)$$

利用倒格子基矢与正格子基矢之间的关系 $\boldsymbol{a}_i \cdot \boldsymbol{b}_j = 2\pi\delta_{ij}$，可以得到

$$\boldsymbol{G}_{hkl} \cdot \overrightarrow{CA} = 0$$

即 $\boldsymbol{G}_{hkl}$ 与矢量 $\overrightarrow{CA}$ 垂直。同理

$$\boldsymbol{G}_{hkl} \cdot \overrightarrow{CB} = 0$$

即 $\boldsymbol{G}_{hkl}$ 与矢量 $\overrightarrow{CB}$ 垂直。所以必然有 $\boldsymbol{G}_{hkl}$ 与平面 ABC 垂直，即与晶面 (hkl) 垂直。

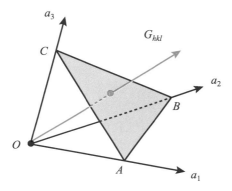

图 2.19　(hkl) 晶面中距离原点最近的平面 ABC 示意图

下面证明 (hkl) 面的面间距与 $\boldsymbol{G}_{hkl}$ 的乘积为 2π。

(hkl) 晶面代表了一组平行的点阵面，而且包含晶格中的所有阵点，所以在图 2.19 中一定存在一个过原点与平面 ABC 平行的点阵面。因此，(hkl) 晶面面间距就是从原点到平面 ABC 之间的垂直距离。前面已经证明了 $\boldsymbol{G}_{hkl}$ 与晶面 (hkl) 垂直，(hkl) 面间距就是图 2.19 中矢量 $\overrightarrow{OA}$ 在 $\boldsymbol{G}_{hkl}$ 上的投影。若用 d_{hkl} 表示 (hkl) 面间距，则有

$$d_{hkl} = \overrightarrow{OA} \cdot \frac{\boldsymbol{G}_{hkl}}{G_{hkl}} = \frac{\boldsymbol{a}_1}{h} \cdot \frac{(h\boldsymbol{b}_1 + k\boldsymbol{b}_2 + l\boldsymbol{b}_3)}{G_{hkl}} = \frac{2\pi}{G_{hkl}}$$

即

$$G_{hkl}d_{hkl} = 2\pi \qquad (2.12)$$

式中，倒格矢的长度 G_{hkl} 可由下式求出

$$G_{hkl}^2 = \boldsymbol{G}_{hkl} \cdot \boldsymbol{G}_{hkl} = (h\boldsymbol{b}_1 + k\boldsymbol{b}_2 + l\boldsymbol{b}_3) \cdot (h\boldsymbol{b}_1 + k\boldsymbol{b}_2 + l\boldsymbol{b}_3)$$

$$(2.13)$$

定理二的一个重要应用是计算晶面间距和晶面之间的夹角。利用式 (2.13) 则可以在求出倒格矢的基础上，方便地求出晶面间距。另外，由于倒格矢与其相对应的晶面相互垂直，则两个不同晶面的夹角，就是与它们对应的倒格矢的夹角。所以，通过倒格矢可以方便地计算两

个晶面的夹角。

一个矢量有方向和长度两个特征，一个晶面有面间距和法线方向两个特征，而晶面指数从另一个侧面描述了晶面的法向。以上的分析表明，倒格矢同晶面有一一对应的关系，所以在晶体的衍射分析中常称一个倒易矢量代表正空间的一个晶面，后面会看到利用倒格矢的概念可以很方便地讨论晶体的衍射条件。

这里需要指出的是，倒格子或倒易空间仅仅是为了处理问题方便所引进的一种特殊的坐标变换。后面会发现，引入倒格子以后，对描述许多问题都是方便的，仅此而已。

2.5.2　布里渊区

以某一倒格点为坐标原点，则可以将倒格子中所有格点都用倒格矢表示出来。最短倒格矢（有时还包括次短倒格矢）的垂直平分面在倒空间中围成一多面体，这个多面体称为第一布里渊（Brillouin）区。

作次短（有时还包括再次短倒格矢）的垂直平分面，这些垂直平分面连同第一布里渊区的边界所共同围成的区域称为第二布里渊区。

以此类推可以得到所有布里渊区。可以证明，每个布里渊区的体积都是相等的，且等于倒易原胞的体积。由于布里渊区的边界是倒格矢的垂直平分面，所以布里渊区边界的方程可以写为

$$\boldsymbol{k} \cdot \boldsymbol{G} = \frac{1}{2} G^2 \tag{2.14}$$

式中，$\boldsymbol{k}$ 是倒空间的任意矢量，满足式（2.14）的 $\boldsymbol{k}$ 的端点均落在 $\boldsymbol{G}$ 的垂直平分面即布里渊区的边界上。只要给定 $\boldsymbol{G}$，由式（2.14）就可以确定相应的布里渊边界。布里渊区是固体物理中的重要概念，以下举例说明布里渊区的概念和求法。

1. 一维晶格的布里渊区

若一维布拉菲格子的晶格常数为 a，其倒格子基矢为 $2\pi/a$。倒格矢为

$$G_n = n \frac{2\pi}{a} \quad (n \text{ 为整数}) \tag{2.15}$$

布里渊区边界为 $n\pi/a$，所以第一布里渊区为 $[-\pi/a, \pi/a]$，第二布里渊区为 $[-2\pi/a, -\pi/a]$ 和 $[\pi/a, 2\pi/a]$ …… 如图 2.20 所示。

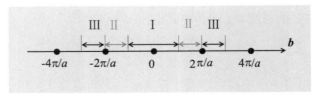

图 2.20　一维布拉菲格子的倒格子及布里渊区
（罗马数字是布里渊区序号）

2. 二维正方布拉菲格子的布里渊区

若任意一二维布拉菲格子的原胞基矢为 a_1 和 a_2，为了定义二维格子的倒格子基矢，可以引入一个单位矢量 c，其方向垂直于 a_1 和 a_2 所在平面。则可仿照三维倒格子基矢的定义方法，定义二维晶格的倒格子基矢如下

$$\begin{cases} b_1 = \dfrac{a_2 \times c}{c \cdot (a_1 \times a_2)} = \dfrac{a_2 \times c}{S_C} \\ b_2 = \dfrac{c \times a_1}{c \cdot (a_1 \times a_2)} = \dfrac{c \times a_1}{S_C} \end{cases} \qquad (2.16)$$

式中，S_C 是二维正格子原胞的面积。

假定二维正方格子原胞基矢为

$$\begin{cases} a_1 = ai \\ a_2 = aj \end{cases} \qquad (2.17)$$

式中，i 和 j 是 a_1 和 a_2 两个方向的单位矢量。由倒格子基矢的定义，可以得到二维正方布拉菲格子的倒格子基矢为

$$\begin{cases} b_1 = \dfrac{2\pi}{a}i \\ b_2 = \dfrac{2\pi}{a}j \end{cases} \qquad (2.18)$$

可见，二维正方格子的倒格子与正格子的形状相同，也为正方格子，只是倒格子基矢的大小与正空间二维格子不同。很容易画出二维正方格子的倒格子（见图 2.21）。倒格子空间中，离原点最近的倒格点有 4 个，相应的倒格矢为 b_1，$-b_1$，b_2，$-b_2$。由式(2.18) 和布里渊区的定义可知，第一布里渊区的边界，即这 4 个倒格矢垂直平分线的方程为

$$\begin{cases} k_x = \pm \dfrac{\pi}{a} \\ k_y = \pm \dfrac{\pi}{a} \end{cases} \qquad (2.19)$$

由方程(2.19) 定义的四条直线所围成的区域就是第一布里渊区，如图 2.21 所示，二维正方格子的第一布里渊区为正方形。

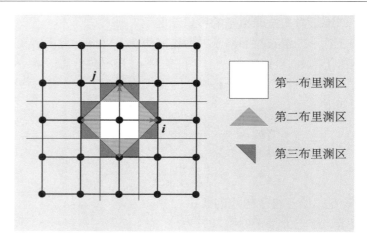

图 2.21 二维正方格子的布里渊区

距原点次近邻的四个点所对应的倒格矢为 $(\boldsymbol{b}_1 + \boldsymbol{b}_2)$、$-(\boldsymbol{b}_1 + \boldsymbol{b}_2)$、$(\boldsymbol{b}_1 - \boldsymbol{b}_2)$、$-(\boldsymbol{b}_1 - \boldsymbol{b}_2)$。这 4 个倒格矢的垂直平分线的方程为

$$k_y = \pm k_x \pm \frac{2\pi}{a} \tag{2.20}$$

由这 4 个方程所给定的直线连同第一布里渊区边界所围成的区域就是第二布里渊区,如图 2.21 所示。

利用相同的方法可以得到其他二维晶格的布里渊区。

3. 面心立方布拉菲格子的第一布里渊区

可以证明,面心立方布拉菲格子的倒格子是一体心立方格子(见附录 2A),所以距倒格子原点最近的倒格点有 8 个,它们在倒空间的坐标为(倒空间原点在倒易原胞中心):$2\pi/a(1,1,1)$、$2\pi/a(1,1,-1)$、$2\pi/a(1,-1,1)$、$2\pi/a(-1,1,1)$、$2\pi/a(1,-1,-1)$、$2\pi/a(-1,-1,1)$、$2\pi/a(-1,1,-1)$ 和 $2\pi/a(-1,-1,-1)$。它们的垂直平分面围成一个正八面体,每个面到原点的距离是 $\sqrt{3}\pi/a$,正八面体的体积为 $(9/2)(2\pi)^3/a^3$。因为,次近邻倒格点的垂直平分面与最近邻倒格点的垂直平分面相交,所以必须考虑距原点次近邻的 6 个倒格点的垂直平分面。6 个次近邻倒格点的坐标为:$2\pi/a(\pm 2,0,0)$、$2\pi/a(0,\pm 2,0)$、$2\pi/a(0,0,\pm 2)$,可以得到它们相应倒格矢的垂直平分面,上述八面体被这 6 个垂直平分面截去 6 个顶锥,所形成的十四面体就是面心立方布拉菲格子的第一布里渊区,如图 2.22 所示。

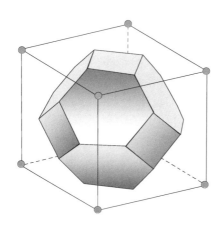

图 2.22　面心立方布拉菲格子的第一布里渊区

4. 体心立方布拉菲格子的第一布里渊区

如附录 2A 所示,体心立方布拉菲格子的倒格子为面心立方格子。离倒格子原点最近邻的倒格点有 12 个,这 12 个倒格矢的垂直平分面在倒空间中围成一个十二面体,由于次近邻倒格点的垂直平分面并不与这个十二面体相切,所以体心立方布拉菲格子的第一布里渊区是一正十二面体,如图 2.23 所示。

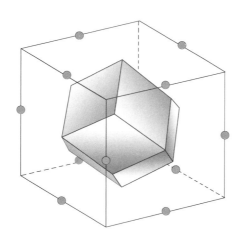

图 2.23　体心布拉菲格子的第一布里渊区

2.6　晶体的布拉格衍射条件

晶体中的原子在空间规则排列,可以看作一空间光栅。当用一束合适波长的波照射晶体时就会发生衍射。第一个晶体衍射现象是由德国物理学家劳厄(M. von Laue)利用X射线照射晶体时发现的。布拉格父子(W. H. Bragg, W. L. Bragg)在研究晶体的 X 射线衍射时,提出了布拉格方程。由于微观粒子具有波粒二象性,人们相继发现了晶体的电子和中子衍射,统称为晶体的布拉格衍射。晶体的布拉格衍射分析已经成为研究晶体结构的最重要方法,具有里程碑的意义,因此晶体的 X 射线衍射、电子衍射和中子衍射的发现者均获得了诺贝尔奖。这里不详细介绍晶体衍射分析的具体方法,而着重分析用倒格矢的概念来表达衍射条件。下面的讨论对 X 射线、电子衍射和中子衍射都是适用的,只是原子对这三种波的散射能力和机制不同。

2.6.1 布拉格方程

考虑一束平行单色射线(X射线、电子波或中子波)入射到晶体的某一平面上,如图2.24所示。每个晶面都要发生反射,这些反射射线的相互干涉就形成了晶体对射线的衍射。为了求出衍射极大(相长干涉)的条件,只要考虑相邻晶面反射的两束射线的光程差是否为波长的整数倍就可以了。由于晶体对 X 射线、电子波和中子波的折射率接近1,所以图 2.24 中光 1 和光 2 的光程差 Δ 为

$$\Delta = 2d_{hkl}\sin\theta \tag{2.21}$$

式中,d_{hkl} 是晶面 (hkl) 的面间距。

衍射极大(即相长干涉)的条件为

$$2d_{hkl}\sin\theta = n\lambda \quad (n = 1, 2, \cdots) \tag{2.22}$$

式中,n 是衍射级数。这就是著名的布拉格方程。

若令 $d_{HKL} = d_{hkl}/n$,则可以证明

$$H = nh, \quad K = nk, \quad L = nL$$

上式为

$$2d_{HKL}\sin\theta = \lambda \tag{2.23}$$

式中,d_{HKL} 称为干涉面间距,其计算公式与面间距的计算公式相同,(HKL) 称为干涉面。

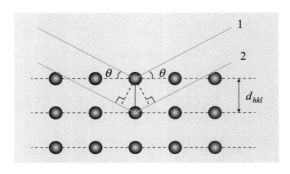

图 2.24　晶体的布拉格衍射示意图

方程(2.22)和方程(2.23)都称为晶体衍射的布拉格方程。利用方程(2.23)更为方便,可以将所有的衍射均称为一级衍射。例如,(111)面的二级衍射可以称为(222)衍射,(110)面的三级衍射可以称为(330)衍射,等等。

2.6.2　布拉格衍射的波矢条件

假设入射波矢为 $\boldsymbol{k}$,衍射波矢为 $\boldsymbol{k'}$,由于衍射是由弹性散射的波迭加而产生的,入射波和衍射波的波长相等,所以必然有

$$k = k' = \frac{2\pi}{\lambda} \tag{2.24}$$

图2.25示出了入射波矢和衍射波矢之间的几何关系,其中 O 是入射波矢和衍射波矢的起点, O^* 是入射波矢的端点。

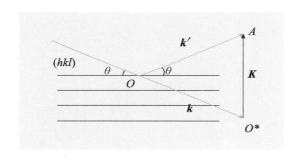

图 2.25　入射波矢和衍射波矢之间的几何关系

如果令由 O^* 点到 A 点的矢量为 $\boldsymbol{K}$,则有

$$\boldsymbol{k'} - \boldsymbol{k} = \boldsymbol{K} \tag{2.25}$$

由式(2.24)可知, O^*A 是等腰三角形 OO^*A 的底,因此矢量 $\boldsymbol{K}$ 垂直于等腰三角形的顶角平分线,即 $\boldsymbol{K}$ 垂直于晶面 (hkl) 。由图2.25可知

$$K = 2k\sin\theta = 2\pi\frac{2}{\lambda}\sin\theta \tag{2.26}$$

为了分析问题的方便,这里只考虑一级布拉格衍射,对其他级衍射可以做相似的分析。如果图2.25中所示的入射线满足布拉格方程,则有

$$\frac{2}{\lambda}\sin\theta = \frac{1}{d_{hkl}}$$

也就是说,如果满足布拉格方程,则由式(2.26)可以得到

$$K = \frac{2\pi}{d_{hkl}} \tag{2.27}$$

由以上分析可知,在满足布拉格方程的条件下,矢量 $\boldsymbol{K}$ 与晶面 (hkl) 垂直,长度是面间距倒数的 2π 倍。可见,矢量 $\boldsymbol{K}$ 与倒格矢的性质是一致的。也就是说,若入射线满足布拉格方程,矢量 $\boldsymbol{K}$ 就是一个倒格矢。布拉格方程就可以写成如下的形式

$$k' - k = G \tag{2.28}$$

或

$$k' = G + k$$

由于 $k'^2 = k^2$，则可消去上式中的 k'，有

$$2k \cdot G + G^2 = 0 \tag{2.29}$$

因为倒格矢 G 和 $-G$ 必然同时满足上式，所以上式也可写为

布拉格方程的另一种形式。

$$k \cdot G = \frac{G^2}{2} \tag{2.30}$$

这正是布里渊区边界的方程（2.14）。也就是说，当入射波矢落在布里渊区边界上时就满足布拉格方程，可以发生晶体衍射，如图 2.26 所示。

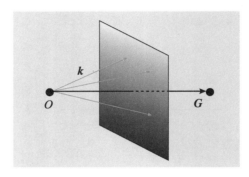

图 2.26　晶体衍射波矢条件示意图
（图中阴影平面是倒格矢 G 的垂直平分面，所有端点落在倒格矢垂直平分面上的入射波均满足布拉格方程）

2.6.3　结构因子与衍射消光

　　首先求一个晶胞的散射振幅。为此，考虑一个含有 n 个原子的晶胞，其中第 j 个原子的位置矢量为 r_j。由图 2.27 可知，第 j 个原子散射波相对于原点上原子散射波的位相差为

$$\varphi_j = r_j \cdot (k' - k) = r_j \cdot G$$

　　如果晶胞中第 j 个原子对入射线的散射振幅为 f_j，则一个晶胞 HKL 衍射振幅是各原子散射振幅的叠加，即

$$F_{HKL} = \sum_j f_j e^{i r_j \cdot G} = \sum_j f_j e^{i 2\pi (x_j H + y_j K + z_j L)} \tag{2.31}$$

式（2.31）的求和在单胞内进行。F_{HKL} 称为结构振幅，即一个晶胞对入射波的衍射振幅。一个晶胞的衍射强度为 $|F_{HKL}|^2$，也称之为结构因子。整个晶体的衍射强度正比于结构因子。

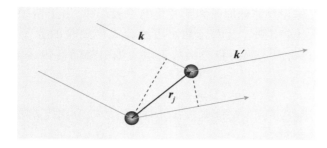

图 2.27　晶胞中两原子散射波的位相差

显然,当 $F_{HKL} = 0$ 时,即使是入射线满足布拉格方程,由于衍射强度为零,该衍射也不出现,这就是晶体衍射的消光现象。

下面分析 BCC 晶体的消光条件。BCC 晶胞(如 Fe)中含有 2 个原子,坐标是 $(0,0,0)$ 和 $(1/2,1/2,1/2)$,且这两个原子的散射振幅相等并记为 f,代入式(2.31)可得

$$F_{HKL} = f\left[1 + e^{i\pi(H+K+L)}\right] = \begin{cases} 2f & (\text{当 } H+K+L = \text{偶数}) \\ 0 & (\text{当 } H+K+L = \text{奇数}) \end{cases} \quad (2.32)$$

显然,当 $H+K+L$ 为奇数时,出现衍射消光。因此,对 BCC 晶体,100,120,… 这样的衍射不出现。

同样可以计算出当 H,K,L 为奇数和偶数的混合时,FCC 晶体(如 Al)出现衍射消光,如 211,100,… 这样的衍射线条在 FCC 晶体的衍射谱中不能出现。晶体的衍射消光规律及结构振幅计算在确定结构中有重要应用。

2.7　晶体结合的一般性质

晶体之所以能保持稳定的形状和体积,是因为原子之间存在吸引和排斥两种作用。晶体的点阵常数由原子间引力和斥力平衡距离决定。当固体中原子间距小于平衡距离时,斥力是主要的;而当原子间的距离大于平衡距离,吸引力是主要的,这是晶体的弹性拉伸和弹性压缩实验告诉我们的简单事实。本节主要讨论晶体中原子间相互作用势能函数的一般特点及常用经验公式。

2.7.1　原子间相互作用势能的特点

固体中原子的相互作用是非常复杂的,详细地分析原子间的相互作用势能是很难的一项工作。尽管如此,仍然可以利用上述吸引和排斥两种相互作用对原子间相互作用势能函数的一般性质进行讨论。排斥作用势能是正的,随原子间距离的减小而迅速增加。吸引相互作用势能是负的,随原子间距离的增加而逐渐趋于零。图 2.28 示出了固体

中原子相互作用势能随原子间距变化的一般规律。由于精确确定原子间势能函数比较困难,人们经常使用经验或半经验的原子间势能函数。一般可以将原子间的势能函数表示为吸引势能与排斥势能的和,即

$$u(r) = -u_A(r) + u_R(r) \tag{2.33}$$

式中,$u(r)$为原子间的势能函数;$u_A(r)$和$u_R(r)$分别代表吸引和排斥势能函数的绝对值。

原子间的作用力为

$$f(r) = -\frac{\partial u(r)}{\partial r} \tag{2.34}$$

如图2.28所示,原子间相互作用有如下特点,即排斥力的作用力程要比吸引力短。吸引力随原子间距离的增加而缓慢趋于零,而排斥力则随原子间距离的减小迅速地趋于无穷大。由图2.28可知,原子间位能函数存在一个极小点,在该点,原子的相互作用力为零,对应于原子间的平衡位置。因此,原子间的平衡距离r_0可由下式确定

$$\left.\frac{\partial u(r)}{\partial r}\right|_{r_0} = 0 \tag{2.35}$$

当有效引力(引力减去斥力)最大时,两原子间的距离由下式确定

$$-\left.\frac{\partial f}{\partial r}\right|_{r_m} = \left.\frac{\partial^2 u(r)}{\partial r^2}\right|_{r_m} = 0 \tag{2.36}$$

式中,r_m是有效引力最大值所对应的原子间距离。有效引力的最大值对应于固体的理论抗张强度。

原子间的斥力有两个方面的来源。一方面,当原子彼此靠的很近时,相邻原子周围的电子云要相互重叠。由于泡利不相容原理的限制,电子只能填充到更高的空能级,这种电子－电子之间的排斥作用常常被称为泡利斥力。原子距离越近,泡利斥力越大。另一方面,带正电的原子核之间具有排斥力。但由于原子核被核外电子所屏蔽,只有当原子距离很近时,核间的斥力才会变得更加明显。上述排斥作用随原子间距离的减小而迅速增大,即原子间斥力是短程的。

原子间的吸引力起源的物理本质,比较复杂,可以按晶体中原子间吸引力(键合)机制对晶体进行分类,如离子晶体、共价晶体及金属晶体等。晶体的成键方式不同,其吸引相互作用的物理机制也不同,这个问题将在2.8节中详细讨论。

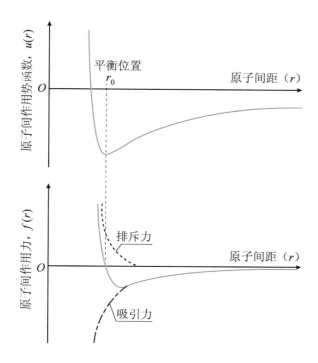

图 2.28 固体中两个原子间相互作用势能函数和作用力的一般性质

2.7.2 晶体的结合能与晶体的性质

若假定固体中原子 i 和 j 之间的相互作用势能为 $u(r_{ij})$，则由 N_a 个原子组成的固体的总相互作用能为

$$U = \frac{1}{2} \sum_{i \neq j}^{N_a} u(r_{ij}) \tag{2.37}$$

由于 $u(r_{ij})$ 和 $u(r_{ji})$ 是完全等价的，而在求和中分别把它们都计入了，即相当于每对原子的相互作用能都计算了两遍，故在求和前加上因子 $1/2$。如果选自由原子状态为势能零点，则晶体处于平衡态时，U 的绝对值就是固体的结合能。

由于实际晶体的原子数目远大于固体表面的原子数目，所以计算总相互作用能时可以忽略固体中内部原子和表面原子之间的差异，则

$$U = \frac{N_a}{2} \sum_{j \neq 1}^{N_a} u(r_{1j}) \tag{2.38}$$

式中，标号为"1"的原子可以任意选取，是参考原子的一个标记。倘若将坐标原点选在参考原子上，则式（2.38）可以写成如下形式

$$U = \frac{N_a}{2} \sum_{j=1}^{N_a} u(R_j) \tag{2.39}$$

式中,R_j 是除原点之外第 j 个原子距原点的距离。

下面讨论晶体的体弹性模量和抗张强度。

1. 晶体的体弹性模量

设在体积 V 内有 N 个原胞,每个原胞的体积是 V_c,每个原胞的平均势能为 $u(V_c)$,则有

$$U = Nu(V_c)$$

$$V = NV_c$$

由热力学定律可得压强 p 为

$$p = -\frac{\partial U}{\partial V} = -\frac{\partial u}{\partial V_c} \tag{2.40}$$

体弹性模量为

$$K = -V\frac{\partial p}{\partial V} \tag{2.41}$$

将式(2.39)代入式(2.41)得

$$K = V_0\left(\frac{\partial^2 U}{\partial V^2}\right)\bigg|_{V_0} \tag{2.42}$$

式中,V_0 是晶体平衡时的体积。

由式(2.42)可知,只要知道了固体中原子相互作用势能函数就可以计算晶体的弹性性质。式(2.42)将理论计算的晶体结合能同实测的体弹模量联系起来,这在实际应用时至少具有如下三方面的意义:其一是可以在理论上预测材料的宏观性能,目前已经有多种方法可以计算晶体的结合能,特别是第一性原理计算为计算材料学提供了强有力的工具。其二是对已知晶体而言,可以利用式(2.42)检验理论计算模型的正确与否。其三,在有些情况下,人们希望利用经验势能函数简化计算过程,而通常经验势能函数中存在待定常数,可以综合式(2.35)和式(2.42)确定其中的待定常数。

2. 晶体的抗张强度

晶体所能耐受的最大张力就是抗张强度,抗张强度对应于晶体中原子间有效引力的最大值。在静水张力作用下,晶体的抗张强度为

$$-p_m = \frac{\partial U}{\partial V}\bigg|_{V_m} \tag{2.43}$$

式中,$-p_m$ 是晶体的抗张强度;V_m 是与式(2.36)中 r_m 对应的晶体体积。V_m 可由下式确定

$$\frac{\partial^2 U}{\partial V^2}\bigg|_{V_m} = 0 \tag{2.44}$$

2.8　晶体结合的分类

按原子之间的成键类型,可以将晶体分为离子晶体、共价晶体、金

属晶体、氢键晶体和分子晶体。前面已经讨论了固体中原子间相互排斥作用的物理本质,这里主要分析各种晶体中原子或离子之间的吸引力产生的原因。

2.8.1 离子晶体

离子晶体是由正负离子通过离子键而相互结合的晶体。由于正负离子是通过库仑相互作用而结合的,所以离子键的吸引作用是易于理解的。离子晶体一般含有这样两类原子,其中一类原子的未满壳层易于失去电子而形成正离子;另外一类原子是未满壳层电子数较多且易于得到电子而成为负离子。易失去电子的原子一般具有很正的电负性。下面以 NaCl 为例说明离子晶体的结合本质。

Na 原子外层未满壳层中只有一个电子,这个电子很容易失去而成为 Na^+。Cl 原子未满壳层中仅差一个电子就成为稳定的满壳层结构,它很容易获得一个电子而成为 Cl^-。当 Na 和 Cl 原子相互接近时,通过 Na 失去一个电子和 Cl 获得一个电子而形成了以 Na^+ 和 Cl^- 异性电荷相吸引的离子键。如图 2.17 所示,在 NaCl 晶体中 Na^+ 和 Cl^- 是相间排列的。从能量的角度上讲,每种离子都希望有更多的异号离子与之相配位,所以离子晶体的原子密堆程度一般较大,如 NaCl 就是密堆的 FCC 结构(见图 2.17)。

下面以 NaCl 为例说明离子晶体结合能的计算方法。由于 Na^+ 和 Cl^- 离子都具有满壳层的电子结构,电子云是球对称分布的,所以当离子之间相距不是很近的情况下,离子间的库仑相互作用可以近似看成是点电荷之间的相互作用。考虑到同号离子和异号离子的相互作用同时存在,离子间的作用能 u_I 为

$$u_I = \pm \frac{e^2}{4\pi\varepsilon_0 r} \tag{2.45}$$

式中,ε_0 为真空介电常数;e 为电子电荷;r 为离子间距,同号离子取正,异号离子取负。

正如 2.7 节中所讨论的那样,当两个离子相互接近时,由于核外电子云的相互重叠会产生很强的斥力,这种相互排斥的相互作用能(泡利斥力)u_R 可表示为

$$u_R = \frac{b}{r^n} \tag{2.46}$$

或

$$u_R = \lambda e^{-r/\rho} \tag{2.47}$$

式中,b,n,λ 和 ρ 是需要由晶体宏观性质确定的特定常数。

为了计算方便,核外电子云之间的泡利排斥作用能采用式(2.46)的形式,则有

$$u(r_{ij}) = \pm \frac{e^2}{4\pi\varepsilon_0 r_{ij}} + \frac{b}{r_{ij}^n} \tag{2.48}$$

式中，r_{ij} 是第 i 个离子和第 j 个离子之间的距离；$u(r_{ij})$ 是第 i 个离子和第 j 个离子之间的相互作用势能函数。

晶体的总相互作用能为

$$U = \frac{1}{2} \sum_{i \neq j}^{N_a} \left(\pm \frac{e^2}{4\pi\varepsilon_0 r_{ij}} + \frac{b}{r_{ij}^n} \right) \tag{2.49}$$

设最近邻离子间的距离为 R，则第 j 个离子距参考离子 i 的距离可以表示为 $r_{ij} = a_j R$，而 a_j 的值取决于具体的晶体结构，则式（2.49）可改写为

晶体结构不同，原子排列方式不同。

$$U = -\frac{N_a}{2} \left[\frac{e^2}{4\pi\varepsilon_0 R} \sum_{j=1}^{N_a} \pm \frac{1}{a_j} - \frac{1}{R^n} \sum_{j=1}^{N_a} \frac{b}{a_j^n} \right] \tag{2.50}$$

式（2.50）括号中的 $\pm$ 号正好同式（2.34）相反，同号离子为负，异号离子为正。令

$$B = \sum_{j=1}^{N_a} \frac{b}{a_j^n} \tag{2.51}$$

$$M = \sum_{j=1}^{N_a} \pm \frac{1}{a_j} \tag{2.52}$$

则

$$U = -\frac{N_a}{2} \left(\frac{Me^2}{4\pi\varepsilon_0 R} - \frac{B}{R^n} \right) \tag{2.53}$$

式中，M 称为马德隆（Madelung）常数，其数值取决于晶体结构。

由于正负离子间的库仑力是长程力，所以在马德隆常数的计算过程中需考虑非近邻相互作用。B 和 n 的取值可以由晶体的晶格常数及体弹模量的实验值定出，由 $\partial U/\partial R |_{R_0} = 0$，可得

$$B = \frac{e^2 M R_0^{n-1}}{4\pi\varepsilon_0 n} \tag{2.54}$$

式中，R_0 为最近邻离子间的平衡距离，可用 X 射线衍射等方法确定点阵常数之后算出。

容易证明，含有 N_a 个原子的 NaCl 晶体的体积为

$$V = N_a R^3$$

由体弹模量的表达式（2.41），得到

$$K = \frac{Me^2(n-1)}{72\pi\varepsilon_0 R_0^4} \tag{2.55}$$

从而

$$n = 1 + \frac{72\pi\varepsilon_0 R_0^4}{Me^2} K \tag{2.56}$$

由以上分析可知，只要在实验上测得了离子晶体的体弹模量和晶

格常数就可计算离子晶体的结合能。实验发现离子晶体的 n 介于 $5 \sim 9$ 之间,对 NaCl 而言,n 约为 8。由式(2.53)可以知道,离子晶体的结合能表达式中两个待定参数需要由实验确定,一个是马德隆常数,一个是参数 B。只要在实验上确定了点阵常数和体弹性模量,就可以确定上述两个参数,进而得到离子晶体的结合能。表 2.2 给出了一些离子晶体的结合能。可以看出,理论计算值与实验值符合较好。

表 2.2 　 一些离子晶体的结合能

离子晶体	R_0/nm	K/GPa	n	结合能 /$(\text{kJ} \cdot \text{mol}^{-1})$	
				理论值	实验值
NaCl	0.278	264	8	762	775
NaBr	0.295	216	8.3	720	737
KCl	0.311	192	9	691	703
KBr	0.326	164	9.3	661	674

2.8.2　共价晶体

以共价键结合的晶体称之为共价晶体。首先以 H_2 分子为例说明共价键的形成。氢原子核外只有一个 1s 电子,当两个氢原子相互靠近时,两个 1s 电子发生重叠,形成两个氢原子共用的电子对。详细的量子力学分析表明,当两个电子自旋平行或反平行时,电子浓度的分布完全不同。根据量子力学的计算结果,电子云分布和两个 H 原子的相互作用势能示意图示于图 2.29。

若两个电子的自旋平行,受泡利不相容原理的限制,两个 1s 电子云不能在两个原子之间交叠而倾向分布于两个氢原子连线的外侧,如图 2.29(a)所示。当两个电子自旋反平行时,电子云在两个原子之间发生重叠,如图 2.29(b)所示。当两个电子云在原子之间交叠时,意味着在两个正离子之间有较高密度的带负电的电子密度集中,库仑吸引力使体系稳定结合成 H_2。将电子云在原子之间重叠的状态称为成键态,反之称为反键态。显然,反键态使两个 H 原子相互远离,不能形成 H_2 分子。上述 H_2 成键态就是共价键的最简单图像。

共价键的吸引作用来源于原子间密集电子云同时对两个原子(带正电)有吸引作用。成键的电子同时属于两个原子,有时称为共用电子对。电子对中两个电子的自旋反平行,由于泡利不相容原理的限制,电子对不能有第三个电子参与成键,这就是共价键的饱和性。

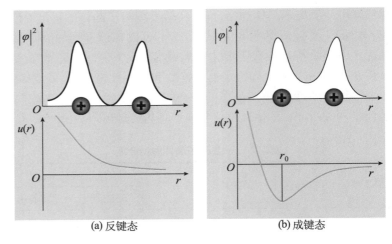

(a) 反键态　　　　　　　　(b) 成键态

图 2.29　H－H 原子相互接近时电子云分布及原子间势能

　　共价键连接的两个原子之间的电子云重叠越多,两个原子结合就越强,所以共价键要求成键的两个配对电子云有最大可能的重叠,这就是共价键的电子云最大重叠原理,它决定了共价键的方向性。

　　上述简单的共价键理论尚不足以解释金刚石的结构。碳原子基态的电子结构为 $1s^2 2s^2 2p^2$,未满壳层的 $2s^2 2p^2$ 的空间轨道填充情况示于图 2.30。图中可见,只有两个未成对的 $2p^2$ 电子,仅能形成两个共价键,显然不能解释由碳原子组成的金刚石结构。

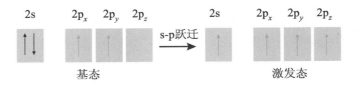

图 2.30　碳原子基态和 s－p 跃迁后的激发态

　　但如果一个 2s 轨道上的电子跃迁到 2p 的空轨道,则激发态的电子组态为 $2s^1 2p^3$,此时有 4 个未成对电子可以形成 4 个共价键。虽然 2s 电子激发到 2p 使体系能量增加,但只要成键以后,键结合足够强,仍然可以使体系能量比未成键时要低,体系就是稳定的状态。即便如此,虽然能说明碳是四价的,仍然不能解释金刚石的晶体结构。为了解释共价晶体的结构,人们提出了杂化轨道的概念。

　　杂化就是原子轨道通过线性组合形成新的轨道,其合理性是量子力学中的态迭加原理,即电子可能状态的波函数的线性组合依然是电子的可能状态。前面已经指出,当碳原子的 2s 电子跃迁至 2p 空轨道时,有一个 2s 电子和三个 2p 电子没有成对,它们线性组合以后,形成如下四个新的轨道

$$\begin{cases} \varphi_1 = \dfrac{1}{2}(\varphi_{2s} + \varphi_{2p_x} + \varphi_{2p_y} + \varphi_{2p_z}) \\[2mm] \varphi_2 = \dfrac{1}{2}(\varphi_{2s} + \varphi_{2p_x} - \varphi_{2p_y} - \varphi_{2p_z}) \\[2mm] \varphi_3 = \dfrac{1}{2}(\varphi_{2s} - \varphi_{2p_x} + \varphi_{2p_y} - \varphi_{2p_z}) \\[2mm] \varphi_4 = \dfrac{1}{2}(\varphi_{2s} - \varphi_{2p_x} - \varphi_{2p_y} + \varphi_{2p_z}) \end{cases} \quad (2.57)$$

式中,下角标表示杂化以前的轨道名称。

$\varphi_1,\varphi_2,\varphi_3$ 和 φ_4 是杂化形成的四个新轨道。杂化后的四个轨道分别被一个电子所占据,可以同其他原子形成四个共价键。由于每个杂化轨道都是有一个 s 轨道和三个 p 轨道组合而成,因此称之为 sp^3 杂化。可以证明,如果将碳原子放到四面体的中心,则这 4 个 sp^3 杂化轨道的电子云分别集中在四面体四个顶角方向,键间的夹角为 $109°28'$,如图 2.31(a) 所示。金刚石中的碳原子正是以 sp^3 杂化而成键的。由于共价键的方向性(即要求成键的两个电子云最大重叠),每个碳原被 4 个碳原子包围形成 4 对共价键,且每个成键的碳原子位于四面体四个顶角方向上,金刚石中碳原子成键如图 2.31(b) 所示。半导体元素 Si 和 Ge 也是金刚石结构。

由于共价键的饱和性及方向性,结合很强,所以共价晶体具有高的熔点和硬度,例如金刚石是目前所知道的最硬的晶体。因为价电子定域在共价键上,所以这类晶体的导电性较弱,一般属于绝缘体或半导体。

如图 2.30 所示碳原子激发态中 2s 电子与 $2p_x$ 和 $2p_y$ 轨道杂化,$2p_z$ 轨道不参与杂化,则形成 sp^2 杂化。3 个 sp^2 杂化轨道之间的夹角 $120°$,为平面构型,其中碳原子位于正三角形的中心,3 个 sp^2 杂化轨道指向正三角形的顶角。sp^2 杂化形成石墨片层结构,如图 2.12 所示。石墨晶体中片层为 sp^2 杂化,片层之间通过未参与杂化的 $2p_z$ 电子之间的范德华(von de Waals)键结合。

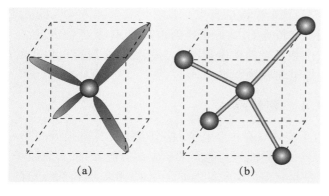

图 2.31 sp^3 杂化轨道的空间分布(a) 及金刚石的键合结构(b)

一般说来,许多共价或离子晶体键含有部分离子键和共价键。表 2.3 给出了菲利蒲(Philips)确定的若干晶体中离子键和共价键成分。

表 2.3　二元晶体中成键的离子性百分数

晶体	离子性百分数/%	晶体	离子性百分数/%
Si	0.00	GaAs	0.31
SiC	0.18	GaSb	0.26
Ge	0.00	AgCl	0.86
ZnO	0.62	AgBr	0.85
ZnS	0.62	AgI	0.77
ZnSe	0.63	MgO	0.84
ZnTe	0.61	MgS	0.79
CdO	0.79	MgSe	0.79
CdS	0.69	LiF	0.92
CdSe	0.70	NaCl	0.94
CdTe	0.67	RbF	0.96
InP	0.42		
InAs	0.36		
InSb	0.32		

注:J. C. Phillips. *Bonds and bands in semiconductors*. Academic Press, Chap. 2, 1973.

2.8.3　金属晶体

金属原子对价电子的束缚比较弱,形成晶体后价电子不再被束缚于原子周围,可以在晶格中相对自由地运动。例如 Na,其 3s 电子"公有化"形成近似自由的电子气体,而带正电的离子实 Na^+ 则排列在晶格位置上。晶体的结合靠电子与离子实之间的吸引,当吸引力与电子之间以及离子实之间的排斥力达到平衡时,则形成稳定的晶体,这就是金属键的本质。金属键的特点是没有饱和性和方向性的要求。由于对原子排列没有特殊要求,原子排列越紧密,体系越稳定,所以金属一般都形成配位数较高的密堆积结构。很显然,金属键可以很好解释金属的优良的导电和导热性能。

2.8.4　氢键晶体

氢原子核外只有一个电子,这个电子又具有很大的第一电离能,所以氢原子一般只能与其他原子形成共价键。如果与氢原子形成共价键的原子是具有很大电负性的原子(如氧和氟等),那么氢的电子云将主要分布在靠近电负性较大的原子一侧,这时氢原子核就相当于一个带正电的"裸露"质子,因此可以吸引近邻分子中具有负电性的离子。

这种吸引相互作用就是氢键。冰就是典型的氢键晶体,图2.32给出了水中氢键的示意图和晶体冰中的分子键合结构。氢键是一种较弱的化学键。

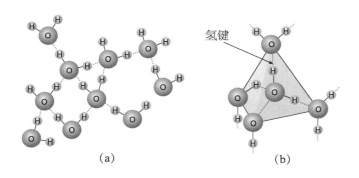

图2.32 水中H_2O分子之间的氢键(a) 及晶体冰中的氢键键合(b)

2.8.5 分子晶体

以上所讨论的几种固体键合方式均涉及近邻原子间某种形式的电荷转移。然而当原子或分子具有满壳层电子结构时,以上方式的原子间结合力就不能存在,这是因为满壳层结构的电子很稳定,它们被束缚在原子核周围,且电子云是球对称分布的。此时原子间的吸引力来源于瞬时电偶极矩之间的相互吸引作用,这种化学键被称为范德华键,例如惰性元素晶体(He、Ne、Ar、Kr、Xe),以及H_2、N_2等分子晶体就是以范德华键结合的。下面来分析范德华键形成的物理原因。

如果电子云是静止的且相对于所在原子的原子核是球对称的,那么相距一定距离的原子间没有电场力存在,因为原子核和电子云之间的正负电荷正好相互抵消。然而电子云在原子核周围总是处在某种振动状态,此时,原子的正负电荷中心就不可能精确地重合,这意味着电子云的振动使原子或分子形成了瞬间电偶极矩。当某个原子(或分子)在某个瞬间出现电偶极矩时,它就会感生邻近原子(或分子)出现与之反平行的电偶极矩,从而引起相互吸引的作用力。

以上分析表明,范德华键是一种很弱的化学键,以范德华键结合的固体一般具有低熔点和低硬度的特征。范德华键在所有晶体中都是存在的,只不过是它与其他类型的键相比很弱而已。

分子晶体中原子间位能函数可用雷纳-琼斯(Lennard-Jones)势来描述,即

$$u(r) = -\frac{A}{r^6} + \frac{B}{r^{12}} \qquad (2.58)$$

式中,A和B为待定常数。

上式也可写成如下形式

$$u(r) = 4\varepsilon\left[\left(\frac{\sigma}{r}\right)^{12} - \left(\frac{\sigma}{r}\right)^6\right] \tag{2.59}$$

式中,ε 和 σ 为待定常数,它可由晶体的平衡条件和晶体的体弹模量计算出来。

晶体的总相互作用能为

$$U = \frac{N_a}{2}\sum_{i \neq j}^{N_a} 4\varepsilon\left[\left(\frac{\sigma}{r_{ij}}\right)^{12} - \left(\frac{\sigma}{r_{ij}}\right)^6\right] \tag{2.60}$$

令 R 为最近邻原子距离,则 $r_{ij} = a_j R$,则上式变为

$$U = 2N_a\varepsilon\left[A_{12}\left(\frac{\sigma}{R}\right)^{12} - A_6\left(\frac{\sigma}{R}\right)^6\right] \tag{2.61}$$

式中

$$A_{12} = \sum_{j=1}^{N_a} \frac{1}{a_j^{12}} \tag{2.62}$$

$$A_6 = \sum_{j=1}^{N_a} \frac{1}{a_j^6} \tag{2.63}$$

> 范德华键很弱,求和只在最近邻原子间进行就足够了。

A_{12} 和 A_6 与具体的晶体结构有关。除 He^3 和 He^4 外,惰性元素晶体均为面心立方结构。对于面心立方的惰性元素晶体,可以计算出

$$A_{12} = 12.131\ 88, \quad A_6 = 14.453\ 92$$

利用平衡条件及晶体点阵常数可以得到,晶体平衡时 R 的取值 R_0 为

$$R_0 = \left(\frac{2A_{12}}{A_6}\right)^{1/6}\sigma = 1.09\sigma \tag{2.64}$$

则

$$U = -N_a\frac{\varepsilon A_6^2}{2A_{12}} = -8.6\varepsilon N_a \tag{2.65}$$

平衡时体弹性模量为

$$K = \frac{4\varepsilon A_{12}}{\sigma^3}\left(\frac{A_6}{A_{12}}\right)^{5/2} = \frac{75\varepsilon}{\sigma^3} \tag{2.66}$$

实验表明,用雷纳 – 琼斯势函数得到的惰性元素晶体结合能与实验符合较好。

前面我们讨论了 5 种典型的晶体键合类型,还讨论了共价键和离子键共存的情况。在实际晶体中,原子间的相互作用比较复杂,往往多种键合方式同时存在,有些原子间存在着一种键合方式,而另外一些原子间又存在着其他形式的键合。

附录 2A   立方晶系原胞和单胞的关系

由原胞的定义可以知道,原胞是晶体中的最小重复单元,对原胞的选取没有严格的限制。而惯用单胞或布拉菲单胞选取要反映出晶体

的宏观对称性,不一定是原胞。只有对初基点阵而言,晶胞和原胞才是等同的。对于底心,面心和体心这样的布拉菲单胞而言,晶胞同原胞是不相同的。这里主要针对立方晶系中晶体的原胞和单胞的关系进行讨论。图2.33给出了体心立方晶格和面心立方晶格的原胞与布拉菲单胞之间的关系,图中的 a_1,a_2 和 a_3 是原胞基矢。

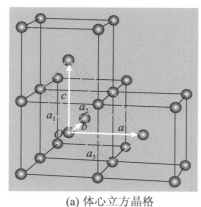
(a) 体心立方晶格

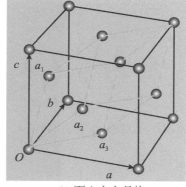
(b) 面心立方晶格

图 2.33　原胞和晶胞

对于体心立方晶胞(布拉菲单胞),原胞基矢为

$$\begin{cases} \boldsymbol{a}_1 = \dfrac{a}{2}(-\boldsymbol{i} + \boldsymbol{j} + \boldsymbol{k}) \\[2mm] \boldsymbol{a}_2 = \dfrac{a}{2}(\boldsymbol{i} - \boldsymbol{j} + \boldsymbol{k}) \\[2mm] \boldsymbol{a}_3 = \dfrac{a}{2}(\boldsymbol{i} + \boldsymbol{j} - \boldsymbol{k}) \end{cases} \tag{2A.1}$$

式中,a 为布拉菲单胞的边长;$\boldsymbol{i},\boldsymbol{j},\boldsymbol{k}$ 为布拉菲单胞三个轴向(直角坐标系)的单位矢量。

简单计算可知,布拉菲单胞的体积为 a^3,原胞的体积为 $a^3/2$。

对于面心立方晶胞(布拉菲单胞),其原胞基矢为

$$\begin{cases} \boldsymbol{a}_1 = \dfrac{a}{2}(\boldsymbol{j} + \boldsymbol{k}) \\[2mm] \boldsymbol{a}_2 = \dfrac{a}{2}(\boldsymbol{k} + \boldsymbol{i}) \\[2mm] \boldsymbol{a}_3 = \dfrac{a}{2}(\boldsymbol{i} + \boldsymbol{j}) \end{cases} \tag{2A.2}$$

式中,符号的意义同前,原胞的体积为 $a^3/4$,布拉菲单胞体积为 a^3。

以下来分析体心立方和面心立方晶格倒易点阵晶胞的形状。

对于体心立方晶格,可以得到与原胞对应的倒格子基矢为

比较式(2A.3)和式(2A.2)可以发现,体心立方的倒格子是面心立方格子。

$$\begin{cases} \boldsymbol{b}_1 = \dfrac{2\pi}{a}(\boldsymbol{j} + \boldsymbol{k}) \\ \boldsymbol{b}_2 = \dfrac{2\pi}{a}(\boldsymbol{k} + \boldsymbol{i}) \\ \boldsymbol{b}_3 = \dfrac{2\pi}{a}(\boldsymbol{i} + \boldsymbol{j}) \end{cases} \tag{2A.3}$$

同样,对面心立方格子有

$$\begin{cases} \boldsymbol{b}_1 = \dfrac{2\pi}{a}(-\boldsymbol{i} + \boldsymbol{j} + \boldsymbol{k}) \\ \boldsymbol{b}_2 = \dfrac{2\pi}{a}(\boldsymbol{i} - \boldsymbol{j} + \boldsymbol{k}) \\ \boldsymbol{b}_3 = \dfrac{2\pi}{a}(\boldsymbol{i} + \boldsymbol{j} - \boldsymbol{k}) \end{cases} \tag{2A.4}$$

可见面心立方的倒易点阵是体心立方格子。

习题 2

2.1 给出立方晶系、四方晶系和正交晶系的面间距公式。

2.2 求六方密集点阵的倒格子,并利用倒易矢量的性质求该晶体的面间距。

2.3 画出以下两种二维矩形点阵的第一、二、三布里渊区:

(1) $\boldsymbol{a}_1 = a\boldsymbol{i}, \boldsymbol{a}_2 = a\boldsymbol{j}$;

(2) $\boldsymbol{a}_1 = a\boldsymbol{i}, \boldsymbol{a}_2 = 2a\boldsymbol{j}$。

其中,$\boldsymbol{a}_1, \boldsymbol{a}_2$ 是正空间单胞的基矢。

2.4 求面心立方结构(111)和(110)面的原子面密度。

2.5 求金刚石结构的衍射消光条件。

2.6 求一维 NaCl 晶体的马德隆数。

2.7 有一晶体,平衡时体积为 V_0,原子总相互作用能为 U,原子间相互作用位能为

$$u(r) = -\frac{A}{r^n} + \frac{B}{r^m}$$

试求晶体的压缩系数表达式。

2.8 设某晶体中每对原子的相互作用位能为 $u(r) = A/r^9 - B/r$,平衡时 $R_0 = 0.28$ nm,结合能 $U = 8 \times 10^{-19}$ J,计算 A 和 B 以及晶体的体弹性模量。

2.9 KCl 晶体受到水静压力,若将它晶格常数缩小 1%,求压强。该晶体的密度为 $\rho = 2.0$ g/cm³,马德隆常数为 $M = 1.75, n = 9$。

2.10 若 NaCl 晶体中离子电荷增加一倍,试估计晶体的结合能及离子间平衡距离将产生多大变化?

第 3 章　晶格振动与晶体的热性质

　　晶体中的原子或离子在平衡位置附近做不停的热振动,称这种振动为晶格振动。晶格振动理论是固体物理的基本内容之一,它是理解固体热学性质的基础,同时,它对于固体的弹性性质、电学性质、介电性质、光学性质、结构相变等诸多方面的研究也十分重要。

　　本章首先以一维晶格(原子链)的振动为例说明晶格振动的一般特点,而后讨论三维晶体晶格振动的规律及晶体的热性质。

3.1　简谐近似

　　组成晶体的大量离子和价电子之间存在复杂的相互作用,包括价电子与价电子、离子与离子及离子与价电子之间的相互作用。一般而言,精确求解如此复杂的多体问题几乎是不可能的,必须对体系进行适当的简化处理。

　　首先,由于电子的质量远小于离子的质量,而且,电子的速度又比离子振动的速度大得多,所以可以将电子运动和离子运动分别加以考虑。这就是在第 1 章中介绍的固体物理中离子–电子脱耦近似,它是固体物理学绝热近似的直接结果。

　　另外,原子间相互作用相当复杂,为了处理问题的方便,先要进行适当的简化。下面以一维情况为例说明对原子间相互作用进行简谐近似的基本思想。图 3.1 是两个原子相互作用势函数示意图,其中原子间的距离为 a,原子间的势能函数为 $V(a)$。图中势能函数最低所对应的原子间距为平衡位置(晶格常数 a_0),下面对原子间的势能函数在平衡位置附近做级数展开:

$$V(a) = V(a_0) + \frac{\partial V}{\partial a}\bigg|_{a_0}(a - a_0) + \frac{1}{2}\frac{\partial^2 V}{\partial a^2}\bigg|_{a_0}(a - a_0)^2 + \cdots \quad (3.1)$$

显然,式(3.1)右边第一项为常数。由于 $a = a_0$ 对应于势能函数 $V(a)$ 的极小值,势能函数的一级导数为零,故上式中的第二项为零。当热振动比较微弱,即 $(a - a_0)$ 很小时,展开式(3.1)的高次项可以忽略不计,则原子间的相互作用势能可以写成:

$$V(a) = V(a_0) + \frac{1}{2}\beta(a - a_0)^2 \quad (3.2)$$

式中,$\beta = \dfrac{\partial^2 V}{\partial a^2}\bigg|_{a_0}$ (势能函数在平衡位置处的二级导数值)。如果选取

新的势能零点,使 $V(a_0) = 0$,并令原子偏离平衡位置的位移为 $x = a - a_0$,式(3.2)可以简化为

$$V(x) = \frac{1}{2}\beta x^2 \qquad (3.3)$$

则原子在平衡位置附近作微小振动的恢复力为

β 是"弹簧"的恢复力常数。

$$F(x) = -\frac{dV}{dx} = -\beta x \qquad (3.4)$$

以上就是简谐近似。式(3.3)和式(3.4)表明,在简谐近似下,两个原子犹如倔强系数为 β 的弹簧相连接一样,如图 3.1 所示。上述简谐近似可以推广到一般三维晶体。

> 在原子偏离平衡位置的位移比较小的情况下,固体中原子间的相互作用可以近似地看成是由弹簧连结的,这就是简谐近似。

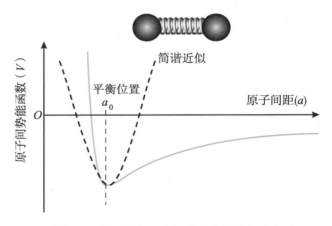

图 3.1　原子间相互作用势能和作用力示意图

3.2　一维简单晶格的振动

尽管一维晶格(原子链)在实际中是罕见的,但是一维晶格振动的求解过程和其中的基本概念对分析三维晶体的晶格热振动是非常有用和富有启发性的。本节主要利用经典力学的方法处理一维晶格振动的一般规律。

3.2.1　振动方程与格波

图 3.2 为由相同原子组成的一维简单晶格示意图,位移的正方向

由图上方的箭头所示。假设每个原子的质量均为 m，平衡时原子间距（晶格常数）为 a，x_n 表示第 n 个原子离开平衡位置的位移，所有最近邻原子间的作用力常数均为 β。在只考虑最近邻相互作用的基础上，第 n 个原子受到左右两个弹簧的作用，根据牛顿第二定律，可以得到第 n 个原子的运动方程为：

$$m \frac{\mathrm{d}^2 x_n}{\mathrm{d}t^2} = \beta(x_{n+1} - x_n) - \beta(x_n - x_{n-1}) =$$
$$\beta(x_{n+1} + x_{n-1} - 2x_n) \tag{3.5}$$

对于一个无限大的晶体，所有原子的振动的基本规律是相同的，差别仅仅在于每个原子与原点的距离不同，因而振动的位相不同。第 n 个原子离开原点的距离为 na，所以，该方程的特解形式为

$$x_n = A e^{-\mathrm{i}(\omega t - qna)} \tag{3.6}$$

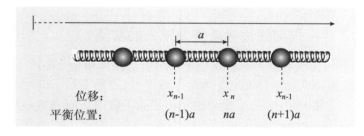

图 3.2　一维简单晶体示意图

由于原子的平衡位置坐标是 na，对比简谐平面波方程不难发现，式(3.6)所描述的就是简谐平面波。由式(3.6)不难看出，当 $n_1 a - n_2 a = 2\pi/q$ 的整数倍时，第 n_1 个原子和第 n_2 个原子的振动完全相同，所以，在晶体中存在角频率为 ω 的平面波，这种波称为格波，格波的波长为 $\lambda = 2\pi/q$，q 为格波波矢。

格波频率为 ω，波长为 $\frac{2\pi}{q}$。

将特解式(3.6)代入运动方程式(3.5)可得：

$$\omega^2 = \frac{2\beta}{m}(1 - \cos qa) \tag{3.7}$$

$$\omega = 2\sqrt{\frac{\beta}{m}} \left| \sin \frac{qa}{2} \right| \tag{3.8}$$

色散关系。

一般将 $\omega \sim q$ 关系称为色散关系，也称为晶格振动频谱。式(3.8)即是一维简单晶格热振动的色散关系，可以看出 ω 是 q 的周期函数，为了保证振动频谱的单值性，一般将 q 的取值限定在 $-\pi/a \sim \pi/a$ 之间。根据布里渊区的定义(见第 2 章)可知，一维晶格晶格振动格波波矢 q 的取值就是限定在第一布里渊区内。图 3.3 示出了一维简单晶格振动的色散关系。

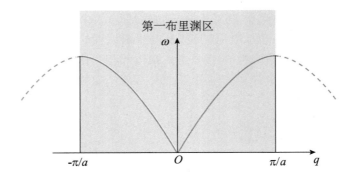

图 3.3　　一维简单晶格的振动频谱(色散关系)

由式(3.8)可知,当 $q \to 0$,即 $\lambda \to \infty$ 时,$\omega \propto q$。ω 与 q 成正比意味着此时格波与连续介质中的弹性波行为类似。事实上,当波长远远大于晶格常数时,晶体就可以近似认为是连续介质了。

3.2.2　周期性边界条件及波矢的取值

实际固体是有限的,边界上原子的运动规律可能不同于内部原子。但是,由于实际固体的原子数目十分巨大,边界上原子的运动行为对内部原子影响很小。为了使问题简化并能正确描述固体内部原子的运动行为与规律,玻恩(Born)和卡门(Karman)提出了周期性边界条件,又称玻恩－卡门边界条件。下面以一维简单晶格说明周期性边界条件,设想含有 N 个原胞(对于一维简单晶格即是含有 N 个原子),长为 Na 的一维原子链之外,仍然存在无限多个这样的晶体,而且,所有晶体中相同位置的原子的振动规律完全一致,即具有完全相同的振幅和位相,如图 3.4 所示。周期性边界条件可以表达成:

$$x_n = x_{N+n} \tag{3.9}$$

即每块晶体中的第 n 个原子的运动规律完全相同。

对于一维简单晶,格由式(3.9)可以得到:

$$Ae^{-i(\omega t - qna)} = Ae^{-i[\omega t - q(N+n)a]}$$

即 $e^{qNa} = 1$,则必有

$$q = \frac{2\pi}{Na}l \quad (l \text{ 为整数}) \tag{3.10}$$

若用倒格子基矢表示就是:

$$q = \frac{b}{N}l \quad (l \text{ 是整数}) \tag{3.11}$$

由于 q 要限定在第一布里渊区内,则 $-N/2 \leqslant l < N/2$。所以,q 实际上只有 N 个不同取值。也就是说,波矢 q 的数目与晶体的自由度数相等,即晶体中独立振动的模式数目同晶体的自由度数相等。

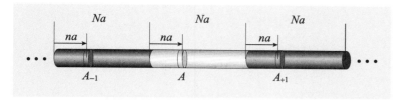

图 3.4　一维晶格的周期性边界条件示意图
（假想一维晶体（中间晶体）与无穷多个晶体与之相接，
A_{-1}、A 和 A_{+1} 处的原子具有完全相同的振幅与位相）

一个晶格中含有大量的原子，晶格振动是紊乱的。这里，我们需要回答真实的晶格振动与式（3.6）和（3.8）所描述的格波之间的关系。一个含有 N 个原子的一维晶格相当于一个力学系统，其固有的振动频谱如式（3.8）所示仅仅依赖于恢复力常数和晶体结构。在一定温度下，紊乱的晶格振动实际上包含了各种频率和波矢的振动，或者说，真实的晶格振动实际是式（3.6）所示平面简谐波的线性组合。而每种频率格波的振幅（或者能量）是统计分布的。关于这一点将在后面的章节做更详细的讨论。

3.3　一维双原子复式晶格的振动

现在考虑由两种不同原子组成的一维复式晶格，如图 3.5 所示，两种原子的质量分别为 M 和 m，两种原子之间的恢复力常数为 β，并略去同种原子间的相互作用。第 $n-1$ 个单胞中两原子的位移分别为：u_{n-1} 和 v_{n-1}；第 n 个单胞中两原子的位移分别为：u_n 和 v_n；以此类推。

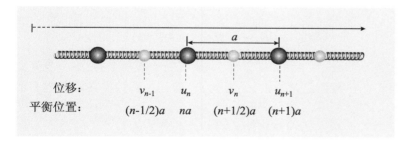

图 3.5　一维双原子复式晶体示意图

3.3.1　色散关系与独立格波数目

由于只考虑近邻异类原子间的相互作用，则第 n 个单胞中质量为 M 和 m 原子的振动方程可由下式给出

$$\begin{cases} M \dfrac{\mathrm{d}^2 u_n}{\mathrm{d}t^2} = \beta(v_n + v_{n-1} - 2u_n) \\[2mm] m \dfrac{\mathrm{d}^2 v_n}{\mathrm{d}t^2} = \beta(u_{n+1} + u_n - 2v_n) \end{cases} \tag{3.12}$$

当一维晶格中包含 N 个原胞(点阵常数为 a,含有 N 个 M 原子及 N 个 m 原子)时,上述方程实际上则构成了由 $2N$ 个方程联立的方程组。M 原子距原点的距离为 na,m 原子距原点的距离为 $(n+1/2)a$。类似一维简单晶格中的相关讨论,该方程组的特解可确定为

$$\begin{cases} u_n = A\mathrm{e}^{-\mathrm{i}(\omega t - qna)} \\[2mm] v_n = B\mathrm{e}^{-\mathrm{i}[\omega t - q(n+1/2)a]} \end{cases} \tag{3.13}$$

将特解(3.13)代入运动方程(3.12)有

$$\begin{cases} -M\omega^2 A = \beta(\mathrm{e}^{-\mathrm{i}aq/2} + \mathrm{e}^{\mathrm{i}aq/2})B - 2\beta A \\[2mm] -m\omega^2 B = \beta(\mathrm{e}^{-\mathrm{i}aq/2} + \mathrm{e}^{\mathrm{i}aq/2})A - 2\beta B \end{cases}$$

将上式改写成如下形式

$$\begin{cases} (2\beta - M\omega^2)A - \left(2\beta\cos\dfrac{qa}{2}\right)B = 0 \\[3mm] \left(2\beta\cos\dfrac{qa}{2}\right)A - (2\beta - m\omega^2)B = 0 \end{cases} \tag{3.14}$$

式(3.14)可以看成是关于未知数 A 和 B 的线性齐次方程组,有非零解的条件是其系数行列式为零,即

$$\begin{vmatrix} 2\beta - M\omega^2 & -2\beta\cos\dfrac{qa}{2} \\[3mm] 2\beta\cos\dfrac{qa}{2} & -2\beta + m\omega^2 \end{vmatrix} = 0$$

可以得到

$$mM\omega^4 - 2\beta(m+M)\omega^2 + 4\beta^2\sin^2\frac{aq}{2} = 0$$

上式是关于 ω^2 的一元二次方程,一般情况下有两个解,即一维复式晶格振动存在两种色散关系,或者说,一维复式晶格存在两种类型的格波。

求解方程(3.14)可得两种格波的色散关系为

色散关系。

$$\begin{cases} \omega_-^2 = \dfrac{\beta}{mM}\{(m+M) - [m^2 + M^2 + 2mM\cos(qa)]^{1/2}\} \\[3mm] \omega_+^2 = \dfrac{\beta}{mM}\{(m+M) + [m^2 + M^2 + 2mM\cos(qa)]^{1/2}\} \end{cases} \tag{3.15}$$

仔细观察式(3.15)就会发现,ω_+ 和 ω_- 均为波矢 q 的周期函数,周期为 $2\pi/a$,与一维简单晶体相仿,将 q 的取值限定在 $-\pi/a \sim \pi/a$ 之间(即第一布里渊区内),即

$$-\frac{\pi}{a} \leqslant q < \frac{\pi}{a} \tag{3.16}$$

在式(3.16)所限定的区间以外,任何 q 值都不给出新的 ω_+ 或 ω_-。图3.6 示出了一维双原子复式晶格的色散关系。

> 属于 ω_+ 的格波称为光学格波或光学波;属于 ω_- 的格波称为声学格波或声学波。

光学波不是光波,声学波也不是声波。

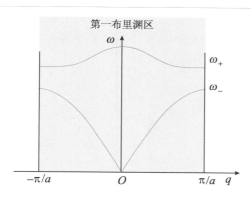

图3.6 一维双原子复式晶格的色散关系

下面利用玻恩-卡门周期性边界条件确定 q 的取值和独立振动的格波数目。由周期性边界条件,可以得到:

$$u_n = u_{n+N} \text{ 或 } v_n = v_{n+N} \tag{3.17}$$

式中,N 是一维晶体的单胞数目。利用波动方程(3.10),可以得到:

$$e^{iqNa} = 1 \tag{3.18}$$

即

$$q = \frac{2\pi}{Na}l = \frac{b}{N}l \quad (l \text{ 是整数}) \tag{3.19}$$

考虑到 $-\pi a \leqslant q < \pi/a$,所以 $-N/2 \leqslant l < N/2$ 的取值共有 N 个,与原胞数目相等。又由式(3.15)可知,每个 q 有两个不同的 ω 值,分别对应于两种不同的色散关系。所以对于一个含有 N 个原胞的一维双原子晶格而言,共有 $2N$ 个独立的格波。也就是说,振动的总模式数与晶格的总自由度数相等。一维双原子晶格有两种色散关系,每种色散关系中含有 N 个独立的振动模式。

3.3.2 光学格波和声学格波

1. 光学格波

先来分析光学波原子振动的特点。利用式(3.14)可以求得在光学波中 M 和 m 两种原子振动的振幅比值为

$$\left(\frac{A}{B}\right)_+ = \frac{2\beta\cos qa}{2\beta - M\omega_+^2} \tag{3.20}$$

利用式(3.15)容易判断 $\omega_+^2 > 2\beta/M$,而式(3.20)分子恒不小于零,所以必然有 $(A/B)_+ < 0$。表明,在光学波振动中,相邻两异类原子的振动方向相反。q 很小(即波长很长)时,即 $q \to 0$ 时,可以得到:

$$\left(\frac{A}{B}\right)_+ \to -\frac{m}{M} \tag{3.21}$$

即

$$MA + mB \to 0 \tag{3.22}$$

式(3.22)表明,在长波极限的条件下,长光学波振动的特点是原胞的质心倾向于不动,而原胞中两种异类原子做相向运动。图3.7示出了光学波原子振动的示意图。

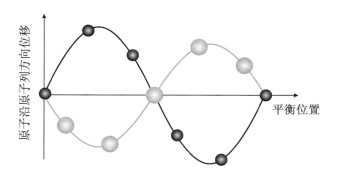

图3.7　一维复式晶格长光学波中的原子振动示意图

离子晶体的长光学波有很重要的物理意义。因为正负离子的相对运动会产生一定的电偶极矩,从而可以与电磁波发生相互作用,这是光学波命名的由来。有关这方面的讨论放到本章最后。

2. 声学格波

下面讨论声学波的原子振动特点。利用式(3.14)可以得到两种原子的振幅比为

$$\left(\frac{A}{B}\right)_- = \frac{2\beta\cos qa}{2\beta - M\omega_-^2} \tag{3.23}$$

容易判断出 $(A/B)_- > 0$,即声学波中相邻异类原子的振幅方向相同。当 $q \to 0$(即波长很长)时,$\omega_- \to 0$(见图3.6),此时近似有

$$\begin{cases} \omega_- \to \sqrt{\dfrac{2\beta}{m+M}}\,aq/2 \\ \left(\dfrac{A}{B}\right)_- \to 1 \end{cases} \tag{3.24}$$

式(3.24)表明,长声学波条件下,原胞中两种原子的振幅趋于相等,反映了原胞的集体振动趋势,即原胞质心的振动趋势。而且,$\omega_- \propto$

q,这和连续介质中传播的弹性波的性质十分相似,这是将 ω_- 命名为声学波的原因。声学波中原子振动的示意图如图3.8所示。在温度很低的情况下,由热振动激发的格波主要是声学格波,因此,长声学波晶格振动对晶体低温比热有重要意义。

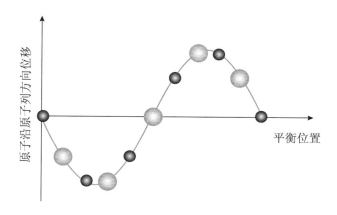

图 3.8　一维复式晶格声学波中原子振动示意图

3.4　三维晶格振动

处理三维晶格振动的方法与处理一维晶格振动的原理是相同的,本节将略去比较繁锁的数学推导,而着重在物理上阐述三维晶格振动的一般特点。

3.4.1　格　波

考虑一个含有 N 个初基原胞(不一定是布拉菲单胞)的三维晶体,每个初基原胞中含有 s 个原子,晶体共有 $3sN$ 个原子,$3sN$ 个自由度。假设初基原胞的基本矢量为 $\boldsymbol{a}_1$、$\boldsymbol{a}_2$ 和 $\boldsymbol{a}_3$,晶体在三个基矢方向上的原胞数分别是 N_1,N_2,N_3,则有 $N = N_1 \times N_2 \times N_3$。第 n 个原胞的位置矢量 $\boldsymbol{R}_n$ 可以写成式(3.25)的形式。第 n 个原胞中第 j 个原子的位置坐标如图3.9所示,其离开平衡位置的位移为 $x_{\alpha,nj}$,其中,下角标 $\alpha = 1,2,3$ 分别代表沿 $\boldsymbol{a}_1$、$\boldsymbol{a}_2$ 和 $\boldsymbol{a}_3$ 方向上的位移。

$$R_n = n_1\boldsymbol{a}_1 + n_2\boldsymbol{a}_2 + n_3\boldsymbol{a}_3 \quad (n_1,n_2,n_3 \text{ 为整数}) \quad (3.25)$$

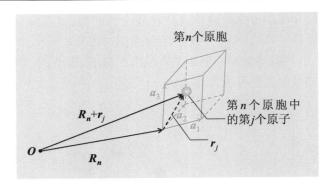

图 3.9　第 n 个原胞位置示意图

对于每个原胞中的 s 个原子,可以写出 $3s$ 个如式(3.12)所示的牛顿方程,尽管方程可能比较复杂,但其形式上与式(3.12)是一致的,即方程左边为原胞中第 j 个原子质量与加速度的乘积,而方程右边为力常数与原子位移乘积项的求和。这样,每个原子的振动都是简谐振动,原子间振动的差别仅仅在于位相的不同。如果定义原点处原子振动的位相为零,那么任意一个原子振动的位相正比于其离开原点的距离。由图 3.9 可以看出,第 n 个原胞中第 j 个原子的位置为 $\boldsymbol{R}_n + \boldsymbol{r}_j$,那么,第 n 个原胞中第 j 个原子的振动方程就可以写成如下形式:

$$x_{\alpha,nj} = A_{\alpha,j} \mathrm{e}^{-\mathrm{i}\left[\omega t - (\boldsymbol{R}_n + \boldsymbol{r}_j) \cdot \boldsymbol{q}\right]} \qquad (3.26)$$

式中,$j = 1, 2, \cdots, s$。按照一维复式晶格的讨论,将式(3.26)代入牛顿方程以后,将会得到 $3s$ 个 $\omega = \omega(q)$ 关系式,也就是说有 $3s$ 个色散关系,即每个 q 值有 $3s$ 个 ω 值。

由 1.2 节的讨论可知,当 $q \to 0$,即在长波极限的情况下,声学波代表原胞的整体振动。很显然,在三维情况下,原胞的整体振动有分别沿三个基矢方向三种,所以,在 $3s$ 种色散关系中有 3 种属于声学波,其余 $3s - 3 = 3(s - 1)$ 种色散关系属于光学波。

金刚石是典型的复式晶格,它是由两套面心布拉菲格子嵌套而成的,其中一个面心布拉菲格子相对于另外一个沿布拉菲单胞对角线方向平移对角线长度的 1/4。如果选取初基原胞,则每个原胞中含有 2 个原子。按上面的分析,金刚石晶格振动频谱中共有 $3 \times 2 = 6$ 种色散关系,其中 3 种属于声学波,3 种属于光学波,图 3.10 示出了金刚石晶格振动的色散关系,三种声学波中,一种是纵波,两种是横波。

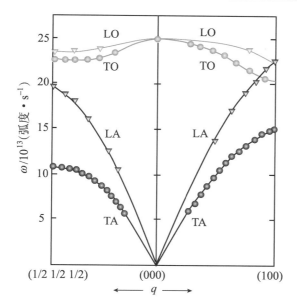

图 3.10   金刚石晶格振动的色散关系

（LA 和 TA 代表纵声学波和横声学波；LO 和 TO 代表纵光学波和横光学波）

3.4.2   周期性边界条件及独立格波数

在第 2 章中，我们引入了倒格子空间（或称倒易空间），倒易空间基本矢量（$\boldsymbol{b}_1$、$\boldsymbol{b}_2$、$\boldsymbol{b}_3$）的定义见式（2.7）。可以发现，倒易空间基本矢量与波矢 $\boldsymbol{q}$ 量纲是一致的，所以，可以将波矢 $\boldsymbol{q}$ 在倒易空间展开成下式的形式：

$$\boldsymbol{q} = q_1\boldsymbol{b}_1 + q_2\boldsymbol{b}_2 + q_3\boldsymbol{b}_3 \tag{3.27}$$

将式（3.25）和式（3.27）代入式（3.26），并利用倒格子基本矢量和正格子基本矢量之间的关系（$\boldsymbol{b}_i \cdot \boldsymbol{a}_j = 2\pi\delta_{ij}$），可以得到：

$$x_{\alpha,nj} = A_{\alpha,j}\mathrm{e}^{\mathrm{i}(\boldsymbol{r}_j \cdot \boldsymbol{q} - \omega t)}\mathrm{e}^{\mathrm{i}2\pi(n_1q_1 + n_2q_2 + n_3q_3)} = $$
$$A'_{\alpha,j}\mathrm{e}^{\mathrm{i}2\pi(n_1q_1 + n_2q_2 + n_3q_3)} \tag{3.28}$$

式中，$A'_{\alpha,j} = A_{\alpha,j}\mathrm{e}^{\mathrm{i}(\boldsymbol{r}_j \cdot \boldsymbol{q} - \omega t)}$ 与原胞的编号没有关系，对所有原胞中第 j 个原子都是相同的。

同一维情况类似，可以利用玻恩－卡门周期性边界条件确定 q 的取值和格波的数目。对于三维晶体，玻恩－卡门周期性边界条件可做如下理解：想象在所研究的晶体周围仍然存在无穷多个与所研究晶体完全一样的晶体与之紧密相连接，各个晶体中相同位置原子的简谐振动完全相同（包括振幅和位相），如图 3.11 所示。

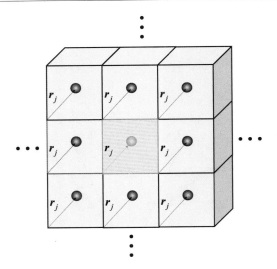

图 3.11　三维晶体周期性边界条件示意图

（图中所示原子具有完全相同的简谐振动，其中红色晶体为所研究的晶体；

图中所画出的原子具有完全相同的振幅和位相）

周期边界条件如下所示：

$$\begin{cases} x_{\alpha,nj}(\boldsymbol{R}_n + N_1\boldsymbol{a}_1) = x_{\alpha,nj}(\boldsymbol{R}_n) \\ x_{\alpha,nj}(\boldsymbol{R}_n + N_2\boldsymbol{a}_2) = x_{\alpha,nj}(\boldsymbol{R}_n) \\ x_{\alpha,nj}(\boldsymbol{R}_n + N_3\boldsymbol{a}_3) = x_{\alpha,nj}(\boldsymbol{R}_n) \end{cases} \qquad (3.29)$$

利用式（3.28）可以得到：

$$\begin{cases} q_1 N_1 = l_1 \quad q_1 = \dfrac{l_1}{N_1} \\[2mm] q_2 N_2 = l_2 \quad q_2 = \dfrac{l_2}{N_2} \quad (l_1, l_2, l_3 \text{ 为整数}) \\[2mm] q_3 N_3 = l_3 \quad q_3 = \dfrac{l_3}{N_3} \end{cases} \qquad (3.30)$$

将式（3.30）代入式（3.27），得到

$$\boldsymbol{q} = \frac{l_1}{N_1}\boldsymbol{b}_1 + \frac{l_2}{N_2}\boldsymbol{b}_2 + \frac{l_3}{N_3}\boldsymbol{b}_3 \qquad (3.31)$$

　　下面分析格波的数目。考虑到色散关系的周期性，将 $\boldsymbol{q}$ 限定在第一布里渊区内。这里，我们以简单立方晶格为例说明 q 的数目。对于立方晶格有：$a_1 = a_2 = a_3 = a$，$b_1 = b_2 = b_3 = b$（如第 2 章所示），简单立方晶格的第一布里渊区是边长为 b 的立方体，且布里渊区中心就是上述该立方体的体心。所以有下述关系：

$$\begin{cases} -b/2 \leqslant q_1 b < b/2 \\ -b/2 \leqslant q_2 b < b/2 \\ -b/2 \leqslant q_3 b < b/2 \end{cases}$$

将上式代入式(3.30),可以得到:

$$\begin{cases} -N_1/2 \leqslant l_1 < N_1/2 \\ -N_2/2 \leqslant l_2 < N_2/2 \\ -N_3/2 \leqslant l_3 < N_3/2 \end{cases} \qquad (3.32)$$

可见,q_1,q_2 和 q_3 的数目分别为 N_1,N_2 和 N_3 个,所以,q 的取值共有 $N_1 N_2 N_3 = N$ 个,与晶体的原胞数目相等。对于一般三维晶体的情况,读者可以参阅书后所给的参考文献,可以证明上述结论也是正确的,即 q 的取值与晶体单胞数相等。

与一维复式晶格相类似,每个色散关系都有 N 个独立的格波。考虑到三维晶体中包含 $3s$ 个色散关系,所以,一个三维晶格振动的格波总数为 $3sN$ 个。

综上,三维晶格振动可以总结如下:

(1)色散关系共 $3s$ 个,其中,声学波 3 个,光学波 $3(s-1)$ 个;
(2)简单三维晶格(每个原胞只有一个原子),只存在声学波;
(3)波矢 q 数目等于原胞总数 N,共有 $3sN$ 个独立振动模式;
(4)三维晶格振动格波可以分为纵格波和横格波两种。

3.5　晶格振动量子化与声子

晶格振动的量子化涉及十分复杂的坐标变换和数学推导,而在理论的应用中,人们很少用到三维晶格振动的波函数,所以,本节主要介绍晶格振动量子化的基本思想,并着重介绍晶格振动的能量量子 – 声子的概念及确定固体声子谱的实验方法,关于晶格振动量子化的详尽推导可参阅书后给出的参考书目。

3.5.1　晶格振动的量子化

按第 1 章中量子力学构造算符的方法,首先,建立晶格振动的总能量(包括动能和势能)的经典力学表达式,将动能用算符表示后,就可以得到体系的哈密顿算符。原则上,通过求解哈密顿算符的本征方程(定态薛定谔方程)就可以得到体系能量。但是,对于存在相互作用的大量粒子组成的体系,直接求解体系的哈密顿本征方程实际上是不可能的。以一维简单格子为例,晶格振动的总能量 E_t(即动能和势能之和),简谐近似下的经典力学表达式为:

$$E_t = \sum_n \frac{1}{2} m \left(\frac{\mathrm{d}x_n}{\mathrm{d}t} \right)^2 + \sum_n \frac{1}{2} \beta (x_{n-1} - x_n)^2 \qquad (3.33)$$

式中,右边第一项是动能;第二项为势能。求和遍及整个晶体,求和项数非常大。

只要将式(3.33)中的动能项换成动能算符,就可以得到体系的哈密顿算符:

$$\hat{H} = \sum_n -\frac{\hbar^2}{2m} \frac{\mathrm{d}^2}{\mathrm{d}x_n^2} + \sum_n \frac{1}{2} \beta (x_{n-1} - x_n)^2$$

但直接求解相应的薛定谔方程几乎是不可能的,其核心困难是势能项中含有大量的变量交叉项,因而不能利用分离变量的方法求解薛定谔方程,将多体问题简化成"单粒子"问题。解决上述困难的方法就是利用坐标变换消去势能求和项中的交叉项,将庞大的多体问题转化成单体问题。下面以一维简单晶格为例说明消去式(3.33)中势能交叉项的方法。

在 3.2 节中已经求出 x_n 的特解,其一般解为所有特解的线性组合,即

$$x_n = \sum_l A_l \mathrm{e}^{-\mathrm{i}(\omega_l t - naq_l)} \qquad (3.34)$$

式中,角标 l 表示 q 的分立取值,即

$$q_l = \frac{b}{N} l \quad (l \text{ 为整数}) \qquad (3.35)$$

ω_l 由色散关系 $\omega_l = 2\sqrt{\beta/m} \mid \sin(q_l a/2) \mid$ 给出,引入变换

$$Q_l = \sqrt{Nm} A_l \mathrm{e}^{\mathrm{i}\omega_l t} \qquad (3.36)$$

则可得

$$x_n = \frac{1}{\sqrt{Nm}} \sum_l Q_l \mathrm{e}^{\mathrm{i}naq_l} \qquad (3.37)$$

为保证位移是实数,要求 $Q_l^* = Q_{-l}$,将式(3.37)代入式(3.33),则可得到

$$E_t = \sum_l \left[\frac{1}{2} \left(\frac{\mathrm{d}Q_l}{\mathrm{d}t} \right)^2 + \frac{1}{2} \omega_l^2 Q_l \right] \qquad (3.38)$$

上式推导过程中用到了下面的正交关系

$$\frac{1}{N} \sum_n \mathrm{e}^{\mathrm{i}na(q_l - q_{l'})} = \delta_{ll'} = \begin{cases} 1 & (l = l') \\ 0 & (l \neq l') \end{cases} \qquad (3.39)$$

将式(3.38)算符化,即可得到体系的哈密顿量 $\hat{H}$ 为

$$\hat{H} = \sum_l \hat{H}_l \qquad (3.40)$$

式中,$\hat{H}_l$ 就是以 Q_l 为坐标的一维线性谐振子的哈密顿量。经过坐标变换(常称为正则变换,Q_l 称为简正坐标),一维晶格振动相当于 N 个独立的线性谐振子之和。按第 1 章介绍的多体问题单体化的思想,可以利

用分立变量的方法将多体薛定谔方程简化成单体薛定谔方程。按一维
线性谐振子的量子理论(见1.3节)的结果,可以得到频率为 ω_l 格波的
能量为:

$$E_l = \left(\frac{1}{2} + n_l \right) \hbar\omega_l \quad (n_l = 0,1,2,3\cdots) \qquad (3.41)$$

这样一维晶格振动的总能量为

$$E_t = \sum_l \left(\frac{1}{2} + n_l \right) \hbar\omega_l \qquad (3.42)$$

可见,只要确定了 n_l,就可以确定晶格振动总能量。

对于复杂的三维晶体,可以证明也能够找到一组简正坐标,经过
变换以后,同样可以将体系的哈密顿量表达成 $3sN$ 个独立的线性谐振
子之和。

声子。

> 以上分析表明,晶格振动是量子化的,晶格振动的能量量子
> ($\hbar\omega_l$)称为声子,如果某一频率 ω_l 的格波振动能量是 $(1/2 +$
> $n_l)\hbar\omega_l$,意味着该格波有 n_l 个声子激发,每个声子的能量为 $\hbar\omega_l$。式
> (3.42)中 $(1/2)\hbar\omega_l$ 是晶格振动的零点能。声子不是真实的粒子,
> 它仅仅是晶格振动量子化的一种表征,不能脱离固体而独立存在。

对应于声学色散关系的声子称为声学声子,对应于光学色散关系
的声子则称为光学声子。声子的引入为处理与固体热现象有关的问题
及处理其他粒子与晶格的相互作用等问题带来了许多方便之处,例
如,当处理晶格对电子、中子等的散射问题时,可以形象和方便地理解
为中子、电子与声子的碰撞问题。

3.5.2 关于声子的讨论

1. 声子的动量

将波动量子化的粒子,其实在物理学中并不陌生。光波在经典电
磁理论中是电磁波,在量子力学中则可以用光子描述。晶体中的格波
同样对应于一种粒子 – 声子。声子能量(E_p)为

$$E_p = \hbar\omega \qquad (3.43)$$

动量(p_p)为:

$$p_p = \hbar q \qquad (3.44)$$

波矢 q 的方向为格波的传播方向,所以也代表声子的运动方向。$\hbar q$ 不
是晶体的真实动量,晶体不会因激发一个声子而具有真实的动量,所
以,称之为声子的准量或晶体动量。

2. 声子谱在倒格子空间的周期性

在 3.3 节,我们指出,$\omega(q)$ 是 q 的周期函数,且周期为倒格矢
(G),则 q 与 $q + G$ 描述完全相同的振动状态,波矢为 q 和 $q + G$ 的声

子是完全等价的。所以将声子的波矢限定在第一布里渊区以内。

3. 声子的统计分布特性

声子是玻色子，且没有自旋，因此遵从玻色子的统计分布规律。从上面的分析可知声子数不守恒，当固体温度升高时，晶格振动加剧，相当于晶格振动激发了更多数量的声子；而温度降低，声子数则相应减少。由于声子数不守恒，则在玻色 – 爱因斯坦统计分函数中（见第 1 章）化学势必然为零（因为化学势是用粒子总数确定的），温度为 T 时，频率为 ω_l 的格波上，所占有的平均声子数 $\bar{n}_l$ 由下式给出：

$$\bar{n} = \frac{1}{\mathrm{e}^{\hbar\omega_l/k_\mathrm{B}T} - 1} \tag{3.45}$$

式（3.45）也称为普朗克分布律。

4. 晶格振动能

将式（3.45）带入式（3.42）可以得到晶格振动的总能量为：

$$E_t = \sum_l \bar{n}_l \hbar\omega_l + \sum_l \frac{1}{2}\hbar\omega_l = \sum_l \frac{\hbar\omega_l}{\mathrm{e}^{\hbar\omega_l/k_\mathrm{B}T} - 1} + E_0 =$$
$$\sum_l \frac{\hbar\omega_l}{\mathrm{e}^{\hbar\omega_l/k_\mathrm{B}T} - 1} + E_0 \tag{3.46}$$

式中，E_0 称为零点能。

式（3.46）的求和难以进行，由于 ω_l 是准连续的，一般将式（3.46）改成积分形式：

$$E_t = \int_0^{\omega_{\max}} \frac{\hbar\omega}{\mathrm{e}^{\hbar\omega/k_\mathrm{B}T} - 1} D(\omega)\,\mathrm{d}\omega + E_0 \tag{3.47}$$

式中，$D(\omega)$ 称为格波态密度，或模式密度；$D(\omega)\mathrm{d}\omega$ 代表 $\omega - \omega + \mathrm{d}\omega$ 频率区间内的振动模式数；$\omega_{\max}$ 是晶格振动的最高频率。

3.5.3　声子频谱的测定

用来研究晶体振动声子谱的方法主要有中子和 X 射线的非弹性散射，其中最为常用的方法是中子散射方法，因为从反应堆引出的热中子在能量上与声子的能量相当。当中子、X 射线、电子等微观粒子入射到晶体时，可以产生弹性和非弹性两种散射，其中弹性散射可以用来研究晶体结构，并已经成为晶体结构研究的重要方法。而中子的非弹性散射则是研究声子频谱的重要方法，这里主要介绍利用中子非弹性散射测定晶体振动声子谱的实验原理。

当中子与晶体发生非弹性散射时，中子的动量（正比于波矢）和能量（正比于频率）都发生变化。可以将中子与晶格的相互作用理解为激发或湮灭声子的过程，碰撞过程中满足动量和能量守恒。

当散射过程中激发一个波矢为 q，频率为 $\omega(q)$ 的声子时，动能守恒及能量守恒关系为

$$\begin{cases} \boldsymbol{k}_0 = \boldsymbol{k} + \boldsymbol{q} - \boldsymbol{G} \\ \omega_0 = \omega + \omega(\boldsymbol{q}) \end{cases} \tag{3.48}$$

式中，$\boldsymbol{k}_0$ 和 $\boldsymbol{k}$ 是碰撞前后声子的波矢；ω_0 和 ω 碰撞前后声子的频率。

若在非弹性散射过程中湮灭一个声子，则动量守恒和能量守恒关系变成

$$\begin{cases} \boldsymbol{k} = \boldsymbol{k}_0 + \boldsymbol{q} - \boldsymbol{G} \\ \omega = \omega_0 + \omega(\boldsymbol{q}) \end{cases} \tag{3.49}$$

应当指出，式(3.48)和式(3.49)中 $\boldsymbol{G}$ 前的符号可正可负。

由此可见，只要测定了散射前后中子频率与波矢的变化，由式(3.48)和式(3.49)就可确定晶格振动的变化，从而确定晶格振动的声子谱。一般情况下，热中子的能量和声子的能量较为接近，最适宜用来测定声子谱，热中子一般由原子反应堆提供。图 3.12 为三轴中子散射装置示意图，热中子经晶体单色器（利用布拉格衍射）单色后，照射到单晶样品上，获得非弹性散射中子。图 3.10 所示的金刚石晶格振动的声子谱（色散关系）就是用中子散射测得的。

减去一个倒格矢是为了保证声子的波矢位于第一布里渊区以内。

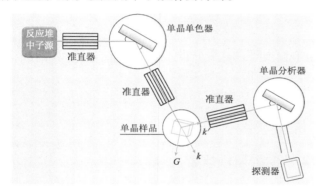

图 3.12　测定晶格振动声子谱的三轴中子散射装置示意图

3.6　晶格比热

晶体的比热实际上由电子运动和晶格振动两部分构成，但由于电子运动只在较低温度下对比热的贡献才必须予以考虑，而在较高温度下晶格的比热主要来自于晶格振动的贡献。本节主要利用声子的概念讨论晶格振动对晶体比热的贡献。实验上，容易测量的比热是定压比热 C_P，而在理论上容易计算的是定容比热 C_V。对于固体而言，由于在常压下热膨胀功非常小，C_P 与 C_V 差别较小，理论计算的 C_V 常可用来与定压热容的实验值进行比较。如果体系的内能为 U，则晶体的定容比热 C_V 为

$$C_V = \left(\frac{\partial U}{\partial T} \right)_V \tag{3.50}$$

3.6.1 实验规律及经典玻耳兹曼统计理论的困难

实验发现晶体的比热具有如下规律：

当温度很高时，1 mol 简单晶体的晶格比热趋于常数，即

$$C_{mV} = 3N_0 k_B = 3R \qquad (3.51)$$

式中，C_{mV} 为晶体的摩尔热容；N_0 为阿伏伽德罗（Avogadro）常数；R 为普适气体常数。

这就是杜隆 – 珀替（Dulong-Petit）定律。

当温度趋于绝对零度时，晶格比热也趋于零。

下面用经典玻耳兹曼统计理论分析晶格热容。前已述及，1 mol 三维简单晶体的晶格振动可以简化成 $3N_0$ 个线性谐振子，按经典玻耳兹曼统计的能量均分定理，每个线性谐振子的平均动能和势能均为 $k_B T/2$，1 mol 晶体的平均热运动能量就是：

$$U = 3N_0 k_B T$$

则固体的热容 $C_V = \dfrac{\partial U}{\partial T} = 3N k_B$，对于 1 mol 固体，比热为

$$C_{mV} = 3N_0 k_B = 3R \qquad (3.52)$$

经典玻耳兹曼理论认为晶格比热是常数。由经典玻耳兹曼统计理论得到的晶格比热在高温与实验相符合，低温则严重偏离实验结果。可见，经典玻耳兹曼理论在解释晶格比热时遇到了根本困难。这种困难的本质是经典玻耳兹曼统计不能对独立简谐振子体系的统计规律给出正确的描述。

3.6.2 爱因斯坦模型

我们在 3.5.2 节讨论了声子的统计性质，式（3.46）为声子量子统计给出的晶格振动总能量，只要对声子总能量进行温度微分就可以得到晶格比热，但是式（3.46）的求和十分困难。爱因斯坦假定，高温下所有格波的频率都相当，均为 ω_E（下角标是为了纪念爱因斯坦而引入的），晶体中共有 N_a 个原子，则共有 $3N_a$ 个格波，在不计零点能的情况下，式（3.46）可以方便得到平均晶格热振动的总能量为：

$$\overline{E} = 3N_a \frac{\hbar \omega_E}{e^{\hbar \omega_E / k_B T} - 1} \qquad (3.53)$$

零点能虽然是晶格振动能的一部分，但零点能与温度无关，所以对比热没有贡献。按定容热容的定义，可以得到 1 mol 晶体的晶格比热为：

$$C_V = \left(\frac{\partial U}{\partial T} \right)_V = \frac{\partial \overline{E}}{\partial T} = 3N_0 k_B f_E \left(\frac{\theta_E}{T} \right) \qquad (3.54)$$

式中，$\theta_E = \hbar \omega_E / k_B$ 具有温度量纲，称为爱因斯坦温度或爱因斯坦特征温度，$f_E(\theta_E/T)$ 称为爱因斯坦函数，且

$$f_E = \left(\frac{\theta_E}{T}\right)^2 \frac{\mathrm{e}^{\theta_E/T}}{(\mathrm{e}^{\theta_E/T} - 1)^2} \tag{3.55}$$

当 $T \gg \theta_E$ 时

$$f_E \xrightarrow{T \gg \theta_E} \left(\frac{\theta_E}{T}\right)^2 \frac{1}{(1 + \theta_E/T - 1)^2} = 1$$

代入式(3.54),可得高温下,$C_V \approx 3N_a k_B$ 与杜隆-珀替定律一致。

在低温下,即 $\theta_E/T \gg 1$,则

$$C_V \approx 3N_0 k_B (\theta_E/T)^2 \mathrm{e}^{-\theta_E/T} \tag{3.56}$$

当 $T \to 0\ \mathrm{K}$ 时,$C_V \to 0$。这一结果与比热在温度趋于零时的实验规律定性吻合,这曾是经典理论难以解释的现象。然而,实验发现,当温度趋于零时,绝缘体的比热以 T^3 的形式趋于零,这与爱因斯坦模型有较大差别。图 3.13 示出了金刚石比热的实验值与爱因斯坦模型的比较。

实验发现,一般晶体的 ω_E 均在红外频段,表明爱因斯坦模型针对的主要是高频晶格振动。由一维晶格振动的色散关系可以看出,高频晶格振动的频率变化平缓,可用平均频率表示。而在较低温度下,被激发的声子主要是声学波声子,而低温色散关系近似为线性变化,难以用单一频率表示,导致爱因斯坦模型在低温下与实验规律不相符。

从物理上看,爱因斯坦模型过分简化,所有原子都以相同频率作简谐振动这一假定与晶格振动的实际情况相差甚远。但是,当温度很高的情况下,温度改变所影响的主要是高频声子的数量,所以爱因斯坦模型在高温情况下与实验符合较好。尽管如此,爱因斯坦处理固体比热的思路和方法,特别是其中量子化的方法是非常有意义的,在晶体热容的量子理论的建立过程中具有承前启后的作用。

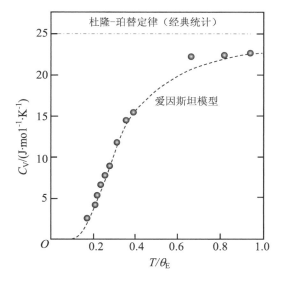

图 3.13　金刚石比热

(圆点为实测值,曲线为爱因斯坦模型计算值,取 $\theta_E = 1\ 320\ \mathrm{K}$)

3.6.3 德拜模型

德拜(Debye)模型是为了克服爱因斯坦模型在处理固体低温比热时所遇到的困难提出的,其核心是认为低温下对晶格比热有贡献的主要是低频(长波)晶格振动,低频(长波)格波可以认为是连续介质中的弹性波。下面从模型的提出、态密度计算、晶格比热分析等几个方面介绍晶格比热的德拜模型。

1. 模型的提出

计算晶格比热的前提是给出晶格热振动能量的表达式,只要得到了晶格振动的态密度,就可以利用式(3.47)所示积分计算晶格热振动能量,所以核心问题是求出晶格振动的态密度。下面以一维简单晶格为例,说明求态密度的关键是色散关系。图3.14 示出了一维简单晶格的色散关系,波矢 q 的取值为 $q = 2\pi l/Na = (2\pi/L)l(-N/2 \leq l < N/2$ 为整数,L 为晶体的长度),可见在 q 轴上 $[-\pi/a, \pi/a)$ 区间内均匀分布着 N 个 q 的取值点。两个相邻 q 之间的间距为:

一个 q 的长度。

$$L_q = \frac{2\pi}{L} \tag{3.57}$$

L_q 相当于一个 q 所占的长度。dq 区间内含有的状态数是 dq/L_q。所以,在倒空间(q 空间)内晶格振动的态密度是已知的,而且是均匀的,即

$$\rho(q)dq = \frac{dq}{L_q} \tag{3.58}$$

式中,$\rho(q)$ 是 q 空间的态密度。

由图3.14 可知,图中 dq 区间的状态和 $d\omega$ 区间内状态数是一样的,所以有:

$$D(\omega)d\omega = \rho(q)dq$$

式中,$D(\omega)$ 是态密度。所以

求态密度的关键是色散关系。

$$D(\omega) = \rho(q)\frac{dq}{d\omega} \tag{3.59}$$

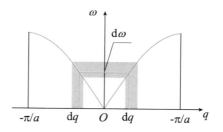

图3.14　一维简单晶格的色散关系及 dq 与 $d\omega$ 的对应关系

由于 $\rho(q)$ 已知,所以求态密度 $D(\omega)$ 的核心是给定色散关系, $\omega = \omega(q)$,而且要求色散关系是可微的,且其反函数可求。德拜假定, 温度较低时,格波可以看作在连续介质中传播的弹性波,频率 ω 正比于波矢 q。考虑到弹性波又可分为一支纵弹性波和二支横弹性波,德拜假定:

德拜模型。

对纵弹性波色散关系为

$$\omega(q) = \begin{cases} c_l q & (\text{对纵弹性波}) \\ c_t q & (\text{对横弹性波}) \end{cases} \tag{3.60}$$

式中,c_l 和 c_t 分别为纵弹性波和横弹性波的波速。

2. 态密度

(1)一维晶体晶格振动态密度。由图 3.14 可知,一个 $d\omega$ 区间有两段 dq 与之相对应,另外,一维晶格中只存在纵弹性波,且有 $\omega = c_l q$,于是一维晶格振动的态密度为:

$$D(\omega) = 2\frac{dq}{L_q d\omega} = \frac{L}{\pi c_l} \tag{3.61}$$

(2)二维晶体晶格振动态密度。假定二维晶格的单胞基本矢量 $\boldsymbol{a}_1$ 和 $\boldsymbol{a}_2$,$\boldsymbol{a}_1$ 和 $\boldsymbol{a}_2$ 两个方向的原胞数目分别为 N_1 和 N_2,倒格子基本矢量为 $\boldsymbol{b}_1$ 和 $\boldsymbol{b}_2$。仿照三维晶格振动的分析(见 3.4 节),可以得到二维晶格振动波矢 $\boldsymbol{q}$ 的取值如下:

$$\boldsymbol{q} = \frac{l_1}{N_1}\boldsymbol{b}_1 + \frac{l_2}{N_2}\boldsymbol{b}_2 \tag{3.62}$$

式中,l_1 和 l_2 是整数,即 $\boldsymbol{q}$ 是分立取值的。

式(3.62)表明,在 $\boldsymbol{b}_1$ 和 $\boldsymbol{b}_2$ 张开的空间内,如果将所有 $\boldsymbol{q}$ 的取值用点[坐标为 $(l_1/N_1, l_2/N_2)$]表示,这些 $\boldsymbol{q}$ 取值点是均匀分布的。图 3.15 中,所有 $\boldsymbol{q}$ 的取值点构成一"二维格子",这个"二维格子"的最小重复单元是由 $\boldsymbol{b}_1/N_1$ 和 $\boldsymbol{b}_2/N_2$ 构成的小平行四边形,我们姑且称此最小重复单元(平行四边形)为"q - 单胞"。

一个"q - 单胞"含有一个 $\boldsymbol{q}$ 点,一个 $\boldsymbol{q}$ 点所占的面积 S_q 为:

$$S_q = \boldsymbol{c}_0 \cdot \left(\frac{\boldsymbol{b}_1}{N_1} \times \frac{\boldsymbol{b}_2}{N_2}\right) = \frac{\boldsymbol{c}_0 \cdot (\boldsymbol{b}_1 \times \boldsymbol{b}_2)}{N} \tag{3.63}$$

式中,$\boldsymbol{c}_0$ 是垂直于 $\boldsymbol{b}_1$ 和 $\boldsymbol{b}_2$ 方向的单位矢量;$N = N_1 \times N_2$ 是二维晶体的总单胞数。利用倒格子基本矢量的定义,可以得到:

$$S_q = \frac{4\pi^2}{NS_c} = \frac{4\pi^2}{S} \tag{3.64}$$

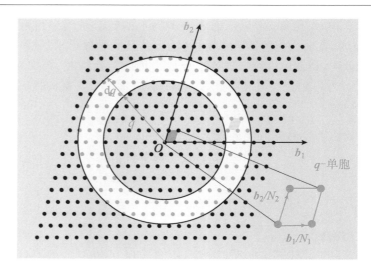

图 3.15　二维晶格振动波矢 q 的取值点及 q - 单胞

式中，S 是二维晶体的面积。由图 3.15 可以得到 $q \sim q + \mathrm{d}q$ 之间的面积是 $2\pi q\mathrm{d}q$，则有：

$$\rho(q)\mathrm{d}q = \frac{2\pi q\mathrm{d}q}{S_q} = \frac{Sq}{2\pi}\mathrm{d}q \tag{3.65}$$

由式（3.59）可以得出二维晶格振动的态密度表达式：

$$D(\omega) = \rho(q)\frac{\mathrm{d}q}{\mathrm{d}\omega} = \frac{Sq}{2\pi}\frac{\mathrm{d}q}{\mathrm{d}\omega} \tag{3.66}$$

将德拜假定式（3.60）代入式（3.66）就可得到纵弹性波和横弹性波的态密度。考虑到二维晶体有一支纵声学波和一支横声学波色散关系，总的态密度应是纵声学波态密度和横声学波态密度的和，所以

$$D(\omega) = \frac{S\omega}{2\pi}\left(\frac{1}{c_l^2} + \frac{1}{c_t^2}\right) \tag{3.67}$$

令 $2/c^2 \equiv 1/c_l^2 + 1/c_t^2$，可以得到二维晶格振动态密度为：

$$D(\omega) = \frac{S\omega}{\pi c^2} \tag{3.68}$$

（3）三维晶格振动态密度。由 3.4 节的讨论可知，三维晶格振动波矢 q 的取值也是分立的，且有：

$$q = \frac{l_1}{N_1}b_1 + \frac{l_2}{N_2}b_2 + \frac{l_3}{N_3}b_3$$

式中，l_1，l_2 和 l_3 是整数；b_1，b_2 和 b_3 是倒格子基本矢量；N_1，N_2 和 N_3 分别是晶格原胞基本矢量 a_1，a_2 和 a_3 方向的单胞数。如图 3.16 所示，在 b_1，b_2 和 b_3 张开的空间中，将所有 q 的分立取值用点表示出来，容易发现这些点构成了一个"三维格子"，这个"三维格子"的最小重复单元是由 b_1/N_1，b_2/N_2 和 b_3/N_3 构成的小单胞，我们称之为"q - 单胞"。

每个"q - 单胞"中含有一个 q 的取值点，"q - 单胞"的体积则相

当于一个 q 点在倒易空间所占的体积,且有

$$V_q = \frac{\boldsymbol{b}_1}{N_1} \cdot \left(\frac{\boldsymbol{b}_2}{N_2} \times \frac{\boldsymbol{b}_3}{N_3} \right) = \frac{\boldsymbol{b}_1 \cdot (\boldsymbol{b}_2 \times \boldsymbol{b}_3)}{N} \tag{3.69}$$

式中,V_q 是"q – 单胞"的体积。

利用倒格子基本矢量的定义,可以证明

$$V_q = \frac{(2\pi)^3}{V} \tag{3.70}$$

见第 2 章定理一。

式中,V 是晶体的体积。很显然在 $q \sim q + \mathrm{d}q$ 之间的体积是倒易空间里半径为 q,厚度为 $\mathrm{d}q$ 的球壳的体积,其值是 $4\pi q^2 \mathrm{d}q$,则有

$$\rho(q)\mathrm{d}q = \frac{4\pi q^2 \mathrm{d}q}{V_q} = \frac{V}{2\pi^2} q^2 \mathrm{d}q \tag{3.71}$$

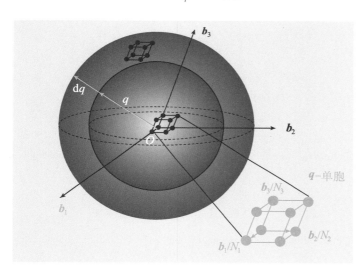

图 3.16　三维晶格振动波矢 q 的取值及 q – 单胞

利用式(3.59)和式(3.60),可以得到纵声学波格波的态密度为:

$$D_l(w) = \frac{V}{2\pi^2} \frac{\omega^2}{c_l^3} \tag{3.72}$$

横声学格波有

$$D_t(w) = \frac{V}{2\pi^2} \frac{\omega^2}{c_t^3} \tag{3.73}$$

考虑到有一支纵声学格波色散关系,两支横声学格波色散关系,则三维晶体晶格振动的总态密度为:

$$D(\omega) = D_l(\omega) + 2D_t(\omega) = \frac{3V}{2\pi^2} \frac{\omega^2}{c^3} \tag{3.74}$$

式中,$\dfrac{1}{c^3} \equiv \dfrac{1}{3} \left(\dfrac{1}{c_l^3} + \dfrac{2}{c_t^3} \right)$。

由于总的振动模式数应等于晶体总的自由度数,则必然有

$$\int_0^{\omega_D} D(\omega)\,\mathrm{d}\omega = 3N_a \qquad (3.75)$$

式中，N_a 为晶体总的原子数；格波频率的最大值 ω_D 常称为德拜频率。

由式（3.74）和式（3.75）可以得到

$$\frac{1}{c} = \left(\frac{6\pi^2 N_a}{V}\right)^{\frac{1}{3}} \frac{1}{\omega_D} \qquad (3.76)$$

利用式（3.76）将式（3.74）中的常数 c 消去，可以得到

$$D(\omega) = \frac{9N_a}{\omega_D^3}\omega^2 \qquad (3.77)$$

3. 晶格比热

由式（3.59）和式（3.67）可知晶体的平均晶格热振动能量（不计零点能）为：

$$\overline{E} = \int_0^{\omega_D}\left(\frac{\hbar\omega}{\mathrm{e}^{\hbar\omega/k_B T}-1}\right)D(\omega)\,\mathrm{d}\omega =$$

$$\frac{9N_a}{\omega_D^3}\int_0^{\omega_D}\left(\frac{\hbar\omega}{\mathrm{e}^{\hbar\omega/k_B T}-1}\right)\omega^2\,\mathrm{d}\omega =$$

$$9N_a k_B T\left(\frac{T}{\theta_D}\right)^3\int_0^{\theta_D/T}\frac{x^3}{\mathrm{e}^x-1}\,\mathrm{d}x \qquad (3.78)$$

式中，$\theta_D = \hbar\omega_D/k_B$，具有温度量纲，称为德拜温度；$x = \hbar\omega/k_B T$ 为无量纲量。

$$C_V = \frac{\partial \overline{E}}{\partial T} = \frac{9N_a}{\omega_D^3}\int_0^{\omega_D}\frac{\partial}{\partial T}\left(\frac{\hbar\omega}{\mathrm{e}^{\hbar\omega/k_B T}-1}\right)\omega^2\,\mathrm{d}\omega =$$

$$9N_a k_B\left(\frac{T}{\theta_D}\right)^3\int_0^{\theta_D/T}\frac{x^4 \mathrm{e}^x}{(\mathrm{e}^x-1)^2}\,\mathrm{d}x \qquad (3.79)$$

（1）高温热容。当温度较高时，$x \ll 1$，$\mathrm{e}^x \approx 1+x$，式（3.79）可以简化为：

$$C_V = 9N_a k_B\left(\frac{T}{\theta_D}\right)^3\int_0^{\theta_D/T}\frac{x^4(1+x)}{x^2}\,\mathrm{d}x =$$

$$9N_a k_B\left(\frac{T}{\theta_D}\right)^3\int_0^{\theta_D/T}x^2\,\mathrm{d}x = 3N_a k_B$$

可见，高温时德拜模型与杜隆-珀替定律相吻合。

（2）低温热容。当温度很低时，$T \ll \theta_D$，式（3.79）积分上限可视为无穷大，同时利用如下近似

$$\int_0^{\infty}\frac{x^4 \mathrm{e}^x}{(\mathrm{e}^x-1)^2}\,\mathrm{d}x = \frac{4\pi^4}{15}$$

则

T^3 定律。

$$C_V = \frac{12\pi^4}{5}N_a k_B\left(\frac{T}{\theta_D}\right)^3 \qquad (3.80)$$

温度很低时，德拜模型预测晶格比热与 T^3 成正比，这就是著名的德拜

T^3 定律,其正确性为许多实验所证实。

（3）讨论。图 3.17 给出了 Cu 等的比热与 T^3 的关系曲线,可以发现,对于非金属固体,T^3 定律在低温下与实验符合得很好,而且温度越低,符合得越好。对于金属而言,由于在很低的温度下,电子对比热的贡献不能忽略,而且当温度极低时,电子对金属比热贡献是主要的,此时金属的比热与 T^3 定律发生偏离。但若扣除电子对金属比热的贡献,比热对 T 的变化规律仍与 T^3 定律符合。

德拜模型低温下与实验符合的较好是不难理解的。在低温下,容易激发的格波主要是那些能量较低的低频（长波）声学格波。按照声学格波在长波下的特点可以知道,长波声学波同弹性波十分相似,即频率与 q 成正比,因此德拜模型是合理的。德拜模型在处理与低温晶格振动有关现象方面取得了巨大成功,德拜温度已经成为固体物理学中的重要概念。表 3.1 给出了部分固体的德拜温度。

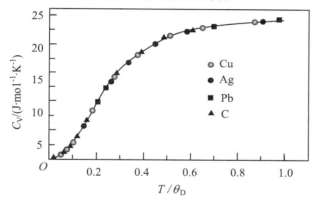

图 3.17　几种元素晶体的比热与德拜模型的比较

（曲线为德拜模型的计算值）

表 3.1　一些固体的德拜温度（θ_D）

晶体	结构类型	弹性波速度 /(m·s^{-1})	由弹性数据得到的 θ_D/K	由低温比热数据得到的 θ_D/K
Na	BCC	2 320	164	157
Cu	FCC	3 880	365	342
Zn	HCP	3 400	307	316
Al	FCC	5 200	438	423
Pb	FCC	1 960	135	102
Ni	FCC	4 650	446	427
Ge	金刚石立方	3 830	377	378

续表 3.1

晶体	结构 类型	弹性波速度 /(m·s⁻¹)	由弹性数据得到的 θ_D/K	由低温比热数据得到的 θ_D/K
Si	金刚石立方	6 600	674	647
SiO₂	六方	4 650	602	470
NaCl	NaCl 结构	3 400	289	321
FLi	NaCl 结构	5 100	610	732
CaF₂	氟石结构	5 300	538	510

数据引自：K. A. Gschneidner, Solid State Physics, Vol. 16, McGraw - Hill (1971).

应当指出,德拜模型在分析晶体热容时仍然有很大的局限性,所预测的低温热容的准确性只对具有简单结构的元素晶体和某些简单化合物(如金属卤化物)是正确的。前面的分析可以表明,计算晶体比热的关键是晶格振动的态密度,而态密度实际上是由色散关系决定的,德拜模型实际上是给出了最简单的色散关系。造成德拜模型与某些实际晶体热容实验值存在误差的原因是实际晶体的色散关系远比德拜模型给出的线性色散关系要复杂。

研究表明,德拜温度与晶体的许多性质相联系,例如对元素晶体,人们发现,德拜温度与晶体的熔点有较好的对应关系,即

$$\theta_D \propto T_M \tag{3.81}$$

式中,T_M 是晶体的熔点。

3.7　非简谐效应与晶体的热膨胀

前面主要是在简谐近似下,即在不考虑原子间势能函数三次方以上的高次项的情况下,讨论了晶格热振动及其对晶体热学性质的影响。简谐近似相当好地阐明了晶格振动的物理规律,并得到了许多重要的结论,但是简谐近似是原子间势能函数的最简单近似,存在局限性。本节主要讨论原子间的非简谐作用对晶体热膨胀影响。

为了讨论问题的方便,以一维原子链的热膨胀为例讨论原子间非简谐相互作用的影响。如果温度不是很高,可以在平衡位置附近对原子间势能函数作如下展开：

$$V(x) = V(0) + \frac{\partial V(x)}{\partial x}\bigg|_{x=0} x + \frac{1}{2}\frac{\partial^2 V(x)}{\partial x^2}\bigg|_{x=0} x^2 + \cdots$$

式中,x 是原子离开平衡位置的位移。

平衡位置原子间的相互作用力为零,则上式可以在形式上写为：

$$V(x) = V_0 + \frac{1}{2}\beta x^2 - \frac{1}{3}g x^3 + \cdots \tag{3.82}$$

式(3.82)中,三次方项前的负号主要是考虑到原子间位能函数中引力部分一般都比斥力部分变化平缓而加的,此时,取 $g > 0$。原子离开平衡位置的平均距离可由玻耳兹曼统计平均给出,即

$$\bar{x} = \frac{\int_{-\infty}^{\infty} x e^{-V(x)/k_B T} dx}{\int_{-\infty}^{\infty} e^{-V(x)/k_B T} dx} =$$

$$\frac{\int_{-\infty}^{\infty} x e^{-(V_0 + \frac{1}{2}\beta x^2 - \frac{1}{3}g x^3 \cdots)/k_B T} dx}{\int_{-\infty}^{\infty} e^{-(V_0 + \frac{1}{2}\beta x^2 - \frac{1}{3}g x^3 \cdots)/k_B T} dx} \qquad (3.83)$$

式中,x 是原子离开平衡位置的位移;$\bar{x}$ 是其平均值,是晶体热膨胀的反映。

式(3.83)分子和分母中 $e^{-V_0/k_B T}$ 均可移至积分号外边。

如果原子间势能函数中只保留到二次方项,即只考虑简谐项 $(1/2)\beta x^2$ 时,注意到式(3.83)右侧分子的被积函数是奇函数,则 $\bar{x} = 0$。也就是说,只考虑原子间位能函数的简谐相互作用时,晶体不发生热膨胀。

这一点很容易由原子间势能函数的形状予以解释。如图 3.18 所示,若原子间势能函数是对称的,温度升高后虽然原子振动的振幅增加,但其平均位置始终是晶体的平衡位置,从而不引起热膨胀。只有当考虑到原子间位能的非简谐作用时,势能曲线才是不对称的,才会有热膨胀发生。如图 3.18 势能曲线(实线)中考虑非简谐作用后,势能曲线的吸引作用部分比排斥作用变化平缓。当温度升高时,原子振动加剧,振幅增加导致其平均位置沿 AB 移动,从而引起晶体的热膨胀。

対称势能函数没有热膨胀。

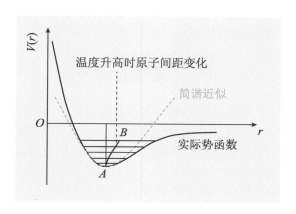

图 3.18 原子间势能函数曲线的对称性与晶体热膨胀的关系

所以,分析晶体的热膨胀行为时必须考虑原子间位能函数的非简谐项。若温度不是很高,式(3.82)可只取前三项,此时,式(3.83)右侧

分子为

$$\int_{-\infty}^{\infty} x e^{\frac{-\frac{1}{2}\beta x^2 + \frac{1}{3}g x^3}{k_B T}} dx \approx \int_{-\infty}^{\infty} e^{\frac{-\beta x^2}{2k_B T}} \left(x + \frac{g x^4}{3 k_B T} \right) dx =$$

$$\frac{3\sqrt{\pi}}{4} \frac{g_1}{\beta_1^{5/2}} (k_B T)^{\frac{3}{2}} \tag{3.84}$$

式中，$\beta_1 = \beta/2$，$g_1 = g/3$。

另外，式（3.83）右侧分母为

$$\int_{-\infty}^{\infty} e^{\frac{-\beta_1 x^2 + g_1 x^3}{k_B T}} dx \approx \int_{-\infty}^{\infty} e^{\frac{-\beta_1 x^2}{k_B T}} dx = \sqrt{\pi} \left(\frac{k_B T}{\beta} \right)^{1/2} \tag{3.85}$$

将式（3.84）和式（3.85）代入式（3.83）可以得到

$$\bar{x} = \frac{3 g_1}{4 \beta_1^2} k_B T \tag{3.86}$$

则一维原子链的热膨胀系数为

$$\alpha = \frac{\partial \bar{x}}{r_0 \partial T} = \frac{3 g_1}{r_0 4 \beta_1^2} k_B \tag{3.87}$$

式中，r_0 是原子间的平衡间距。

可见，仅考虑位能函数的三次方项时，一维原子链（晶体）的热膨胀系数与温度无关。

上述分析表明，晶体的热膨胀是由原子间相互作用的非简谐项引起的。由式（3.87）可以看出，三次方系数越小，晶体的膨胀系数越低。即原子间势能曲线对称性越好（越接近抛物线），晶体的热膨胀系数就越小。若三次方项系数为零（$g_1 = 0$），则晶体的热膨胀系数为零，而当 $g_1 < 0$ 时，晶体可以呈现负膨胀特性。然而，随原子间距离的增加，原子间吸引势能一般都要比排斥势能变化的平缓，所以绝大部分晶体呈现正膨胀特性。目前，只发现了很少几种化合物具有负的体膨胀系数，如 $\beta - LiAlSiO_4$、ZrW_4O_8 等。鉴于低膨胀材料在工程中的重要性，合成具有优良使用性能的低或负膨胀材料仍然为人们所重视。

3.8 晶格热传导

一般情况下，固体的热传导主要通过电子运动和原子的振动来实现。原子振动传导热量就是格波传导热量。对于绝缘体而言，热传导主要是晶格振动热传导；对于金属而言，热传导是由电子热传导和晶格振动热传导共同贡献的。本章主要讨论晶格热传导。从经典的角度看，具有一定能量的格波将能量从高温区传递到低温区，从而实现热传导；从量子化的观点看，可以认为是"声子气体"的热传导。

3.8.1 热导率与声子的平均自由程

如果在单位长晶体中存在温度梯度 ∇T，则热导率 K_l 可以定义为

单位面积热流 Q 和温度梯度 ∇T 之间的比例系数,即

$$Q = -K_l \nabla T \tag{3.88}$$

由于晶格热传导是通过晶格振动的格波在晶体中的传播来实现的,而晶格热振动可以用声子来描述。所以处理晶格热传导问题时,可以将晶体看成是具有相互作用的"声子气体"。这样晶格热传导就可以看成是声子气体的传导问题。根据普通气体的热传导理论,可以将晶格热导率表示为

$$K_l = \frac{1}{3} C_V \bar{v} l \tag{3.89}$$

理想气体热导率公式。

式中,C_V 是晶体单位体积的定容比热;$\bar{v}$ 是声子的平均速率;l 是声子的平均自由程。

应当指出,如果仅仅考虑原子间的简谐作用,声子导热率将是无限大。因为在简谐作用下,晶格振动可以看成是相互独立线性谐振子,固体中的声子也是相互独立的,不存在相互作用,声子可以毫无阻碍地在固体中运动,声子的平均自由程是无限大。也就是说,当只考虑原子之间相互作用势能函数的简谐项时,晶体永远也不能达到热平衡,因为没有相互作用的谐振子之间无法交换能量。无限大声子自由程显然与实际情况不符合,表 3.2 给出了某些晶体不同温度下的声子平均自由程和热导率,可见声子的平均自由程随温度的降低急剧增加,但不可能取无限大值。所以说,单纯的简谐近似在描述晶格热传导方面也有局限性。

因此,为了克服声子平均自由程无限大的困难,正确描述晶格热传导现象,在处理晶格热传导问题时,必须考虑原子间的非简谐相互作用效应。这里,原子间相互作用的非简谐效应主要体现在声子之间的相互作用(碰撞)上。当然,影响声子平均自由程除原子间非简谐相互作用而引起的声子间的碰撞外,还有晶体中的杂质、缺陷、晶界、相界等对声子的散射。

原子间的非简谐作用,就是声子间的相互作用,可用声子碰撞描述。

表 3.2　一些固体在不同温度下的热导率和平均自由程

晶体	T = 273 K		T = 77 K		T = 20 K	
	热导率/ $(\text{W} \cdot (\text{m} \cdot \text{K})^{-1})$	声子平均 自由程/ $\times 10^{-8}\,\text{m}$	热导率/ $(\text{W} \cdot (\text{m} \cdot \text{K})^{-1})$	声子平均 自由程/ $\times 10^{-8}\,\text{m}$	热导率/ $(\text{W} \cdot (\text{m} \cdot \text{K})^{-1})$	声子平均 自由程/ $\times 10^{-8}\,\text{m}$
Si	150	4.3	1 500	270	4 200	41 000
Ge	70	3.3	300	33	1 300	4 500
SiO$_2$	14	0.97	66	15	7 600	7 500
CaF$_2$	11	0.72	39	10	85	1 000
NaCl	634	0.67	27	5.0	45	230
LiF	10	0.33	150	40	8 000	120 000

数据取自 J. S. Blakemore, Solid State Physics, Cambridge University Press, 1985, P134.

3.8.2 声子间的碰撞过程

当考虑到晶体原子间相互作用存在非简谐项时,且只考虑原子势能函数的三次项时,声子间的碰撞过程是一种三声子过程,即声子1和场声子2相互碰撞产生声子3。同普通粒子的碰撞过程相类似的是,声子碰撞过程中也要满足动量守恒和能量守恒定律。声子间的碰撞过程可以分为正常过程和倒逆过程两种。

1. 正常过程(N 过程)

假定声子1的波矢为q_1,声子2的波矢为q_2,若两个声子的波矢长度(波数)比较小,或二者的夹角比较大,以至于二者碰撞所产生的第3个声子的波矢q_3仍然落在第一布里渊区以内,如图 3.19 所示。这种过程称为正常过程或 N 过程。此时,能量守恒定律和动量守恒定律可写作

$$\begin{cases} \omega_1 + \omega_2 = \omega_3 \\ q_1 + q_2 = q_3 \end{cases} \tag{3.90}$$

上式略去了比例系数 $\hbar$。可见,在正常过程中,声子的总能量和总动量并未发生变化,只是两个参与碰撞的声子的能量和动量全部传递给了第三个声子。很明显,声子碰撞的正常过程并不产生热阻。但正常过程可以使声子间交换能量,对固体内部热平衡的建立有重要贡献。

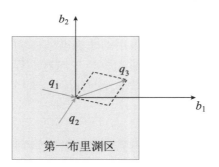

图 3.19　声子间碰撞的正常过程(N 过程)

2. 倒逆过程(U 过程)

若两个声子碰撞时,$q_1 + q_2$ 比较大,则第三个声子的波矢可能落在第一布里渊区以外,如图 3.20 所示。在 3.4 节中,我们曾指出,q 的取值因色散关系的周期性要限定在第一布里渊区以内,而且,当波矢加上或减去一个倒格矢后,晶格振动的状态并不发生变化,所以可以在第三个声子的波矢上减去一个倒格矢而使其落在第一布里渊区以内,如图 3.20 所示。此时,声子碰撞过程中的能量守恒和动量守恒定律为

$$\begin{cases} \omega_1 + \omega_2 = \omega_3 \\ q_1 + q_2 = q_3 - G \end{cases} \quad (3.91)$$

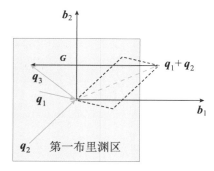

图 3.20 声子间碰撞的倒逆过程(U 过程)

上述声子碰撞过程称为倒逆过程或 U 过程。声子碰撞的倒逆过程使声子的运动方向产生了很大变化,改变了声子的总动量,减小了声子的平均自由程,从而产生有限大小的热导率(产生热阻)。理想完整晶体的晶格热导率由声子间碰撞的倒逆过程所决定。

如果热阻仅仅是由于声子的倒逆碰撞过程决定的,那么声子的平均自由程可以近似地看成是与平均声子数成反比,即

$$l \propto \frac{1}{\bar{n}} \quad (3.92)$$

式中,l 为声子的平均自由程;$\bar{n}$ 为平均声子数。由于平均声子数与温度有关,所以声子的平均自由程也与温度有关。

当温度很高时,即 $T \gg \theta_D$ 时,平均声子数为

$$\bar{n} = \frac{1}{e^{\hbar\omega/k_B T} - 1} \approx \frac{k_B T}{\hbar\omega} \quad (3.93)$$

所以高温时,声子的平均自由程与温度成反比,即在高温下有

$$l \propto \frac{1}{T} \quad (3.94)$$

温度越高,晶格振动时原子偏离平衡位置的位移越大,简谐近似与实际情况的偏离也就越大。换言之,温度升高导致原子间相互作用的非简谐效应增加,声子间的相互作用增加。另外,随温度升高,声子数增加,所以升温导致声子平均自由程降低。考虑到高温时固体的比热与温度无关(杜隆 - 珀替定律),结合式(3.89),可以得到晶格的高温热导率与温度的依赖关系为

$$K_l \sim \frac{1}{T} \quad (3.95)$$

在温度很低时,即 $T \ll \theta_D$ 时,能够产生倒逆过程声子的波矢至少应为最短倒格矢的一半,相应的能量为 $\hbar w_D/2 = k_B\theta_D/2$。此时

$$\bar{n} \approx \frac{1}{e^{\frac{1}{2}\hbar\omega_D / k_B T} - 1} \approx e^{-\theta_D/2T} \tag{3.96}$$

可见,声子的平均自由程随温度的降低迅速逐渐增大,即在低温下有

$$l \sim e^{\theta_D/2T} \tag{3.97}$$

低温下,声子的平均自由程随温度的降低而增加,主要来自于以下两个方面,其一是温度降低,声子的浓度下降;其二是温度越低原子间的相互作用越接近简谐近似,声子的相互作用减弱。考虑到低温下晶体的比热与 T^3 成正比,结合式(3.89)可以得到低温热导率对温度的依赖关系为

$$K_l \sim T^3 e^{\theta_D/2T} \tag{3.98}$$

3.8.3　杂质和界面对声子的散射

式(3.94)和式(3.95)给出的热导率与温度的关系没有考虑到晶体缺陷、杂质、晶体中的晶界和相界等对声子的散射过程,这些散射过程都会减小声子的平均自由程,从而降低晶体的热导率。

图3.21示出了 GaAs – GaP 的热导率与 GaP 含量的关系,图中可以清晰看到随杂质含量的增加,无论是 GaAs 还是 GaP 的热导率均呈下降趋势。表明杂质对声子引起了强烈的散射而减小了声子的平均自由程。特别是温度较低时,杂质对热导率的影响十分显著,这是因为,在低温下,纯净晶体的声子平均自由程较大,此时,含杂质晶体的声子平均自由程主要受杂质浓度的控制。在高温下,原子间相互作用的非简谐效应很强,声子数目增加,声子的平均自由程可能远小于杂质之间的平均距离,此时,声子的平均自由程主要由温度决定,而对杂质的浓度并不敏感。

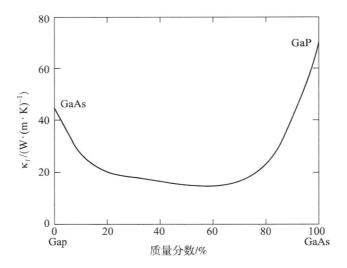

图 3.21　GaAs – GaP 系的热导率
（R. Berman, Cryogenics 5, 297(1965)）

当温度很低时,声子平均自由程随温度降低而增加。当声子的平均自由程大于晶粒尺寸时,决定声子平均自由程的主要因素就变成了晶粒尺寸。当温度特别低时,声子的平均自由程可以与样品尺寸在同一数量级。如表3.2所示,LiF晶体20 K时的声子平均自由程为1.2 mm,与晶体样品的线度在同一数量级上。图3.22是不同尺寸LiF单晶体的热导率与温度的关系。在温度较低时,声子的平均自由程大于晶体的尺寸,此时,样品表面对声子的散射是限制声子平均自由程的决定性因素。晶体的尺寸越小,声子平均自由程越小。当温度较高时,声子的平均自由程远小于样品尺寸,则晶体的尺寸效应不明显。

考察一个单晶体,若其线度为L,低温下,声子平均自由程l同L为同一量级的,则有

$$K_l \approx \frac{1}{3} C_V \bar{v} L \tag{3.99}$$

此时,声子的平均自由程为常数(晶体的尺寸)。由于在低温下C_V与T^3成正比,则单晶体的低温热导率为

$$K_l \sim T^3 \tag{3.100}$$

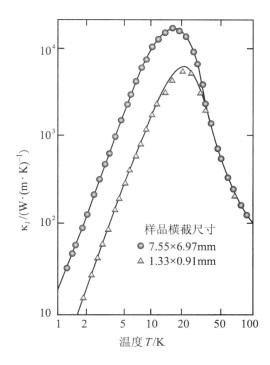

图 3.22　LiF 单晶样品尺寸对热导率的影响
(P. D. Maycock, Solid State Electronics 10, 161(1967))

晶体尺寸对晶格低温热导率的影响,反映了界面对声子的散射作用。一般工程材料多为多晶体,而且还可能是多相材料。此时,晶界、相

界均是声子的有效散射源。为了提高材料的热导率,可以增加样品的晶粒尺寸。但晶粒尺寸过大时,材料的力学性能会发生劣化,如强度下降。所以在要求零件具有热导率和强度综合性能时,需根据具体情况设计材料的微观组织。

3.9　离子晶体的长光学波

在 3.3 节我们讨论了在长波极限下,一维复式晶格光学波振动倾向于单胞的质心不动,而异类原子作相反方向的振动。这一规律对三维离子晶体也是正确的。当正负离子作相反方向运动时,就相当于晶体出现了电偶极子。若以频率同长光学波振动频率相当的光(一般为红外光)照射离子晶体时,晶体中的长光学波晶格振动就会同光波产生强烈的相互作用。

3.9.1　长光学波晶格振动的特点

首先来分析离子晶体长光学波晶格振动的特点。由于长光学波的波长很长,所以在一个半波长范围内包含了许多原子平面,如图 3.23 所示,图中仅示意性画出了一个波长的三个波节平面(原子位移为零的平面)。可见,整个晶体被波节平面分成许多薄层,每个薄层都产生相应的极化和退极化场 E_d。

纵光学模中离子位移方向与格波的位移方向相平行,如图 3.23(a) 所示,所产生的退极化场垂直于薄层。对于横光学模,离子位移方向与格波的传播方向垂直,如图 3.23(b) 所示。退极化场与薄层平行,振动回到平衡位置的恢复力不受退极化场的影响,因此可以预料,纵光学模频率 ω_{LO} 大于横光学模频率 ω_{TO}。

由于电磁波是横波,所以同长横光学模振动产生耦合,而与纵光学模振动则不产生耦合。

3.9.2　黄昆方程和 LST 关系

由于长光学模中,正负离子的运动方向相反,所以可用下式描写正负离子的等效相对位移

$$\boldsymbol{W} = \sqrt{\mu n}(\boldsymbol{u}_+ - \boldsymbol{u}_-) \tag{3.101}$$

式中,$\boldsymbol{W}$ 是正负离子的相对位移;u_+ 和 u_- 分别是正离子和负离子离开平衡位置的位移;μ 为原胞的折合质量;n 为单位体积内的原胞数。

由于正负离子相反位移引起的电偶极子的大小同 W 成正比,这个电偶极子同电场的作用能正比于 $\boldsymbol{W} \cdot \boldsymbol{E}_e$。这样,离子晶体单位体积的振动能量为

$$U = -\frac{1}{2}(b_{11}W^2 + 2b_{12}\boldsymbol{W} \cdot \boldsymbol{E}_e + b_{22}E_e^2) \tag{3.102}$$

式中,b_{11},b_{12}和b_{22}是三个特定参数;第一项是简谐振动的能量;第二项是电偶极子同电场作用的能量;第三项是电场的能量。

E_d 是退极化场。

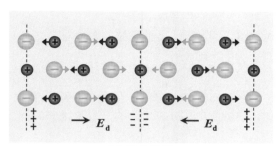

(a) 纵光学模

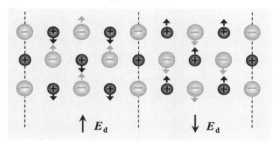

(b) 横光学模

图 3.23 离子晶体长光学波振动的特点

由牛顿定律有

$$\ddot{W} = \frac{\partial^2 W}{\partial t^2} = -\frac{\partial U}{\partial W} \tag{3.103}$$

若不考虑体积膨胀功,则电介质内能(只考虑振动能)的微分形式可由热力学定律给出

$$dU = TdS - \boldsymbol{P} \cdot d\boldsymbol{E}_e \tag{3.104}$$

式中,矢量 $\boldsymbol{P}$ 是极化强度矢量,是单位体积内电偶极矩的矢量和。所以有

$$P = -\frac{\partial U}{\partial E_e} \tag{3.105}$$

将式(3.102)代入式(3.103)和式(3.105)得到

$$\begin{cases} \ddot{\boldsymbol{W}} = b_{11}\boldsymbol{W} + b_{12}\boldsymbol{E}_e \\ \boldsymbol{P} = b_{12}\boldsymbol{W} + b_{22}\boldsymbol{E}_e \end{cases} \tag{3.106}$$

式(3.106)称为黄昆方程,是黄昆在1951年首先得到的。

若外加电场是随时间正弦变化的,则离子晶体内 W 和 P 随外加电场的响应特性也是随时间正弦变化的,则有

$$\begin{cases} \boldsymbol{E}_e = \boldsymbol{E}_0 e^{i\omega t} \\ \boldsymbol{W} = \boldsymbol{W}_0 e^{i\omega t} \\ \boldsymbol{P} = \boldsymbol{P}_0 e^{i\omega t} \end{cases} \tag{3.107}$$

极化强度同电场的关系为(见第 8 章)

$$\boldsymbol{P} = \varepsilon_0 (\varepsilon - 1) \boldsymbol{E}_e \tag{3.108}$$

式中,ε_o 是真空介电常数;ε 是离子晶体的介电常数。

由黄昆方程可以得到

$$\varepsilon(\omega) = 1 + \frac{1}{\varepsilon_0} \left(b_{22} - \frac{b_{12}^2}{\omega^2 + b_{11}} \right) \tag{3.109}$$

考虑到横光学模与电磁波没有耦合,并利用黄昆方程可以得到(见本章习题)

$$\frac{\varepsilon_s}{\varepsilon_\infty} = \frac{\omega_{LO}^2}{\omega_{TO}^2} \tag{3.110}$$

式中,ε_s 为离子晶体(电介质)的静态介电常数,对应于 $\omega \to 0$ 时的介电常数;ε_∞ 是离子晶体的高频介电常数,对应于 $\omega \to \infty$。

式(3.110)称为 LST(Lyddane – Sachs – Teller)关系。

若离子晶体中不只一种长横光学波和长纵光学波,则更一般的 LST 关系可以表示为

$$\frac{\varepsilon_s}{\varepsilon_\infty} = \frac{\prod_i \omega_{LO}^i}{\prod_i \omega_{TO}^i} \tag{3.111}$$

LST 关系在分析离子晶体的光学性质和处理结构相变中有重要应用。

习题 3

3.1　设一个一维原子链中,原子性质为 m,原子间距为 a,原子与第 j 个近邻原子之间的力常数 β_j,证明该晶格振动的色散关系为

$$\omega^2 = \frac{2}{m} \sum_{j=1}^{\infty} \beta_j [1 - \cos(jqa)]$$

若 $\beta_2 = \beta_1 / 4$,$\beta_j = 0 (j > 2)$,画出色散关系曲线的大致形状。

3.2　若有一维双原子晶格,最近邻原子间力常数交错地等于 β 和 10β,如果两种原子质量相等,求格波的色散关系并用图形示之。

3.3　考虑一个各向同性的三维晶体,色散关系在 k 空间各方向上都相同且为 $\omega = \omega_m \sin \dfrac{qa}{2}$,求总的态密度。

3.4　求一维简单晶格的态密度和比热,并讨论 C_V 与温度的关系。

3.5　利用德拜模型证明二维晶体的定容比热在低温下与 T^2 成正比。

3.6　证明 LST 关系。

第4章　金属自由电子理论

金属具有许多优良的性能,如优异的导电性和导热性,较高的强度和塑性,因而应用十分广泛。我们知道,在绝热近似下,可以将固体中离子运动与价电子的运动分开加以研究。首先,金属原子的最外层电子(价电子)易于脱离原子的束缚而属于整个固体形成金属键;另外,金属晶体的结构一般为密堆结构,离子对电子的吸引库仑势函数的空间分布相对平缓,最简单的近似就是假定金属价电子所受的势能函数为常数(如果选择合适的势能零点,即可认为电子的势能为零)。这就是自由电子近似。在金属自由电子理论中,忽略了电子与离子、电子与电子的库仑相互作用,而将金属中电子简化成自由电子气体。

从历史上看,固体的电子理论正是由金属的自由电子理论逐步发展起来的。本章将主要介绍金属自由电子的经典和量子理论,由此阐明金属的电导率和电子气体的比热等性质,及霍尔(Hall)效应和金属间的接触势差。

4.1　经典自由电子理论

在量子力学诞生前,德鲁得(Drude)为了解释金属的电导率和比热,对金属中的价电子行为进行了大胆假设,于1900年提出了金属的经典自由电子理论。尽管该理论有许多失败之处,但是可以通过该理论与量子理论的对比,帮助我们理解建立正确理论的过程,以及金属物理性质的本质。

德鲁得认为价电子离开金属原子在固体中自由运动,所以价电子又被称为传导电子或自由电子。尽管金属中的自由电子密度很高,但是德鲁得仍然将自由电子作为理想气体来处理,并对理想自由电子气体作如下假定:

(1)金属中的自由电子在外场作用下的运动规律满足牛顿定律,并遵从玻耳兹曼统计分布规律。

(2)电子之间是相互独立的,不存在任何相互用,这种近似被称为独立电子近似。

(3)电子与晶格的碰撞过程中存在一个弛豫时间或平均自由时间 τ,$1/\tau$ 表示单位时间内电子同离子发生碰撞的平均几率,它与电子的位置和速度无关。电子通过同离子的碰撞与周围环境达到热平衡。这种近似称为弛豫时间近似。

应当指出,德鲁得的自由电子近似实际上是将金属中的自由电子看成是经典理想气体。这里对上述第三个假定做简单说明,如果没有弛豫时间近似,电子在外场作用下,将不断被加速,没有办法描述金属电阻的特性。

4.1.1　电导率

在德鲁得的经典模型中,在无外场作用下,金属中的自由电子的热运动是无规则的,从而不形成电流。在外加电场作用下,电子在电场力的作用下作定向运动(电子定向运动的方向与电场方向相反),形成电流。自由电子作定向运动的过程中,不断与晶体中的离子发生相互碰撞,这种碰撞使电子的运动方向不断改变,从而形成电阻。德鲁得模型处理金属电导率方法的核心就是利用弛豫时间表征金属离子对自由电子的碰撞。

考虑某一个自由电子,两次相邻碰撞所经历的时间为 τ,在无外场时,电子的平均定向运动速度为零。若外电场为 $\boldsymbol{E}_e$,依据牛顿定律可以得到:

$$m\boldsymbol{v} = -e\boldsymbol{E}_e\tau \tag{4.1}$$

式中,$\boldsymbol{v}$ 是电子在外场作用下所获得的定向运动速度;e 是电子的电量;m 是电子的质量。

如图4.1所示,单位时间内,图中圆柱体内的电子都将通过圆柱体右侧的单位面积。圆柱体的体积为 $v\times$ 单位时间 $\times$ 单位面积,若自由电子气体的密度为 n,单位时间内通过单位面积的电量是 nev,则电流密度矢量($\boldsymbol{J}$)为:

$$\boldsymbol{J} = -ne\boldsymbol{v} \tag{4.2}$$

由欧姆定律的微分形式可得

$$\boldsymbol{J} = \sigma\boldsymbol{E}_e \tag{4.3}$$

式中,σ 为金属的电导率。

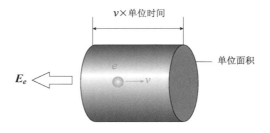

图4.1　自由电子气中电流密度示意图

联立式(4.1)、(4.2)和(4.3),容易得出:

$$\sigma = \frac{ne^2\tau}{m} \tag{4.4}$$

德鲁得模型所给出的电导率公式可以定性解释金属直流导电性质。在定量说明金属电导率时,却遇到了很大困难。首先,电导率正比于价电子浓度与实验事实不符;另外,按德鲁得模型,电子的平均自由程同晶格常数在同一数量级,为 0.1 ~ 1 nm,然而实际金属电子的平均自由程在低温下可达 10^2 nm 以上。

4.1.2 自由电子气比热

比热是固体的重要性质,同固体电导率一样,是检验一个固体理论正确与否的重要判据之一。根据热力学定律,定容比热为:

$$C_V = \left(\frac{\partial U}{\partial T} \right)_V \tag{4.5}$$

式中,C_V 是固体的定容比热;U 是固体的内能。

在德鲁得理论中,金属中的自由电子是经典理想气体,所以电子的热运动行为满足玻耳兹曼统计分布律,即电子在每个自由度的平均动能为 $(1/2)k_B T$。每个电子有 3 个自由度,则 1 mol 电子气体所贡献的内能为 $U = (3/2)N_0 k_B T$(N_0 为阿伏伽德罗常数),那么,电子气体的摩尔比热为

$$C_V = \frac{\partial U}{\partial T} = \frac{3}{2}N_0 k_B = \frac{3}{2}R \tag{4.6}$$

式中,R 是普适气体常数。

式(4.6)表明,电子的比热与温度无关,而且在数量级上与晶格热振动的比热相当。然而,实验表明,电子气体的比热在低温下与温度成正比。所以说,德鲁得理论在理解电子对固体比热的贡献方面是失败的。

事实上,经典金属自由电子理论在处理金属磁化率等一系列问题上均遇到了根本性的困难,这些困难主要来自以下两个方面:

(1)德鲁得理论中电子是经典粒子,其运动规律满足经典牛顿定律,不能正确地描述电子的运动状态,其散射过程不受泡利不相容原理的限制。

(2)最为重要的是,德鲁得理论中经典自由电子满足经典的玻耳兹曼分布规律,所以在外电场中,所有电子都将获得一致的平均速度。

下面我们会看到,在保留德鲁得理论关于自由电子假设的基础上,只要我们利用量子力学和量子统计理论处理金属自由电子体系,就可以得到许多满意的结果。希望读者通过本章后面的学习及与本节的比较,可以体会到,解决问题的出发点和正确理论的选择才是最重

要的。这也是本书安排本节的初衷所在。

4.2　量子自由电子理论

索末菲(Sommerfeld)为了克服德鲁得经典自由电子理论在处理金属问题时所遇到的困难,提出了量子自由电子理论。在索末菲的理论中,除电子的运动规律遵从量子力学,统计行为遵从费米 – 狄拉克统计分布律以外,金属自由电子气的简化与德鲁得理论是一致的,可以这样说,德鲁得把金属中的电子气体简化成为经典理想气体,而索末菲将金属中的电子气体简化成量子理想气体。

4.2.1　自由电子的能级及态密度

1. 自由电子的能级

考虑体积为 V 的金属中,含有 N_e 个相互独立的自由电子所组成的体系。在索末菲理论中,这 N_e 个电子是完全等同的,因此所满足的薛定谔方程在形式上是完全一样的。由于自由电子模型中不考虑电子与电子、电子与离子相互作用,所以电子所受的势能函数为零。单电子所满足的薛定谔方程为

$$-\frac{\hbar^2}{2m}\nabla^2\varphi(\boldsymbol{r}) = E\varphi(\boldsymbol{r}) \tag{4.7}$$

即

$$\nabla^2\varphi(\boldsymbol{r}) + \boldsymbol{k}^2\varphi(\boldsymbol{r}) = 0 \tag{4.8}$$

式中, $\boldsymbol{k}$ 为电子波矢, $k^2 = 2mE/\hbar^2$; m 为电子质量。

方程(4.8)的解为

$$\varphi(\boldsymbol{r}) = Ae^{i\boldsymbol{k}\cdot\boldsymbol{r}} \tag{4.9}$$

$$E = \frac{\hbar^2 k^2}{2m} \tag{4.10}$$

式中, A 为归一化常数,利用归一化条件容易确定出 $A = 1/\sqrt{V}$ 。

自由电子能量和波函数具有如下特点:首先,波函数为简谐平面波,电子的动量为 $\hbar\boldsymbol{k}$;其次,单电子能量为 $\hbar^2 k^2/2m$,与 $\boldsymbol{k}$ 的方向无关,仅仅取决于 k 的大小, E 与 k 的函数关系为抛物线,如图4.2(a)所示。

为了讨论问题方便,可以引入 $\boldsymbol{k}$ 空间。所谓 $\boldsymbol{k}$ 空间就是由 k_x,k_y 和 k_z 张开的空间,如图4.2(b)所示。很显然,自由电子的能量在 $\boldsymbol{k}$ 空间中是各向同性的,所有等能状态的 k 值均落在半径为 k 的球面上。

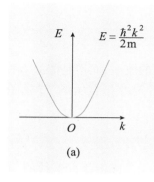 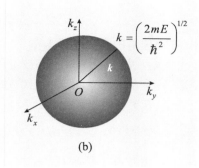

图 4.2 单自由电子能量(a) 和 $\boldsymbol{k}$ 空间中自由电子等能面示意图(b)

与晶格振动情况一样,这里同样面临如何处理有限大固体边界条件的问题。通常情况下,采用玻恩 – 卡门边界条件。不妨假定金属晶体在基矢 $\boldsymbol{a}_1$、$\boldsymbol{a}_2$ 和 $\boldsymbol{a}_3$ 方向上的长度分别为 L_1、L_2 和 L_3,相应的原胞数分别为 N_1、N_2 和 N_3。按第3章的讨论,可以假想有无穷多个与实际晶体完全一样的晶体,这样就不存在表面了。周期性边界条件要求电子波函数满足以下方程:

$$\begin{cases} \varphi(x + N_1 a_1, y, z) = \varphi(x, y, z) \\ \varphi(x, y + N_2 a_2, z) = \varphi(x, y, z) \\ \varphi(x, y, z + N_3 a_3) = \varphi(x, y, z) \end{cases} \quad (4.11)$$

可以将电子波矢 $\boldsymbol{k}$ 在倒空间展开,即将 $\boldsymbol{k}$ 展开成下述形式:

$$\boldsymbol{k} = k_1 \boldsymbol{b}_1 + k_2 \boldsymbol{b}_2 + k_3 \boldsymbol{b}_3 \quad (4.12)$$

结合式(4.9)、(4.11) 和(4.12),可以得到

$$\begin{cases} k_1 = \dfrac{l_1}{N_1} \quad (l_1 = 0, \pm 1, \pm 2 \cdots) \\ k_2 = \dfrac{l_2}{N_2} \quad (l_2 = 0, \pm 1, \pm 2 \cdots) \\ k_3 = \dfrac{l_3}{N_3} \quad (l_3 = 0, \pm 1, \pm 2 \cdots) \end{cases} \quad (4.13)$$

可见,$\boldsymbol{k}$ 只能取一系列分立值,相应电子的能量也是不连续的,但由于晶体的尺度很大,相邻能级的间隔很小,可以认为电子能级 E 是准连续的。

式(4.10)给出的是单电子能级,下面讨论体系中大量的自由电子在各个能级上是如何分布的。电子自旋量子数为 $\dfrac{1}{2}$,每个 $\boldsymbol{k}$(包括大小和方向)实际上对应电子自旋相反的两个量子态,按泡利不相容原理,每个 $\boldsymbol{k}$ 所对应的空间状态最多可以被两个电子占据。在任意温度下,一个量子态被电子占据的概率(f)由费米 – 狄拉克分布函数确定:

$$f(E, T) = \frac{1}{e^{(E-\mu)/k_B T} + 1}$$

式中,各物理量的意义见第 1 章。

上式给出的是一个量子态被电子占据的概率,而不是能级 E 上的电子数,一个能级 E 可能对应多个量子态(简并)。自由电子体系的平均总能量(E_t)可由下式给出:

$$E_t = \sum_{\text{状态}} \frac{E}{e^{(E-\mu)/k_B T} + 1} \tag{4.14}$$

式中,求和遍及电子的所有量子态。由于电子的能级是准连续的,通常将上述求和用下面的积分代替,以克服求和困难:

$$E_t = \int \frac{E}{e^{(E-\mu)/k_B T} + 1} g(E) \, dE \tag{4.15}$$

式中,$g(E)$ 是电子的态密度,容易看出,$g(E) \, dE$ 的物理意义是 $E \sim E + dE$ 能量区间内电子的状态(量子态)数。电子的化学势 μ 是下面方程的解

$$N_e = \int_0^\infty f(E, T) g(E) \, dE \tag{4.16}$$

式中,N_e 是自由电子总数。可见,获得电子的态密度十分重要。

2. 自由电子体系的态密度

式(4.13)表明,自由电子波矢 $\boldsymbol{k}$ 是分立取值的,所以可以将自由电子波矢 $\boldsymbol{k}$ 的取值在 $\boldsymbol{k}$ 空间(倒空间)中用点表示出来。对比式(4.12)和式(3.31)可以发现,$\boldsymbol{k}$ 的取值与声子波矢 $\boldsymbol{q}$ 的取值形式上完全相同,所以可以利用讨论晶格振动态密度的方法分析自由电子的态密度。

所有 $\boldsymbol{k}$ 的取值点(或称 $\boldsymbol{k}$ 的代表点)在倒空间中构成了一个"三维格子",这个三维格子的最小重复单元(平行六面体,参见图 3.16)可以称之为"k - 单胞","k - 单胞"的三个基本矢量分别平行于倒格子的三个基本矢量,且"k - 单胞"的三个基矢分别为:$\boldsymbol{b}_1/N_1$,$\boldsymbol{b}_2/N_2$ 和 $\boldsymbol{b}_3/N_3$。"k - 单胞"中只包含一个 $\boldsymbol{k}$ 点,所以"k - 单胞"的体积就相当于一个 $\boldsymbol{k}$ 点所占的体积。如果用 V_k 表示一个 $\boldsymbol{k}$ 点所占的体积,则有

$$V_k = \frac{\boldsymbol{b}_1}{N_1} \cdot \left(\frac{\boldsymbol{b}_2}{N_2} \times \frac{\boldsymbol{b}_3}{N_3} \right) = \frac{\boldsymbol{b}_1 \cdot (\boldsymbol{b}_2 \times \boldsymbol{b}_3)}{N} \tag{4.17}$$

式中,$\boldsymbol{b}_1 \cdot (\boldsymbol{b}_2 \times \boldsymbol{b}_3)$ 是倒格子单胞的体积,N 是晶体的原胞总数,所以

$$V_k = \frac{8\pi^3}{V} \tag{4.18}$$

式中,V 是晶体的体积。$k \sim k + dk$ 区间内 $\boldsymbol{k}$ 的数目可以由 $k \sim k + dk$ 之间的球壳的体积($4\pi k^2 dk$)除以 V_k 而得到,即

$$\rho(k) \, dk = \frac{4\pi k^2 \, dk}{V_k} \tag{4.19}$$

式中,$\rho(k)\mathrm{d}k$ 为 $k \sim k + \mathrm{d}k$ 之间 $\boldsymbol{k}$ 点的数目;$\rho(k) = 4\pi k^2/V_k$ 就是 $\boldsymbol{k}$ 空间的态密度(作为 k 的函数)。

由于 1 个 $\boldsymbol{k}$ 点可以有自旋相反两个电子状态,所以电子的态密度为

$$g(E) = 2\rho(k)\frac{\mathrm{d}k}{\mathrm{d}E} \qquad (4.20)$$

式中的因子 2 是考虑到电子有两种自旋状态而引入的,也就是说一个空间状态实际上包含了自旋相反的 2 个电子态。

将 $\rho(k)$ 表达式和 $E = \hbar^2 k^2/2m$ 代入式(4.20),则有

$$g(E) = \frac{V}{2\pi^2}\left(\frac{2m}{\hbar^2}\right)^{3/2}\sqrt{E} \qquad (4.21)$$

自由电子态密度。

由式(4.21)可以看出,自由电子气的状态密度正比于 $\sqrt{E}$,即

$$g(E) = C\sqrt{E} \qquad (4.22)$$

式中,$C = \dfrac{V}{2\pi^2}\left(\dfrac{2m}{\hbar^2}\right)^{3/2}$。

上面给出了自由电子的态密度,由于自由电子的能级在 k 空间是各向同性的,如图 4.2 所示,所以情况相对简单。

4.2.2 费米能级

前已述及,索末菲的量子自由电子理论基本假定与经典德鲁得理论的唯一差别是,金属中的自由电子的运动行为遵从量子力学,电子的统计分布遵从费米 - 狄拉克分布函数。这里,讨论绝对零度下自由电子体系的分布特性。

首先从泡利不相容原理直接分析 0 K 下自由电子的分布特性。电子是费米子,受泡利不相容原理的约束。0 K 下,电子要尽可能占据能量低的能级以保证体系的能量取最小值。然而,在泡利不相容原理的约束下,电子不可能全部占据最低能级,而是从最低能级开始,从低到高逐一占据量子态。很显然,对于一个总数为 N_e 的自由电子体系而言,存在一个在 0 K 下电子所能填充的最高能级,这个最高能级称为费米能级,记为 E_F。如图 4.3 所示,当 $T = 0$ K 时,E_F 以下的 N_e 个电子态全部被电子占据,E_F 以上的能级全部未被占据。

下面从费米 - 狄拉克分布出发,进一步讨论费米能级的物理意义。每个电子态被电子占据的概率遵从费米 - 狄拉克分布:

$$f(E, T) = \frac{1}{\mathrm{e}^{(E-\mu)/k_B T} + 1}$$

令绝对零度下电子的化学势为 μ_0,当 $T \to 0$ K 时有

$$\lim_{T \to 0} f(E, T) = \begin{cases} 1 & (E \leqslant \mu_0) \\ 0 & (E > \mu_0) \end{cases} \qquad (4.23)$$

由式(4.23)可以发现,当 $T = 0\,\text{K}$ 时,电子在各能级上的分布情况可以描述如下:

$E \le \mu_0$ 时, $f(E,0) = 1$,即 μ_0 以下的所有状态均被电子占据。

$E > \mu_0$ 时, $f(E,0) = 0$,即 μ_0 以上的所有能级全部未被占据。

费米能级。

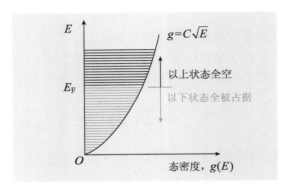

图 4.3　$T = 0\,\text{K}$ 时能级被电子占据的情况

(图中红色阴影区的所有电子态均被电子占据, E_F 以上能级均未被电子占据)

$T = 0\,\text{K}$ 时电子化学势 $\mu_0 = E_F$ 就是费米能级。所以,金属费米能级具有两个物理意义:其一是绝对零度下电子所能填充的最高能级;其二是绝对零度下的电子化学势。

由费米能级的物理意义可知, E_F 以下的所有电子态均被电子占据,即费米能级以下的电子态的和等于体系的自由电子总数,所以有

$$N_e = \int_o^{E_F} g(E)\,\text{d}E \tag{4.24}$$

将式(4.22)所示的电子态密度 $g(E)$ 代入式(4.24),可以求出

$$\begin{cases} E_F = \dfrac{\hbar^2 k_F^2}{2m} \\[2mm] k_F = (3\pi^2 n)^{1/3} \end{cases} \tag{4.25}$$

式中, $n = N_e/V$ 为电子浓度; k_F 称为费米波矢,它只与电子密度有关。一般金属的费米能级的数量级为几个电子伏特。以上分析表明,索末菲模型下的金属费米能级仅仅由电子浓度所决定,电子浓度提高,费米能级随之升高。这样可以通过合金化的方法设计金属的费米能级。例如,向金属 Cu 中添加少量 Zn 进行合金化,由于 Zn 比 Cu 的价电子数多,故可提高 Cu 的费米能级

$\boldsymbol{k}$ 空间中能量为 E_F 的等能面称为费米面。费米面是描述金属性质的重要物理量。对于自由电子而言,等能面为球面,所以自由电子气体的费米面为球面,球的半径为费米波矢 $\boldsymbol{k}_F$ 。当 $T = 0\,\text{K}$ 时,费米面以内的状态全部为电子所占据,费米面以外的状态全部是空的。由于费米

能级的重要性,为了讨论问题的方便,人们还定义了一些与费米能级相关的物理量,主要包括:

（1）费米动量:$\boldsymbol{p}_{F} = \hbar \boldsymbol{k}_{F}$;

（2）费米速度:$\boldsymbol{v}_{F} = \boldsymbol{p}_{F}/m = \hbar \boldsymbol{k}_{F}/m$;

（3）费米温度:$T_{F} = E_{F}/k_{B}$

典型金属的费米能级及其相关物理量列于表4.1。

表 4.1　代表性金属的费米能级、费米温度、费米波矢和费米速度

元素	E_F/eV	$T_F/\times 10^4\,\mathrm{K}$	$k_F/\times 10^8\,\mathrm{cm}^{-1}$	$v_F/(\times 10^8\,\mathrm{cm\cdot s}^{-1})$
Li	4.74	5.51	1.12	1.29
Na	3.24	3.77	0.92	1.07
K	2.12	2.46	0.75	0.86
Rb	1.85	2.15	0.70	0.81
Cs	1.59	1.84	0.65	0.75
Cu	7.00	8.16	1.36	1.57
Ag	5.49	6.38	1.20	1.39
Au	5.53	6.42	1.21	1.40
Be	14.3	16.6	1.94	2.25
Mg	7.08	8.23	1.36	1.58
Ca	4.69	5.44	1.11	1.28
Sr	3.93	4.57	1.02	1.18
Ba	3.64	4.23	0.98	1.13
Nb	5.32	6.18	1.16	1.37
Fe	11.1	13.0	1.71	1.98
Mn	10.9	12.7	1.70	1.96
Zn	9.47	11.0	1.58	1.83
Cd	9.47	8.68	1.40	1.62
Hg	7.13	8.29	1.37	1.58
Al	11.7	13.6	1.75	2.03
Ga	10.4	12.1	1.66	1.92
In	8.63	10.1	1.51	1.74
Tl	8.15	9.46	1.46	1.69
Sn	10.2	11.8	1.64	1.90
Pb	9.47	11.0	1.53	1.83
Bi	9.90	12.5	1.61	1.87
Sb	10.9	12.7	1.70	1.96

利用态密度的表达式很容易求出,$T = 0$ K 时,金属自由电子气的能量,即基态电子气的总能量

$$E_t = \int_0^{E_F} g(E)E\mathrm{d}E \tag{4.26}$$

式中,E_t 为基态电子气的总能量。

将自由电子态密度公式代入式(4.26),可以得到

$$E_t = \frac{3}{5}N_e E_F \tag{4.27}$$

则每个电子的平均能量($T = 0$ K 下)为

$$\overline{E} = \frac{E_t}{N_e} = \frac{3}{5}E_F \tag{4.28}$$

可见,即使在绝对零度下,电子气的平均动能也不为零,这是泡利不相容原理的必然结果,完全有别于经典力学。在经典电子理论中,电子满足玻耳兹曼分布,按经典能量均分定理,可以得到经典电子气每个电子的平均能量为 $3k_B T/2$,当温度趋于绝对零度时,电子的能量趋于零。在经典理论中,电子不受泡利不相容原理的限制,绝对零度下将全部占据最低能量。而在量子电子理论中,电子要遵从泡利不相容原理,每个量子态,只能容纳一个电子,电子不可能完全占据最低能量。所以,即使在绝对零度下,电子的平均能量也不为零。

4.2.3 温度对电子化学势和分布规律的影响

首先分析化学势和费米能级的关系。根据费米能级的定义可以知道,费米能级 E_F 与化学势 μ 的关系可以表述成

$$\lim_{T\to 0} \mu(T) = E_F \tag{4.29}$$

从严格的意义上讲,只有绝对零度下化学势才是费米能级,一般情况下二者是有区别的。由费米 - 狄拉克分布函数可以知道,$f = 1/2$ 时所对应的能级就是化学势,即

$$E \xrightarrow[\quad\quad]{f = 1/2} \mu(T) \tag{4.30}$$

当温度为 T 时,化学势的精确值应由下式确定

$$N_e = \int_0^\infty f(E,T)g(E)\mathrm{d}E \tag{4.31}$$

当 $k_B T/\mu \ll 1$ 时,近似有

$$\mu(T) \approx E_F\left[1 - \frac{\pi^2}{12}\left(\frac{T}{T_F}\right)^2\right] \tag{4.32}$$

表 4.1 表明,T_F 一般为 $10^4 \sim 10^5$ 量级,式(4.32)在数千度的温度范围内,都是很好的近似。所以在室温附近,化学势与费米能级的差别非常小,如图 4.4 所示。图 4.4 中,分布函数与直线 $f = 1/2$ 交点所对应的能量就是化学势,可见金属自由电子的化学势随温度增加而降低。然而,即使在 5 000 K 的高温,化学势与费米能级的差别也非常小。所

以,在一般温度下,当精度要求不是特别高的时候,可以用费米能级代替化学势。但是在概念上,只有绝对零度下的电子化学势才是费米能级。

下面分析温度对电子分布规律的影响。一般温度下(温度不是很高),可以用费米能级代替化学势不会引起明显误差。根据费米 – 狄拉克分布函数,在一般温度下,近似有

$$f(E)\begin{cases} > 1/2, & E < E_F \\ = 1/2, & E = E_F \\ < 1/2, & E > E_F \end{cases} \quad (4.33)$$

式中,使用了近似条件 $\mu \approx E_F$。图4.5示意性地画出了300 K温度下费米分布函数在费米能级附近的示意图。可以发现,相对于0 K时的电子分布规律而言,只有费米能级附近的电子才可能跃迁至费米能级以上的状态。也就是说,只有费米能级附近 $k_B T$ 的能量区间内,电子的分布规律才与0 K下的电子分布规律有所差别。

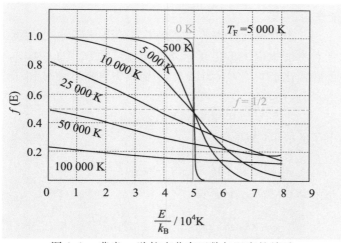

图 4.4 费米 – 狄拉克分布函数与温度的关系
(图中费米温度选为 5 000 K)

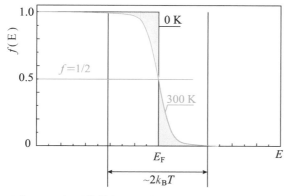

图 4.5 电子热激发后的费米 – 狄拉克分布示意图

4.3　金属的低温比热

在金属的经典电子理论中,电子气体被简化成经典理想气体,很自然得到 1 mol 自由电子气体对固体比热的贡献为 $3R/2$,见式(4.6),它是一个与温度无关的常数。而实际上,当温度很低时,金属的电子比热正比于温度 T,其测量值远远小于经典理论的预测值。这是经典金属电子理论所遇到的最大困难之一。下面我们利用量子自由电子理论分析自由电子对金属比热的贡献。

事实上,当金属从绝对零度加热到温度 T 时,仅有少量费米面附近的电子可能被激发到费米能级以上的状态。在高温下,由于晶格振动的能量远大于电子的能量,所以金属的高温热容主要由声子决定。只有在温度很低的情况下,电子的比热才是主要的。由图 4.5 可知,被热激发的电子能级在费米面 E_F 附近约 $k_B T$(电子热运动能量的一种衡量)的能量范围内。

现在用一个简单的方法估计被热激发的电子数目。当温度为 T 时,被激发到费米能级以上的电子只是费米面附近的电子,所以,被热激发的电子数正比于 $k_B T/E_F$。如果 N_e 是金属中自由电子总数,那么被热激发的电子数目为

$$\Delta N \propto N_e k_B T/E_F \tag{4.34}$$

热激发电子的能量(ΔU)为

$$\Delta U \propto \frac{N_e k_B T}{E_F} \cdot k_B T \tag{4.35}$$

于是给出电子气的低温比热为

$$C_V = \frac{\partial U}{\partial T} = \frac{\partial \Delta U}{\partial T} = c N_e k_B \frac{T}{T_F} \tag{4.36}$$

式中,c 为比例常数。可见,自由电子气对金属低温比热的贡献正比于温度 T,这与金属比热的低温实验规律一致。在室温下,若 $T_F \sim 5 \times 10^4$,电子比热约为经典值的 1% 或更小,说明在较高温度下,金属的比热主要由晶格振动(即声子)贡献,而在低温下,由于晶格热振动的能量很低,声子数很少,金属的比热主要由电子贡献。

当 $T \ll T_F$ 时,较精确的计算表明电子气的比热可写为

$$C_V = \frac{1}{2} \pi^2 N_e k_B \frac{T}{T_F} \tag{4.37}$$

考虑到低温下金属的比热是由自由电子气和晶格振动共同贡献的,结合第 3 章关于晶格振动的德拜模型,可将金属的低温比热写成如下形式

$$C_V = \gamma T + b T^3 \tag{4.38}$$

式中，$\gamma = (1/2)\pi^2/N_e k_B/T_F$，与温度成正比的一项是电子气对金属比热的贡献，与温度三次方成正比的一项是晶格振动对比热的贡献。

很显然，如果式(4.38)是正确的，利用 C_V/T 对 T^2 作图，C_V/T 与 T^2 的关系应为一条直线，直线的截距是式中的系数 γ，斜率是式中的系数 b。图4.6 示出了金属铜的 C_V/T 与 T^2 的关系曲线，可见理论与实验值符合得很好。

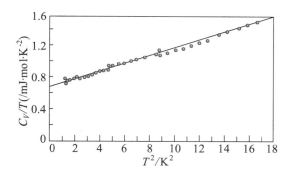

图 4.6　Cu 的低温热容的理论值(实线)与实验值(圆点)的比较
(W. S. Corak, et al. Phys. Rev. , 1955, 98, 1699)

表4.2 给出了一些金属 γ 值的实验值和理论值的差别。可以发现，有些金属理论值和实验值的差别还是比较大的。这种差别来源于索末菲电子理论本身所具有的固有缺点。在索末菲电子理论中，忽略了电子–电子、电子–离子实的相互作用，而这些相互作用对电子的能量和比热的影响有时是不能忽略的。

表4.2　某些金属的 γ 值　　　　　　　　mJ/(mol·K)

金属	理论值	实验值	金属	理论值	实验值
Li	0.749	1.63	Be	0.500	0.17
Na	1.094	1.38	Mg	0.992	0.30
Ca	0.505	0.695	Zn	0.750	0.64
Ag	0.645	0.646	Al	0.912	1.35

4.4　金属的电导率

在4.1节中，我们利用经典的自由电子理论处理了金属的电导率，但是在定量上与实验结果发生了不可调和的矛盾。现在利用索末菲量子电子理论分析金属的导电性，从中可以理解索末菲理论和经典理论的本质差别。同样是自由电子体系，同样是弛豫时间近似，但是不同的理论出发点，结论却相差甚远。

4.4.1　电导率公式

　　自由电子费米面是球面,在 $T = 0\,\mathrm{K}$ 下,所有电子都填充在费米球面以下的电子态上。$T > 0\,\mathrm{K}$ 时,少量电子激发(跃迁)到费米能级以上的状态。当金属中电场为零时,费米球在 $\boldsymbol{k}$ 空间是中心对称的。也就是说,波矢为 $\boldsymbol{k}$ 和波矢为 $-\boldsymbol{k}$ 的电子数目相等,金属中没有净的电流。

　　当有外场 $\boldsymbol{E}_e$ 存在时,电子所受到的电场力为 $\boldsymbol{f} = -e\boldsymbol{E}_e$,那么在 $\mathrm{d}t$ 时间间隔内,电子动量的改变为

$$\mathrm{d}\boldsymbol{p} = -e\boldsymbol{E}_e\mathrm{d}t \tag{4.39}$$

在上式中使用了牛顿定律,即粒子动量的改变等于力与时间的乘积(即冲量),这种处理方法称为准经典处理或准经典近似。由式(4.39)可以得到相应的波矢变化为

$$\mathrm{d}\boldsymbol{k} = -\frac{e\boldsymbol{E}_e}{\hbar}\mathrm{d}t \tag{4.40}$$

$\mathrm{d}\boldsymbol{k}$ 是所有电子在 $\mathrm{d}t$ 时间里均获得了相同的动量(或波矢)变化。所以可以认为费米球在外电场 $\boldsymbol{E}_e$ 的作用下做整体运动,而且在运动中费米面(即费米球面)的形状不发生改变,如图4.7所示。此时,费米球的中心偏离 $\boldsymbol{k}$ 空间的原点,自由电子气体的总动量不为零,形成电流。

　　事实上,电子在电场中不可能被无限加速,费米球对 $\boldsymbol{k}$ 空间中心的偏离也不能无限地进行,否则,随电场施加时间的延长,金属的电导率会无限增加,这是不可能的。造成电子不能被无限加速的原因是电子不断地被散射。在纯净的理想金属中,最重要的散射是声子对电子的散射,即声子与电子的相互碰撞。电子－声子碰撞实际上就是晶格振动对电子的散射。实际金属中,还可能存在其他电子散射中心,特别是杂质、点缺陷(例如金属中的空位和间隙原子)等对电子的散射是非常重要的。这些散射中心的存在同样降低了电子在外电场作用的定向漂移速度,从而增加金属的电阻率。本节主要分析纯净金属的电导率,杂质等的影响在下一节讨论。

対电流有贡献的电子只有费米面附近的少量电子。

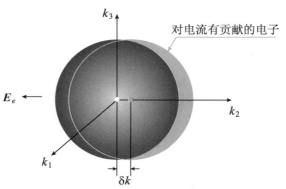

图4.7　外电场作用下金属的费米球在 $\boldsymbol{k}$ 空间中的移动示意图

事实上,只有在两次散射之间的时间里,外电场才对电子具有有效的加速作用。经过散射以后,电子就改变了运动方向,对电流不再有贡献;然后再一次在外电场作用下逆着电场线的方向被加速形成电流,直至下一次散射发生为止。将电子两次散射的平均时间间隔称为弛豫时间,用τ表示。这就是弛豫时间近似的本质。平均看来,经过弛豫时间τ,外电场作用下电子的定向漂移和电子散射达到平衡,费米球的位移就停止了,并在$\boldsymbol{k}$空间形成稳定的偏心分布,从而在金属中建立了稳恒的电流,如图4.7所示。

在外电场的作用下,在电子由$t = 0$到τ的时间间隔内动量增量为

$$\delta\hbar\boldsymbol{k} = -e\boldsymbol{E}_e\tau \tag{4.41}$$

费米球在k空间沿外加电场反向移动距离为

$$\delta\boldsymbol{k} = -\frac{e\boldsymbol{E}_e\tau}{\hbar} \tag{4.42}$$

图4.7表明,平移后费米球与移动前重叠部分的电子动量和依然为零,提供净的漂移动量的是移动后费米球与移动前费米球不重叠部分的电子。这部分电子仅仅是费米面附近的电子,其平均定向移动速度可以用费米面上的速度(即费米速度,v_{F})来表示。若对电流有贡献的费米面附近的电子浓度为n',则电流密度矢量为

$$\boldsymbol{J} = -n'e\boldsymbol{v}_{\mathrm{F}} \tag{4.43}$$

式中右侧的负号表示电子速度与电流方向相反。由于$\delta\boldsymbol{k}$通常较小,且参与导电的电子仅仅是费米面附近的电子,可用下式估算n'

$$n' = \frac{\delta k}{k_{\mathrm{F}}}n = \frac{\hbar n}{mv_{\mathrm{F}}}\delta k \tag{4.44}$$

式中,m是电子的质量;n是自由电子的浓度。

结合式(4.42)、(4.43)和式(4.44)可以得到电流密度为:

$$\boldsymbol{J} = \frac{ne^2\tau_{\mathrm{F}}}{m}\boldsymbol{E}_e \tag{4.45}$$

式中,τ_{F}是费米面附近的电子弛豫时间。

将式(4.45)与微分欧姆定律$\boldsymbol{J} = \sigma\boldsymbol{E}_e$比较,则可得金属的电导率为

$$\sigma = \frac{ne^2\tau_{\mathrm{F}}}{m} = \frac{ne^2}{m}\frac{l_{\mathrm{F}}}{v_{\mathrm{F}}} \tag{4.46}$$

式中,$l_{\mathrm{F}} = \tau_{\mathrm{F}}v_{\mathrm{F}}$是费米面附近的电子平均自由程。

从以上结果可以看出,由索末菲量子理论所得到金属电导率表达式在形式上同德鲁得定律相同,但物理含义和定量结果却有很大差异。

(1)在经典德鲁得理论中,对电流有贡献的是所有的自由电子。而在量子索末菲理论中,低温下,参与导电的电子只有费米面附近的电

子。造成这种差异的主要原因是,经典粒子满足玻耳兹曼分布,低温下所有粒子倾向于占据能量最低的状态。在量子力学理论中,电子运动受泡利不相容原理的限制,遵循费米 - 狄拉克统计分布律。尽管在式(4.46)中金属的电导率同样正比于自由电子浓度,但电子速度不是电子的平均速度,而是约等于费米速度。还应指出,式(4.46)只是一个近似的结果,细致地分析需要复杂的费米统计分布的计算。

(2)索末菲理论与经典德鲁得理论的最大差别在于,弛豫时间是具有费米速度的费米面附近的电子的弛豫时间。由于弛豫时间被定义为电子同离子两次相邻碰撞事件的平均时间间隔,所以在经典理论中电子的平均自由程同晶格常数必然在同一数量级上。在经典理论中对电子同离子实的碰撞没有限制。在量子理论中,波矢为 k_1(假定自旋向上)的电子同离子实碰撞后波矢变为 k_2(自旋向上),此时电子的状态也发生了变化。由泡利不相容原理可知,这种变化(这种碰撞)能否发生取决于 k_2(自旋向上)的状态是否被另外电子所占据。若 k_2(自旋向上)的状态是空的,则电子和离子的碰撞就可以发生,否则,若 k_2(自旋向上)的状态被另外电子占据着,则这种碰撞就不能发生。所以量子理论所预期的电子低温平均自由程要比经典理论值大得多。在低温下,参与导电的电子只是费米面附近的电子,此时电子的平均自由程可估算为 $v_F\tau$,由于 v_F 比经典理论电子平均速度(低温下)要大很多,所以由索末菲理论给出的电子平均自由程很大,远大于经典理论的晶格常数。

从上面的分析中可以看出,正确的物理概念是理解物理现象的基础。尽管经典理论和索末菲理论在解释金属导电现象时采用了相似的数学形式,但是由于赋予弛豫时间以不同的物理含义,就得到了迥然不同的结论。

4.4.2　温度和杂质对电导率的影响

从以上的分析可以看出,金属电阻取决于自由电子的碰撞过程。最重要的碰撞过程有两种,一是电子同声子的碰撞,即电子同晶格的碰撞;二是电子同缺陷(如杂质、点缺陷等)的碰撞。马西森(Matthiessen)假定金属的电阻率是上述两种碰撞过程引起电阻的和,即

$$\rho = \rho_L + \rho_I \tag{4.47}$$

式中,ρ 是金属的电阻率;ρ_L 是电子与声子(晶格)碰撞引起的电阻(称为本征电阻);ρ_I 是自由电子同缺陷碰撞而引起的电阻(称为剩余电阻)。

式(4.47)常被称为马西森规则。一般认为,在缺陷浓度很小时,ρ_L 与温度有关但不依赖于缺陷浓度;而 ρ_I 通常依赖于缺陷浓度,不依赖于温度。

下面分析 ρ_L 与温度的关系。电子和声子的碰撞过程同两个实物粒

子间的碰撞一样,要满足动量守恒条件。当声子与电子碰撞使电子的动量方向(k)有改变时,就会引起电阻。

(1)温度很高(即 $T \gg \theta_D$)的情况。当温度很高时,声子动量和能量均较大,电子与声子碰撞吸收或发射一个声子时,电子的动量改变很大,对金属的电阻有很大的影响。此时,可以近似认为,本征电阻与声子数成正比。平均声子数与温度的关系满足玻色–爱因斯坦分布:

$$\bar{n} = \frac{1}{e^{\hbar\omega/k_B T} - 1}$$

当温度很高时,$\hbar\omega/k_B T \ll 1$,$\bar{n} \sim T$,所以,可以近似认为高温下,本征电阻与温度成正比。

(2)温度很低($T \ll \theta_D$)的情况。低温下,只有动量和能量较小的声子才能被激发。图 4.8 示出了电子和声子碰撞过程中动量守恒示意图,电子和声子的碰撞过程中的动量守恒可以表示为

$$\hbar k' = \hbar k + \hbar q \tag{4.48}$$

式中,k 和 k' 是电子碰撞前后的波矢;q 是声子的波矢。

低温下,声子的动量较小,近似有 $k \approx k'$,可以近似认为碰撞过程中电子动量只有方向的改变,而引起本征电阻。

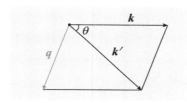

图 4.8 电子–声子散射动量守恒示意图

若 $k \approx k'$,散射后电子动量对原动量方向偏离的角度(θ)可由下式求出:

$$2k\sin\frac{\theta}{2} = q \tag{4.49}$$

由于低温声子动量较小,θ 较小,由式(4.49)可得

$$\theta \approx \frac{q}{k} \tag{4.50}$$

若电子经过与声子碰撞以后,动量损失为 $\Delta\hbar k$,则由图 4.8 可以得到

$$\Delta\hbar k = (1 - \cos\theta)\hbar k \approx \frac{\theta^2}{2}\hbar k \propto \theta^2 \tag{4.51}$$

电子与声子碰撞过程中,电子的动量损失越大,碰撞对本征电阻的贡献也就越大,所以,本征电阻正比 $\Delta k \propto \theta^2 \propto q^2$。低温下,按德拜假定,$q \propto \omega$,而 $\hbar\omega \sim k_B T$。所以,一个声子与电子碰撞对本征电阻的贡献正比于 T^2。考虑到低温下声子数与 T^3 成正比。总的来说,低温本征电阻对温度的依赖关系为

$$\rho_L \propto T^2 \cdot T^3 = T^5 \qquad (4.52)$$

根据马西森规则,可以将金属的低温电阻率表达成下面的形式:

$$\rho = \rho_I + aT^5 \qquad (4.53)$$

式中,a 为常数。由于剩余电阻与温度无关,所以可以将金属的低温电阻率与温度的关系外延到绝对零度,就可以得到剩余电阻。式(4.53)在实际应用方面很有意义。例如,当金属经过粒子辐照(如中子辐照)以后,金属内部就会产生空位,空位是一种重要的电子散射中心,这样就可以利用低温电阻率的测量研究金属的空位浓度。当然,也可以用金属的低温电阻率的测量研究金属中的微量杂质浓度。

4.5　金属的霍尔效应

将金属置入静磁场会产生许多有趣的现象,比如霍尔效应、电子回旋共振、磁滞电阻等。这些现象在物理学、材料学中均有重要意义。这里使用准经典的方法处理金属在磁场中的电子运动行为,并假定磁场较弱,不影响电子的能级结构。

4.5.1　电子在静态电磁场中的运动

在外场作用下,电子的动量改变等于电子在弛豫时间内所受的冲量,所以在弛豫时间内,电子获得的定向漂移速度 v 可以由下式给出

$$m\boldsymbol{v} = \boldsymbol{F}\tau \qquad (4.54)$$

式中,τ 为电子碰撞的弛豫时间。

在静态电磁场中,电子所受的力为库仑力和洛伦兹(Lorentz)力的合力,即

$$\boldsymbol{F} = -e(\boldsymbol{E}_e + \boldsymbol{v} \times \boldsymbol{B}) \qquad (4.55)$$

式中,$\boldsymbol{E}_e$ 是电场强度矢量;$\boldsymbol{B}$ 是磁感应强度矢量。

则有

$$\boldsymbol{v} = -\frac{e\tau(\boldsymbol{E}_e + \boldsymbol{v} \times \boldsymbol{B})}{m} \qquad (4.56)$$

若磁场 $\boldsymbol{B}$ 为平行于 z 轴的静磁场,由式(4.56)可得

$$\begin{cases} v_x = -\dfrac{e\tau}{m}E_x - \omega_c\tau v_y \\[2mm] v_y = -\dfrac{e\tau}{m}E_y + \omega_c\tau v_x \\[2mm] v_z = -\dfrac{e\tau}{m}E_z \end{cases} \qquad (4.57)$$

式中,E_x,E_y 和 E_z 分别是沿 x,y 和 z 轴方向的电场强度分量;$\omega_c = eB/m$ 称为电子回旋频率。

若对金属施加一个弱的交变磁场(不改变电子的能级),当磁场的频率等于电子的回旋频率时,就会发生电子回旋共振。由于电子回旋

频率与电子的有效质量有关,所以电子的回旋共振可以用来测量电子的有效质量。

4.5.2　霍尔效应

当金属同时受到 x 方向的电场 E_x 和垂直于电场方向的磁场 B 的作用时,电子的漂移运动因受洛伦兹力而偏转,沿负 y 方向运动,由于样品尺寸效应,电子将终止在表面上,在垂直于 E_x 和 B 的方向上产生 E_y,如图 4.9 所示,这种现象称为霍尔效应,E_y 称为霍尔电场。

电子所受到的霍尔电场力和洛伦兹力平衡,金属中只有 x 方向的电流。霍尔电场 E_y 的大小应正比于磁场 B 及电流密度 J_x,霍尔系数定义为:

$$R_{\mathrm{H}} \equiv \frac{E_y}{J_x B} \tag{4.58}$$

在稳态情况下,$v_y = 0$,则由式(4.57)可得

$$E_y = -\omega_c \tau E_x = -\frac{eB\tau}{m} E_x \tag{4.59}$$

由于

$$J_x = \frac{ne^2 \tau E_x}{m} \tag{4.60}$$

式中,n 是载流子的浓度。

从而有

$$R_{\mathrm{H}} = \frac{E_y}{J_x B} = -\frac{1}{ne} \tag{4.61}$$

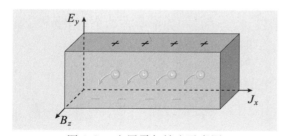

图 4.9　金属霍尔效应示意图

可见,在自由电子模型下,霍尔系数为负值。由式(4.61)可知,载流子浓度越小,霍尔系数越大,霍尔系数的测量是载流子密度测量的重要手段。表 4.3 给出了几种金属霍尔系数的观测值和计算值。一价金属钠和钾的测量值同理论值符合得相当好。表中 Be、Al、In 和 As 的霍尔系数为正值。这只能用能带理论(见本书第 5 章)才能得到解释,反映了金属自由电子理论的局限性。

表 4.3 一些金属霍尔系数的实验值

金属	实验方法	R_H 实验值 $/ \times 10^{-24}$	每个原子假定的载流子	R_H 计算值 $/ \times 10^{-24}$
Li	通常	− 1.89	一个电子	− 1.48
Na	螺旋波	− 2.619	一个电子	− 2.603
	通常	− 2.3	—	
K	螺旋波	− 4.946	一个电子	− 4.944
	—	通常	− 4.7	
Rb	通常	− 5.6	一个电子	− 6.04
Cu	通常	− 0.6	一个电子	− 0.82
Ag	通常	− 1.0	一个电子	− 1.19
Au	通常	− 0.8	一个电子	− 1.18
Be	通常	+ 2.7	—	—
Mg	通常	− 0.92	—	—
Al	螺旋波	+ 1.136	一个电子	+ 1.135
In	螺旋波	+ 1.774	一个电子	+ 1.780
As	通常	+ 50	—	—
Sb	通常	− 22	—	—
Bi	通常	− 6 000	—	—

表中数据引自 C. 基泰尔著《固体物理导论》(第八版). 项金钟,吴兴惠译. 化学工业出版社,2005,p112. 关于螺旋波方法参见该书第 14 章。

习题 4

4.1 假设边长为 L 的正方形中有 N 个自由电子,求:

(1) 电子能级的表达式;

(2) 电子的状态密度 $g(E)$;

(3) 电子气的费米能。

4.2 利用电子漂移速度方程 $m\left(\dfrac{\mathrm{d}v}{\mathrm{d}\tau} + \dfrac{v}{\tau}\right) = -e\boldsymbol{E}_e$ 证明在交变电场 $E_e = E_0\mathrm{e}^{-i\omega t}$ 中,金属电导率为

$$\sigma(\omega) = \sigma(0)\left[\frac{1 + i\omega\tau}{1 + (\omega\tau)^2}\right]$$

式中,$\sigma(0) = ne^2\tau/m$;n 为电子密度。

4.3 估算铜中电子的平均自由程和弛豫时间。

4.4 钠是体心立方结构,晶格常数为 $a = 0.428$ nm,求金属钠的霍尔系数。

4.5 在低温下金属钾的摩尔热容量的实验结果为

$$C_V = 2.08T + 2.57T^3 \text{ mJ/mol} \cdot \text{K}$$

试求钾的费米温度 T_F 和德拜温度 θ_D。

第 5 章　能带理论基础

　　量子自由电子理论在阐述金属导电、热容、热传导等性质方面取得了许多成功,与经典电子理论相比有了很大进步,但其局限性也是明显的。例如,自由电子理论无法理解导体、半导体和绝缘体导电性质的巨大差别。自由电子模型局限性的本原是它完全忽略了电子间及电子与离子间的相互作用,而这种相互作用常常是相当强的,所以自由电子理论所遇到的困难是必然的。

　　由于受到大量离子的作用,价电子倾向于在晶体中离子所提供的势场中做共有化运动。所以,一个能解释固体性质的成功理论必须包括电子间及其与离子间的相互作用,因此人们建立了能带理论。能带理论自建立以来,发展十分迅速,取得了令人瞩目的成功,已经成为固体理论的重要基础。

　　本章主要介绍能带的基本概念和性质,并介绍两种最简单的计算能带的近似方法 —— 近自由电子近似和紧束缚近似,在此基础上介绍如何利用能带理论解释固体的性质。考虑到本书的读者对象,我们不对能带理论进行更为详细地介绍。

5.1　基本假定

　　能带理论的研究对象是一个含有极大量原子和电子的多粒子体系,其粒子数目的量级为 $10^{20} \sim 10^{23}$,而且这些粒子之间还存在复杂的相互作用。所以在进行理论分析之前,必须对体系进行适当的简化,这也是几乎所有理论建立过程所必须经过的步骤。从这个意义上讲,能带理论也是一种近似理论。第 1 章已经简单地说明了固体物理中的基本假定,这里将针对晶体的具体情况,对固体物理的基本假定进行阐述。

1. 绝热近似

　　绝热近似的一个直接结果是在研究电子运动时,可以认为离子静止在其平衡位置上。这种近似的合理性在于电子在晶体中的运动速度远大于离子的热振动速度。这样研究晶体中的电子运动时,可以认为原子(离子实)严格固定在晶格的平衡位置上,而晶格热振动对电子运动的影响可以用电子 – 声子的碰撞进行处理。

　　晶体中的原子(离子)是有规则地周期排列的,对价电子的势函数也必然是周期的,如图 5.1 所示。在绝热近似下,晶体中的价电子受到来自于晶格的势场作用,在周期势场中作共有化运动。

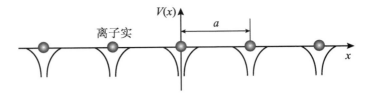

图 5.1　一维晶格周期势场示意图

如果 $\boldsymbol{R}$ 是格矢(晶体的平移矢量),电子所受到离子作用的势函数具有下述周期性

$$V_{e-I}(\boldsymbol{r} + \boldsymbol{R}) = V_{e-I}(\boldsymbol{r}) \tag{5.1}$$

式中,$V_{e-I}(\boldsymbol{r})$ 是电子与离子之间相互作用的周期势函数。

在绝热近似下,价电子体系的薛定谔方程为

$$\left[\sum_i - \frac{\hbar^2}{2m} \nabla_i^2 + \frac{1}{2} \sum_{j \neq i} V_{e-e}(\boldsymbol{r}_{ij}) + V_{e-I}(\boldsymbol{r}_i) \right] \varphi(\boldsymbol{r}_1, \boldsymbol{r}_2 \cdots) = E_t \varphi(\boldsymbol{r}_1, \boldsymbol{r}_2 \cdots) \tag{5.2}$$

式中,$V_{e-e}(\boldsymbol{r}_{ij})$ 是电子与电子的相互作用势函数;E_t 为总能量本征值。

由于电子数目非常之大,式(5.2)形式的薛定谔方程实际上是不可解的,必须对问题作进一步简化处理。

2. 单电子近似

求解薛定谔方程(5.2)的核心困难是体系的哈密顿量中含有电子-电子的相互作用势能项(其中含有电子坐标的交叉项)。通常情况下,电子 – 电子的相互作用是不能完全忽略的,为了问题的简化,单电子近似认为可以建立一个有效周期性势函数 $V(r)$,使得电子与电子的相互作用包含在这个有效势函数中,即令

$$\sum_i V(\boldsymbol{r}_i) = \sum_i \left[\frac{1}{2} \sum_{j \neq i} V_{e-e}(\boldsymbol{r}_{ij}) + V_{e-I}(\boldsymbol{r}_i) \right] \tag{5.3}$$

而且,$V(\boldsymbol{r}_i)$ 是晶体平移周期的周期性函数,即

$$V(\boldsymbol{r}_i + \boldsymbol{R}) = V(\boldsymbol{r}_i)$$

单电子近似认为这种有效势函数一定存在,且对所有价电子都具有完全相同的形式。这样方程(5.2)左边哈密顿量中不存在电子坐标的交叉项,多体问题转化成了单体问题。此处应注意以下两点:

(1)在单电子近似中,可以将电子看成是相互独立的,但并不是忽略了电子 – 电子之间的相互作用,而是将电子间的相互作用包含在有效周期势函数中,这一点与自由电子的独立电子近似有本质差别。

(2)将式(5.3)代入到方程(5.2)可以得到

$$\left\{ \sum_i \left[- \frac{\hbar^2}{2m} \nabla_i^2 + V(\boldsymbol{r}_i) \right] \right\} \varphi(\boldsymbol{r}_1, \boldsymbol{r}_2 \cdots) = E_t \varphi(\boldsymbol{r}_1, \boldsymbol{r}_2 \cdots) \tag{5.4}$$

可以利用分离变量方法求解方程(5.4),即令

$$\varphi(\boldsymbol{r}_1, \boldsymbol{r}_2 \cdots) = \prod_i \varphi(\boldsymbol{r}_i)$$

将上式代入到方程(5.4)中,方程两边同时除以$\prod_i \varphi(\boldsymbol{r}_i)$,那么就得到(见第1章的1.4节)所有价电子均满足同下述方程形式完全相同的薛定谔方程:

$$\left[-\frac{\hbar^2}{2m}\nabla^2 + V(\boldsymbol{r}) \right]\varphi(\boldsymbol{r}) = E\varphi(\boldsymbol{r}) \tag{5.5}$$

这样就将一个极为复杂的多电子问题简化成了单电子问题。方程(5.5)给出的波函数称为单电子波函数,所得到的能级称为单电子能级。每个能级被电子占据的概率由费米 – 狄拉克统计分布律决定。

通过以上分析发现,能带理论实际上是一种在绝热近似下的单电子近似理论。由于单电子近似的核心是将电子之间的相互作用用平均的有效势函数来表示,所以方程(5.5)解的精确性取决于有效势的选取。几十年来,人们发展了各种方法和理论去合理选取有效势函数$V(\boldsymbol{r})$,如赝势理论。目前基于局域密度泛函理论的第一性原理计算,已经可以对晶体的能带等进行无需经验参数的从头计算,并获得了比较精确的结果。

单电子薛定谔方程式中略去了电子坐标编号,因为在形式上对所有价电子都是一样的。

5.2   一维金属的能带

本节旨在不做烦琐数学推导的情况下,理解能带的起因和能带的基本概念。在许多场合下,利用能带理论的基本概念就可以对固体的许多性质进行定性解释和说明。因为一维晶体的简单性有助于读者正确地理解能带的基本概念,本节从一维晶体出发讨论能带的形成。

5.2.1   近自由电子模型和能带

来考虑这样一种一维简单结构金属,在零级近似下,周期势函数可以用一个常数来描述,即$V(x) = $常数,那么当选取合适的势能零点以后,可将电子看成是自由电子。考虑到金属中离子对电子的作用比较弱,将自由电子与离子的相互作用作为扰动来处理。零级近似下,单电子所满足的薛定谔方程为

$$-\frac{\hbar^2}{2m}\frac{\mathrm{d}^2}{\mathrm{d}x^2}\varphi(x) = E\varphi(x)$$

上述方程的解已经在第1章给出,即

$$\begin{cases} \varphi(x) = A\mathrm{e}^{ikx} \\ E = \dfrac{\hbar^2 k^2}{2m} \end{cases} \tag{5.6}$$

单电子薛定谔方程。

式中,$A = L^{-1/2}$为归一化常数。金属中自由电子的零级波函数和能量与自由电子相同。若晶体原胞长度为a,原胞数为N,晶体的长度$L = $

Na,则周期性边界条件为

$$\varphi(x) = \varphi(x + Na) = \varphi(x + L) \qquad (5.7)$$

将式(5.6)代入上式,可以得到 k 的取值为

$$k = \frac{2\pi}{Na}n = \frac{2\pi}{L}l \quad (l \text{ 为整数}) \qquad (5.8)$$

尽管电子的能量取值是分立的,但由于 L 很大,能级间距很小,故常把能量视为是准连续的。以上分析表明,近自由电子是动量为 $\hbar k$ 的行波。现在来分析能带的形成。

1. 布拉格衍射与能隙

由第 2 章的讨论可以知道,当电子波矢 $\boldsymbol{k}$ 的端点落在布里渊区边界时,该行波同晶格的散射就满足布拉格衍射条件,在一维情况下,布拉格衍射条件可以表示成

$$k = \frac{1}{2}G = \frac{n\pi}{a} \qquad (5.9)$$

式中,G 为倒格矢(或称倒易矢量),$G = 2n\pi/a$;n 为整数。

当式(5.9)得到满足时,沿某一方向传播的电子波经布拉格反射后向相反方向传播(在一维的情况下),二者相干(两个波相迭加)形成衍射波函数(驻波)。为了讨论方便,现在分析一级布拉格衍射的情况($n = 1$),此时,沿 x 轴正向传播的行波 $e^{i\pi x/a}$ 和沿 x 轴负方向传播的行波 $e^{-i\pi x/a}$ 形成的驻波为

$$\begin{cases} \psi(+) = Ae^{i\pi x/a} + Ae^{-i\pi x/a} = 2A\cos\dfrac{\pi x}{a} \\ \psi(-) = Ae^{i\pi x/a} - Ae^{-i\pi x/a} = 2iA\sin\dfrac{\pi x}{a} \end{cases} \qquad (5.10)$$

式中,函数的标记"加号"和"减号"表示两种驻波的形成方式。由这两种驻波波函数决定的电子密度空间分布为

$$\begin{cases} \rho(+) = |\psi_{+}|^2 \propto \cos^2\dfrac{\pi x}{a} \\ \rho(-) = |\psi_{-}|^2 \propto \sin^2\dfrac{\pi x}{a} \end{cases} \qquad (5.11)$$

$\rho(+)$ 和 $\rho(-)$ 在周期势场的分布示意图如图 5.2 所示,作为比较,未发生衍射的行波电子密度分布也示于图 5.2。

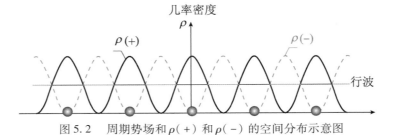

图 5.2 周期势场和 $\rho(+)$ 和 $\rho(-)$ 的空间分布示意图

　　由图 5.2 可以看出,电子密度分布函数为 $\rho(+)$ 的电子倾向于集中分布于 $x = 0,\ \pm a,\ \pm 2a\cdots$ 的正离子附近。电子密度分布函数为 $\rho(-)$ 的电子倾向于分布在相邻离子实连线的中点附近,即倾向于远离正离子实。电子和离子实之间的相互吸引势能为负值。所以可以预期 $\rho(+)$ 的能量低于行波,而 $\rho(-)$ 的能量高于行波,如图 5.3 所示。对于 $n \neq 1$ 的其他级布拉格衍射可以做与上述相类似的分析。

　　当不考虑电子波的布拉格反射时,电子能量同 k 的关系是一条抛物线(见图 5.3)。当考虑到电子的布拉格衍射时能级则发生了本质变化。当 k 落在布里渊区边界上时,波函数由行波变成了两个驻波,且这两个驻波的能量分别低于和高于行波,如图 5.3 所示。也就是说,当 k 落在布里渊区边界上时,电子能级出现了能量间隙(能隙),电子能量取值在能隙中是禁止的,所以称能隙为禁带。能隙将电子能量分成了一系列能量允许的区域和能量禁止的带,电子允许占据的能级范围称为允带。将固体中电子能级的这种结构称为能带。$\rho(+)$ 和 $\rho(-)$ 在布里渊区边界的能量差为 E_g 即为能隙(禁带)宽度。

布拉格衍射引起能隙,将能量分成若干允带。

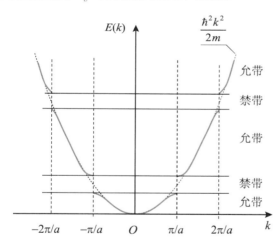

图 5.3　一维晶体近自由电子模型下能带形成示意图

　　上述分析表明,周期性排列的原子对电子的布拉格衍射(有时也称布拉格反射)所形成的驻波改变了电子在晶体内部的密度分布,引起了能隙,产生了晶体的能带结构。能隙的大小由离子对电子吸引作用的强弱决定。后面会看到,能带是单电子近似下晶体的必然属性。

2. 能带中的状态数目

　　现在用上述一维晶体模型计算每个能带中的状态数目。由上面的分析知道 k 的取值是分立的,见式(5.8)。相邻 k 值的差为

$$\frac{2\pi}{Na}(l + 1) - \frac{2\pi}{Na}l = \frac{2\pi}{Na}$$

式中,N 是原胞的数目。每个布里渊区的长度为 $2\pi/a$,每个能带都是从

一个布里渊区边界到下一个布里渊区边界,在 k 空间的长度恰好为一个布里渊区的长度。这样每个能带的状态数为

$$2 \cdot \frac{2\pi/a}{2\pi/Na} = 2N$$

式中的因子 2 是考虑到电子有正负两种自旋取向而加上的,即每个空间状态容许自旋相反的两个电子占据。

价带和导带。 以上分析表明,每个能带中的状态数目正好是晶体原胞数的 2 倍。这一结论对三维晶体也适用。习惯上,将电子填充的能带称为价带,未被电子填充的能带称为导带。如果每个原胞中只有一个一价原子,那么价带就被填充一半;若每个原胞中含有一个二价原子,价带则刚好被填满。

5.2.2 布洛赫定理及能带的一般性

以上简单分析可以看出,晶体的周期势场对价电子的状态和能量产生了重要影响。只要离子实对电子的吸引作用不能被忽略,就会在布里渊区边界产生能隙(禁带),形成能带结构。后面可以看到,晶体的能带结构对晶体的性质有重要影响。详细分析能带的形成和一般特点极为重要。这里仍将以一维晶体为例,从布洛赫(Bloch)定理出发,讨论能带形成的必然性。

1. 一维晶格的布洛赫定理

布洛赫定理是固体能带理论的基础,其内容可以表述如下:

布洛赫定理。

> 单电子近似下,周期势场中单电子波函数的一般形式为
>
> $$\varphi_k(x) = u_k(x)\mathrm{e}^{ikx} \tag{5.12}$$
>
> 而且,$u_k(x)$ 是与晶体平移周期一致的周期性函数,即
>
> $$u_k(x + R_m) = u_k(x) \tag{5.13}$$
>
> 式中,R_m 是格矢,对于一维晶格有 $R_m = ma$,m 是整数。

式(5.12)常被称为布洛赫函数。用布洛赫函数描述的电子称为布洛赫电子。下面分析布洛赫定理的合理性,布洛赫定理的证明见下一节。首先,晶体的平移周期性不仅仅是几何图形的周期性,而且每个原胞的各种物理化学特性也是一样的,因此,所有单胞内电子密度分布特性必然是一样的。因此一定有

$$|\varphi_k(x + R_m)|^2 = |\varphi_k(x)|^2$$

所以,要求 $\varphi_k(x)$ 具有与晶体平移周期性一致的周期性。由于波函数可以相差任意一个模为 1 的复数因子,所以将单电子波函数写成式(5.12)的形式是可以理解的。

另外,式(5.12)是一个振幅被周期调制的简谐平面行波,或者说是被周期性调制的自由电子波。行波反映的是价电子非局域特性,这

是晶体中周期势场作用下的价电子运动的根本属性。而振幅的周期性调制，意味着电子在晶体中某些区域的概率密度较高，这实际上是离子实对价电子吸引作用的一种反映。从这个意义上讲，式(5.12)所示的单电子波函数是合理的。即行波 e^{ikx} 是电子共有化的要求，而周期性调制振幅是电子在单胞中某些位置集中分布（局域化）的反映，例如，共价晶体中价电子云倾向分布在两个原子之间以降低能量。

2. 能带的一般性

按照上一小节的讨论，能隙是由电子波的布拉格反射造成的。我们知道，波的干涉或衍射是相干波迭加的结果，干涉条件与振幅的大小没有关系。布洛赫函数并没有改变波函数的行波特性，所以电子的布拉格衍射依然存在。只要电子发生了布拉格衍射，布洛赫电子将变成驻波，由于离子对电子的吸引作用，就会在布里渊区边界形成禁带。所以，电子的能带结构是晶体的必然属性。一个简单的事实是，能隙的大小取决于离子实对价电子作用的强弱。

5.2.3   能带的特点

一维情况下，单电子的薛定谔方程为

单电子薛定谔方程。

$$\left[-\frac{\hbar^2}{2m}\frac{d^2}{dx^2} + V(x)\right]\varphi_k(x) = E_{(k)}\varphi_k(x) \qquad (5.14)$$

将布洛赫函数式(5.12)代入上式，整理可以得到

$$\left[-\frac{\hbar^2}{2m}\left(\frac{d}{dx} + ik\right)^2 + V(x)\right]u_k(x) = E_n(k)u_k(x) \qquad (5.15)$$

式中，下角标 n 是能带的编号。首先来说明，在同一能带中，k 和 $k + G$（G 为倒格矢）具有完全相同的能量，即

能带的周期性。

$$E_n(k) = E_n(k + G) \qquad (5.16)$$

也就是说，能带在 k 空间具有周期性。在一维情况下，倒格子基矢为 $b = 2\pi/a$，$G = lb$（l 为整数）。则

$$\varphi_{k+G}(x) = u_{k+G}(x)e^{i(k+G)x} = e^{ikx}\left[u_{k+G}(x)e^{iGx}\right]$$

令上式最后一项方括号中的函数为 $v(x)$，即

$$v(x) = u_{k+G}(x)e^{iGx}$$

那么

$$v(x + R) = u_{k+G}(x + R)e^{iG(x+R)} = u_{k+G}(x + R)e^{iGx}e^{iGR} =$$
$$u_{k+G}(x + R)e^{iGx}e^{ilb \cdot ma} =$$
$$u_{k+G}(x + R)e^{iGx}e^{ilm(2\pi)} =$$
$$v(x)$$

可见，$\varphi_{k+G}(x) = e^{ikx}\left[u_{k+G}(x)e^{iGx}\right] = e^{ikx}v(x)$ 具有同布洛赫函数完全相同的性质。将上式代入薛定谔方程，可以得到

$$\left[-\frac{\hbar^2}{2m} \left(\frac{\mathrm{d}}{\mathrm{d}x} + \mathrm{i}k \right)^2 + V(x) \right] v(x) = E_n(k + G)v(x) \quad (5.17)$$

比较式(5.15)和式(5.17),可以发现,这两个方程是一样的,$E_n(k)$ 和 $E_n(k + G)$ 是相同算符的本征值,所以二者必然相等,如图5.4所示。

能带的对称性。

下面说明能带的另一个特点,即

$$E_n(k) = E_n(-k) \qquad (5.18)$$

下面对上式进行说明。将单电子薛定谔方程两边取复共轭可得到

$$\left[-\frac{\hbar^2}{2m} \left(\frac{\mathrm{d}}{\mathrm{d}x} + \mathrm{i}k \right)^2 + V(x) \right] u_{-k}^*(x) = E_n^*(-k)u_{-k}^*(x) \quad (5.19)$$

比较方程(5.19)和方程(5.15)可以发现,$E_n(k)$ 和 $E_n^*(-k)$ 是同一算符的本征值,所以二者相等,又因为能量是实数,$E_n^*(-k) = E_n(-k)$,所以式(5.18)成立(见图5.4)。

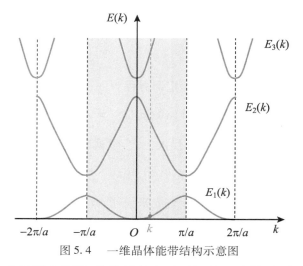

图5.4　一维晶体能带结构示意图

最后,我们再来说明,能带是单电子近似的必然结果。方程(5.14)表明,本征值 $E_n(k)$ 依赖于 k 的选择。给定一个 k 值,就会有一系列不同的能量本征值 $E_1(k), E_2(k) \cdots$,下角标是能带的标号(见图5.4)。鉴于能带的对称性和周期性,只在第一布里渊区中示出能带结构就足够了。后面会指出,上述关于能带特点的讨论对三维晶体同样适用。

图5.4中示出了能带的周期性和对称性;另外,图中能带曲线上对应于一个 k 值的不同点,表示每给定一个 k,就可以得到一系列属于不同编号能带的能量本征值;阴影区表示一维晶体的第一布里渊区。

5.2.4　空晶格模型

考虑这样一种晶格,电子所受的周期势场为零,但电子在晶格中的布拉格反射依然存在,这就是空晶格模型。布拉格反射可以理解为电子与原子的纯刚性碰撞造成的。

由于布拉格反射的存在,电子波矢落在布里渊区边界时,依然要形成驻波。但是,由于电子与原子之间没有相互作用,即使两种电子驻波的空间密度分布是不均匀的,两种驻波的能量也没有差别,所以并不形成能隙。但是,能带结构依然存在,能带的周期性依然要满足,就形成了如图 5.5 所示的能带结构。

可以认为,空晶格模型是近自由电子近似当 $V(x) \rightarrow 0$ 的极限情况,索末菲理论中的"纯自由电子"在晶体中是不存在的。只要晶格对电子有散射作用,能带的周期性和对称性等特征就一定存在。

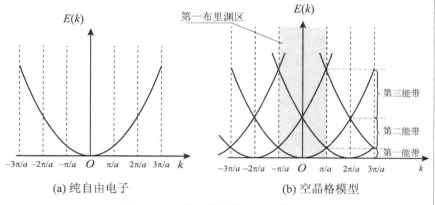

图 5.5　一维空晶格模型的能带结构

5.3　布洛赫定理

前面利用一维近自由电子模型说明了固体中能带的概念,可以看出,晶格中的离子实与电子的相互作用是引起能带的本质原因,另外,由一维晶格中能隙的起因分析中还可以发现,单电子波函数的布洛赫形式对能带结构中能隙的形成至关重要。本节主要讨论三维一般情况下的布洛赫定理。

一般情况下,布洛赫定理可以表述如下:只要单电子近似成立,周期势场中的单电子波函数为

$$\varphi_k(\boldsymbol{r}) = u_k(\boldsymbol{r}) \mathrm{e}^{i\boldsymbol{k}\cdot\boldsymbol{r}} \tag{5.20}$$

而且,$u_k(\boldsymbol{r})$ 是与晶体平移周期一致的周期性函数,即

$$u_k(\boldsymbol{r} + \boldsymbol{R}_m) = u_k(\boldsymbol{r}) \tag{5.21}$$

式中,$\boldsymbol{R}_m$ 是格矢,$\boldsymbol{R}_m = m_1\boldsymbol{a}_1 + m_2\boldsymbol{a}_2 + m_3\boldsymbol{a}_3$,$m_1,m_2$ 和 m_3 是整数。

三维情况下布洛赫定理。

5.3.1　布洛赫定理证明

为了清晰起见,分三步证明布洛赫定理:

（1）首先引进平移算符 $\hat{T}(\boldsymbol{R}_m)$。所谓平移算符是指其作用到任意函数 $\varphi_k(\boldsymbol{r})$ 以后,使变量变成 $\boldsymbol{r}+\boldsymbol{R}_m$,即

$$\hat{T}(\boldsymbol{R}_m)\varphi_k(\boldsymbol{r}) = \varphi_k(\boldsymbol{r}+\boldsymbol{R}_m) \qquad (5.22)$$

由平移算符的定义可知,两个平移算符作用到一个函数上,与作用的先后没有关系,即 $\hat{T}(\boldsymbol{R}_m)\hat{T}(\boldsymbol{R}_l) = \hat{T}(\boldsymbol{R}_l)\hat{T}(\boldsymbol{R}_m)$,或者说平移算符之间是对易的(见第1章附录)。

（2）下面证明平移算符和单电子哈密顿算符是对易的。因为对任意波函数 $\varphi_k(\boldsymbol{r})$ 都有

$$\hat{T}(\boldsymbol{R}_m)\hat{H}(\boldsymbol{r})\varphi_k(\boldsymbol{r}) = \hat{H}(\boldsymbol{r}+\boldsymbol{R}_m)\varphi_k(\boldsymbol{r}+\boldsymbol{R}_m) \qquad (5.23)$$

由于 $V(\boldsymbol{r}+\boldsymbol{R}_m) = V(\boldsymbol{r})$,则 $\hat{H}(\boldsymbol{r}+\boldsymbol{R}_m) = \hat{H}(\boldsymbol{r})$。所以上式右边为

$$\hat{H}(\boldsymbol{r}+\boldsymbol{R}_m)\varphi_k(\boldsymbol{r}+\boldsymbol{R}_m) = \hat{H}(\boldsymbol{r})\varphi_k(\boldsymbol{r}+\boldsymbol{R}_m) = \hat{H}(\boldsymbol{r})\hat{T}(\boldsymbol{R}_m)\varphi_k(\boldsymbol{r})$$

将上式与式(5.23)比较,显然有

$$\hat{H}(\boldsymbol{r})\hat{T}(\boldsymbol{R}_m) = \hat{T}(\boldsymbol{R}_m)\hat{H}(\boldsymbol{r}) \qquad (5.24)$$

即平移算符和单电子哈密顿算符是对易的。

（3）由于 $\hat{H}$ 和 $\hat{T}$ 是对易的,则二者可以有共同本征函数(见第1章附录),即可以将 $\varphi_k(\boldsymbol{r})$ 取为 $\hat{T}(\boldsymbol{R}_m)$ 和 $\hat{H}(\boldsymbol{r})$ 的共同本征函数,则

$$\begin{cases} \hat{H}\varphi_k(\boldsymbol{r}) = E(\boldsymbol{k})\varphi_k(\boldsymbol{r}) \\ \hat{T}(\boldsymbol{R}_m)\varphi_k(\boldsymbol{r}) = \lambda(\boldsymbol{R}_m)\varphi_k(\boldsymbol{r}) \end{cases} \qquad (5.25)$$

式中,$\lambda(\boldsymbol{R}_m)$ 是平移算符 $\hat{T}(\boldsymbol{R}_m)$ 的本征值。因为

$$\hat{T}(\boldsymbol{R}_l)\hat{T}(\boldsymbol{R}_m)\varphi_k(\boldsymbol{r}) = \hat{T}(\boldsymbol{R}_l+\boldsymbol{R}_m)\varphi_k(\boldsymbol{r}) = \lambda(\boldsymbol{R}_l+\boldsymbol{R}_m)\varphi_k(\boldsymbol{r})$$

又因为

$$\hat{T}(\boldsymbol{R}_l)\hat{T}(\boldsymbol{R}_m)\varphi_k(\boldsymbol{r}) = \lambda(\boldsymbol{R}_l)\lambda(\boldsymbol{R}_m)\varphi_k(\boldsymbol{r})$$

所以

$$\lambda(\boldsymbol{R}_l+\boldsymbol{R}_m) = \lambda(\boldsymbol{R}_l)\lambda(\boldsymbol{R}_m) \qquad (5.26)$$

另外,$\varphi_k(\boldsymbol{r})$ 和 $\varphi_k(\boldsymbol{r}+\boldsymbol{R}_m) = \lambda(\boldsymbol{R}_m)\varphi_k(\boldsymbol{r})$ 都是 $\hat{H}$ 的本征函数,所以应有

$$|\lambda(\boldsymbol{R}_m)|^2 = 1 \qquad (5.27)$$

综合式(5.26)和(5.27)可知,$\lambda(\boldsymbol{R}_m)$ 的一般形式为

$$\lambda(\boldsymbol{R}_m) = \mathrm{e}^{i\boldsymbol{k}\cdot\boldsymbol{R}_m} \qquad (5.28)$$

所以

$$\varphi_k(\boldsymbol{r}+\boldsymbol{R}_m) = \lambda(\boldsymbol{R}_m)\varphi_k(\boldsymbol{r}) = \mathrm{e}^{i\boldsymbol{k}\cdot\boldsymbol{R}_m}\varphi_k(\boldsymbol{r}) \qquad (5.29)$$

式(5.29)表明,晶格周期势场中单电子波函数在平移任意一个晶格平移矢量后,波函数相差一个模为1的相位因子。由此可以将波函数写成如下形式

$$\varphi_k(\boldsymbol{r}) = \mathrm{e}^{i\boldsymbol{k}\cdot\boldsymbol{r}}u_k(\boldsymbol{r}) \qquad (5.30)$$

$$\varphi_k(\boldsymbol{r}+\boldsymbol{R}_m) = \mathrm{e}^{i\boldsymbol{k}\cdot(\boldsymbol{r}+\boldsymbol{R}_m)}u_k(\boldsymbol{r}+\boldsymbol{R}_m) = \mathrm{e}^{i\boldsymbol{k}\cdot\boldsymbol{R}_m}\mathrm{e}^{i\boldsymbol{k}\cdot\boldsymbol{r}}u_k(\boldsymbol{r}+\boldsymbol{R}_m)$$

由式(5.29)有

$$\varphi_k(\boldsymbol{r} + \boldsymbol{R}_m) = e^{i\boldsymbol{k}\cdot\boldsymbol{R}_m}\varphi_k(\boldsymbol{r}) \tag{5.31}$$

所以

$$e^{i\boldsymbol{k}\cdot\boldsymbol{r}}u_k(\boldsymbol{r} + \boldsymbol{R}_m) = \varphi_k(\boldsymbol{r}) = e^{i\boldsymbol{k}\cdot\boldsymbol{r}}u_k(\boldsymbol{r})$$

即

$$u_k(\boldsymbol{r}) = u_k(\boldsymbol{r} + \boldsymbol{R}_m)$$

从而布洛赫定理得到证明。

5.3.2 关于布洛赫定理的讨论

由以上证明过程可以看出,布洛赫定理是晶体单电子近似的必然结果,它的成立并不依赖于单电子所受周期势函数的具体形式。满足布洛赫定理的单电子波函数称为布洛赫函数,用布洛赫波函数描述的电子称为布洛赫电子。

1. 布洛赫电子的几率密度分布

从布洛赫函数形式可以看出,实际晶体中电子波函数相当于一个平面波 $e^{i\boldsymbol{k}\cdot\boldsymbol{r}}$ 被一个与晶格平移周期相同的周期性函数 $u_k(\boldsymbol{r})$ 所调制。布洛赫电子的空间几率密度分布 $\rho(\boldsymbol{r})$ 为

$$\rho(\boldsymbol{r}) = |\,e^{i\boldsymbol{k}\cdot\boldsymbol{r}}u_k(\boldsymbol{r})\,|^2 = |\,u_k(\boldsymbol{r})\,|^2 \tag{5.32}$$

由于 $u_k(\boldsymbol{r})$ 具有与晶格平移周期完全相同的平移周期性,所以说,每个原胞中电子的几率密度分布完全一致,这正是晶体平移周期性的必然要求。

2. $\boldsymbol{k}$ 的物理意义

首先来分析一下点阵势场为零的情况。若晶体对电子的势场为零,则电子就成了自由电子,此时 $u_k(\boldsymbol{r}) = 1$, $\varphi_k(\boldsymbol{r}) = e^{i\boldsymbol{k}\cdot\boldsymbol{r}}$。$\boldsymbol{k}$ 具有明确的物理意义,即 $\boldsymbol{k}$ 就是自由电子的波矢,$\hbar\boldsymbol{k}$ 就是电子的动量。

当晶体势场不为零时,$\varphi_k(\boldsymbol{r}) = e^{i\boldsymbol{k}\cdot\boldsymbol{r}}u_k(\boldsymbol{r})$ 不是动量算符的本征函数,所以 $\hbar\boldsymbol{k}$ 不是电子的动量本征值。然而,与电子相关的碰撞过程中,$\hbar\boldsymbol{k}$ 仍然具有动量的含意。例如,在电子同声子的碰撞过程中,电子相当于一个携带 $\hbar\boldsymbol{k}$ 动量的粒子。基于这个理由,将布洛赫函数中的 $\boldsymbol{k}$ 称为布洛赫波矢,而将布洛赫电子的 $\hbar\boldsymbol{k}$ 称为布洛赫电子的"准动量"或"晶体动量"。

5.3.3 波矢 $\boldsymbol{k}$ 的取值

正如在前两章所看到的那样,在处理有限大小固体时,采用周期性边界条件是非常方便的,下面利用周期性边界条件来讨论 $\boldsymbol{k}$ 的取值。如第 3 章讨论的那样,周期性边界条件就是设想在有限晶体之外还有无穷多个完全相同的晶体。这样周期性边界条件就可表述为

$$\begin{cases} \varphi(\boldsymbol{r} + N_1\boldsymbol{a}_1) = \varphi(\boldsymbol{r}) \\ \varphi(\boldsymbol{r} + N_2\boldsymbol{a}_2) = \varphi(\boldsymbol{r}) \\ \varphi(\boldsymbol{r} + N_3\boldsymbol{a}_3) = \varphi(\boldsymbol{r}) \end{cases} \tag{5.33}$$

式中，N_1、N_2 和 N_3 分别是沿正空间基矢 $\boldsymbol{a}_1$、$\boldsymbol{a}_2$ 和 $\boldsymbol{a}_3$ 方向晶体的原胞数，晶体的原胞总数为 $N = N_1 N_2 N_3$。如果将波矢在倒空间展开，即令

$$\boldsymbol{k} = k_1 \boldsymbol{b}_1 + k_2 \boldsymbol{b}_2 + k_3 \boldsymbol{b}_3 \tag{5.34}$$

将式（5.34）和布洛赫函数代入式（5.33），可以得到 $\boldsymbol{k}$ 的取值为

$$\boldsymbol{k} = \frac{l_1}{N_1} \boldsymbol{b}_1 + \frac{l_2}{N_2} \boldsymbol{b}_2 + \frac{l_3}{N_3} \boldsymbol{b}_3 \tag{5.35}$$

式中，l_1、l_2 和 l_3 是整数；$\boldsymbol{b}_1$、$\boldsymbol{b}_2$ 和 $\boldsymbol{b}_3$ 是倒格子基矢。

由于实际晶体中 N_1、N_2 和 N_3 很大，所以相邻 $\boldsymbol{k}$ 的差别很小，$\boldsymbol{k}$ 的取值是准连续的。

下面来计算 $\boldsymbol{k}$ 空间中的态密度。由式（5.35）可知，若把矢量 $\boldsymbol{b}_1/N_1$、$\boldsymbol{b}_2/N_2$ 和 $\boldsymbol{b}_3/N_3$ 作为基本矢量在 $\boldsymbol{k}$ 空间构建一个小平行六面体，将这平行六面体在 $\boldsymbol{k}$ 空间三维方向平行重复堆积，则所有平行六面体的顶点就会均匀地分布在 $\boldsymbol{k}$ 空间中，仿照第 3 章和第 4 章的做法，可以称上述小六面体为"$\boldsymbol{k}$ – 单胞"。很显然，式（5.35）所表述的矢量 $\boldsymbol{k}$ 的端点一定落在某个小六面体的顶点上。每个"$\boldsymbol{k}$ – 单胞"代表 $\boldsymbol{k}$ 空间的一个 $\boldsymbol{k}$ 点，则每个 $\boldsymbol{k}$ 矢量代表点体积 V_k 为

$$V_k = \frac{\boldsymbol{b}_1}{N_1} \cdot \left(\frac{\boldsymbol{b}_2}{N_2} \times \frac{\boldsymbol{b}_3}{N_3} \right) = \frac{(2\pi)^3}{V} \tag{5.36}$$

式中，V 是晶体的体积。

考虑到电子自旋有 $\pm 1/2$ 两种取值，则 $\boldsymbol{k}$ 空间中 $\boldsymbol{k}$ 处单位体积的状态数（$\boldsymbol{k}$ 空间的单位体积态密度）为

$$\rho(\boldsymbol{k}) = \frac{2}{(2\pi)^3/V} = \frac{2V}{(2\pi)^3} \tag{5.37}$$

由倒格子基矢的定义，可以知道倒格子原胞的体积为

$$V_C^* = \boldsymbol{b}_1 \cdot (\boldsymbol{b}_2 \times \boldsymbol{b}_3) = \frac{(2\pi)^3}{V_C} \tag{5.38}$$

由于每个布里渊区的体积等于倒格子原胞的体积，所以，每个能带的 $\boldsymbol{k}$ 的数目为

$$V_C^*/V_k = N$$

考虑到电子自旋有两个相反方向取向，电子态的数目是波矢 $\boldsymbol{k}$ 数目的两倍，则相应的电子态数目为 $2N$。

> 每个布里渊区所能填充的电子数为 $2N$，N 是正空间原胞的数量。由于能隙发生在布里渊区边界，所以每个能带最多能填充 $2N$ 个电子。

5.4 能带的一般性质

由以上分析可以看出,无论晶体的周期性势场的形式和细节如何,在单电子近似下,电子的波函数都可以用布洛赫函数来描述。布洛赫定理决定了晶体的能带结构,现在来具体分析晶体能带的一般特点。

5.4.1 晶体能带的普遍性

布洛赫定理表明,晶体中的布洛赫电子相当于振幅被周期调制的自由电子波(行波),调制函数就是 $u_k(\boldsymbol{r})$。布洛赫电子所携带的晶体动量为 $\hbar \boldsymbol{k}$。可以认为,晶体的周期势场没有改变布洛赫电子的行波属性,所以布里渊区边界的布拉格反射依然存在,能隙依然存在。自由电子模型对应于 $V(\boldsymbol{r}) \to 0$ 的极限情况,能隙为零。从这个意义上讲,晶体中布洛赫电子能量的能带结构是晶体的必然属性。

将布洛赫函数(5.20)代入单电子薛定谔方程,可以得到与方程(5.15)相似的方程

$$\left[-\frac{\hbar^2}{2m}(\nabla + \mathrm{i}\boldsymbol{k})^2 + V(\boldsymbol{r}) \right] u_k(\boldsymbol{r}) = E_n(\boldsymbol{k}) u_k(\boldsymbol{r}) \qquad (5.39)$$

上述方程相当于是等效算符 $\hat{H}_{\mathrm{eff}} = -\dfrac{\hbar^2}{2m}(\nabla + \mathrm{i}\boldsymbol{k})^2 + V(\boldsymbol{r})$ 的本征方程,本征函数是 $u_k(\boldsymbol{r})$,本征能量为 $E_n(\boldsymbol{k})$。每个 $\boldsymbol{k}$ 都对应于一个等效算符,都可以从本征方程(5.39)中求出一系列能量本征值 $E_n(\boldsymbol{k})$,此处 $n = 1, 2, \cdots$。就可以得到同图5.4相似的能带结构(只不过是在三维 $\boldsymbol{k}$ 空间中而已)。$E_n(\boldsymbol{k})$ 的下角标是能带从低到高的编号。前面已经讨论了 $\boldsymbol{k}$ 的取值是准连续的,这样,对于每个给定的 n 值,$E_n(\boldsymbol{k})$ 都包含了一系列能级间隔很小的准连续能级(即 $\boldsymbol{k}$ 不同),称为一个能带。能带之间由能隙分开,而能隙是由布里渊区边界的布拉格反射造成的。能隙及禁带宽度一般用 E_g 表示。布洛赫电子的能量不能取禁带中的值。电子可以占据的能带称为允带。

以上分析再一次表明,能带结构是晶体所固有的物理特征。能带理论是固体物理学最重要的成就之一,由能带理论出发可以解释众多的固体物理现象。

由5.2节的讨论可知,在一维情况下,相邻能带在布里渊区边界总是分开的,即能隙总是存在的。下面我们以二维晶格为例,说明在二维(或三维)情况下能带可能出现重叠,而使能隙消失。

图5.6(a)是二维晶格的第一布里渊区,A 点和 B 点都在 $\boldsymbol{k}$ 方向的第一布里渊区边界上,但 A 属于第一布里渊区,B 属于第二布里渊区;C 点是 $\boldsymbol{k}'$ 方向上第一布里渊区边界。图5.6(b)是 $\boldsymbol{k}$ 方向的能带结构,A、B 是断开的。图5.6(c)是 $\boldsymbol{k}'$ 方向的能带结构,能隙同样存在。由于电子

是从低到高逐渐占据允带上的能级的,所以,存在以下两种可能性:

(1)当 $E_C > E_B$ 时,两个能带会发生重叠,如图 5.6(d)所示;

(2)当 $E_B > E_c > E_A$ 时,两个能带不发生重叠的,但禁带宽度是 $E_g = E_B - E_C$ 而不是 $E_B - E_A$。

后面会看到,能带重叠对晶体的性质有重要影响,特别是对金属的导电性能更是如此。

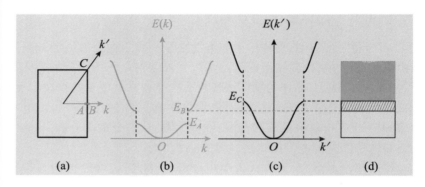

图 5.6 二维晶格能带的重叠

5.4.2 晶体能带的一般性质

1. 能带的周期性

在 $\boldsymbol{k}$ 空间中,第 n 个能带的能量和波函数具有如下平移周期性

$$
\begin{cases}
E_n(\boldsymbol{k} + \boldsymbol{G}) = E_n(\boldsymbol{k}) \\
\varphi_{n,\boldsymbol{k}+\boldsymbol{G}}(\boldsymbol{r}) = \varphi_{n,\boldsymbol{k}}(\boldsymbol{r})
\end{cases}
\tag{5.40}
$$

式中,$\boldsymbol{G}$ 为倒格矢。

$$
\varphi_{\boldsymbol{k}+\boldsymbol{G}}(\boldsymbol{r}) = u_{\boldsymbol{k}+\boldsymbol{G}}(\boldsymbol{r}) \mathrm{e}^{\mathrm{i}(\boldsymbol{k}+\boldsymbol{G})\cdot\boldsymbol{r}} = \mathrm{e}^{\mathrm{i}\boldsymbol{k}\cdot\boldsymbol{r}}\left[u_{\boldsymbol{k}+\boldsymbol{G}}(\boldsymbol{r})\mathrm{e}^{\mathrm{i}\boldsymbol{G}\cdot\boldsymbol{r}}\right]
$$

令

$$
v(\boldsymbol{r}) = u_{\boldsymbol{k}+\boldsymbol{G}}(\boldsymbol{r})\mathrm{e}^{\mathrm{i}\boldsymbol{G}\cdot\boldsymbol{r}}
$$

由于 $\boldsymbol{G} \cdot \boldsymbol{R}_m$ 为 2π 的整数倍,可以证明

$$
v(\boldsymbol{r} + \boldsymbol{R}) = v(\boldsymbol{r})
\tag{5.41}
$$

将 $\varphi_{\boldsymbol{k}+\boldsymbol{G}}(\boldsymbol{r}) = \mathrm{e}^{\mathrm{i}\boldsymbol{k}\cdot\boldsymbol{r}}v(\boldsymbol{r})$ 和上式代入单电子薛定谔方程(5.5),可以得到

$$
\left[-\frac{\hbar^2}{2m}(\nabla + \mathrm{i}\boldsymbol{k})^2 + V(\boldsymbol{r})\right]v(\boldsymbol{r}) = E_n(\boldsymbol{k} + \boldsymbol{G})v(\boldsymbol{r})
\tag{5.42}
$$

将布洛赫函数 $\varphi_{\boldsymbol{k}}(\boldsymbol{r}) = u_{\boldsymbol{k}}(\boldsymbol{r})\mathrm{e}^{\mathrm{i}\boldsymbol{k}\cdot\boldsymbol{r}}$ 代入单电子薛定谔方程(5.5)可以得到方程(5.39),即

$$
\left[-\frac{\hbar^2}{2m}(\nabla + \mathrm{i}\boldsymbol{k})^2 + V(\boldsymbol{r})\right]u_{\boldsymbol{k}}(\boldsymbol{r}) = E_n(\boldsymbol{k})u_{\boldsymbol{k}}(\boldsymbol{r})
$$

比较上式和式(5.42),可以发现,这两个方程是一样的,$E_n(\boldsymbol{k})$ 和

$E_n(\boldsymbol{k} + \boldsymbol{G})$ 是相同算符的本征值,$u_{\boldsymbol{k}}(\boldsymbol{r})$ 和 $v_{\boldsymbol{k}}(\boldsymbol{r})$ 是相同算符的本征函数,所以二者必然相等。加上能带编号,就可以得到式(5.40)所给出的结论。

应当强调指出,能带的周期性的另外一个重要结果是,对于同一编号的能带,$\boldsymbol{k}$ 和 $\boldsymbol{k} + \boldsymbol{G}$ 是同一个状态,这一点非常重要。如果波矢为 $\boldsymbol{k}$ 的状态已经被电子占据,那么,$\boldsymbol{k} + \boldsymbol{G}$ 的状态就不能再填充电子,否则违背泡利不相容原理。

2. 能带的对称性

对于同一能带,能量 $E_n(\boldsymbol{k})$ 和波函数 $\varphi_{n,k}(\boldsymbol{r})$ 具有如下对称性

$$\begin{cases} E_n(-\boldsymbol{k}) = E_n(\boldsymbol{k}) \\ \varphi^*_{n,k}(\boldsymbol{r}) = \varphi_{n,-k}(\boldsymbol{r}) \end{cases} \tag{5.43}$$

现在来证明式(5.43)。将布洛赫函数代入单电子薛定谔方程有

$$\left[-\frac{\hbar^2}{2m}(\nabla^2 + 2i\boldsymbol{k} \cdot \nabla) + V(\boldsymbol{r}) \right] u_{\boldsymbol{k}}(\boldsymbol{r}) = \left[E(\boldsymbol{k}) - E^0(\boldsymbol{k}) \right] u_{\boldsymbol{k}}(\boldsymbol{r}) \tag{5.44}$$

式中,$E^0(\boldsymbol{k}) = \hbar^2 k^2/2m$。

式(5.44)是方程(5.17)的变形。式(5.44)两边取复共轭,有

$$\left[-\frac{\hbar^2}{2m}(\nabla^2 - 2i\boldsymbol{k} \cdot \nabla) + V(\boldsymbol{r}) \right] u^*_{\boldsymbol{k}}(\boldsymbol{r}) = \left[E(\boldsymbol{k}) - E^0(\boldsymbol{k}) \right] u^*_{\boldsymbol{k}}(\boldsymbol{r}) \tag{5.45}$$

将式(5.44)中的 $\boldsymbol{k}$ 用 $-\boldsymbol{k}$ 取代,有

$$\left[-\frac{\hbar^2}{2m}(\nabla^2 - 2i\boldsymbol{k} \cdot \nabla) + V(\boldsymbol{r}) \right] u_{-\boldsymbol{k}}(\boldsymbol{r}) = \left[E(-\boldsymbol{k}) - E^0(-\boldsymbol{k}) \right] u_{-\boldsymbol{k}}(\boldsymbol{r}) \tag{5.46}$$

比较式(5.45)和式(5.46)可知,$u^*_{\boldsymbol{k}}(r)$ 和 $u_{-\boldsymbol{k}}(r)$ 满足同样的本征方程,其本征值也必然相等,即

$$E(\boldsymbol{k}) - E^0(\boldsymbol{k}) = E(-\boldsymbol{k}) - E^0(-\boldsymbol{k}) \tag{5.47}$$

因为

$$E^0(\boldsymbol{k}) = E^0(-\boldsymbol{k}) = \frac{\hbar^2 k^2}{2m}$$

所以

$$E(-\boldsymbol{k}) = E(\boldsymbol{k})$$

而 $u^*_{\boldsymbol{k}} = u_{-\boldsymbol{k}}(r)$,$e^{-i\boldsymbol{k}\cdot r} = (e^{i\boldsymbol{k}\cdot r})^*$,所以必然有

$$\varphi_{n,-k}(\boldsymbol{r}) = \varphi^*_{n,k}(\boldsymbol{r})$$

5.4.3　能带的表示方法

(1)扩展区图示法。按照能量从低到高的顺序,将各能带的 $\boldsymbol{k}$ 分别

限制在第一、二、三、… 布里渊区内,这种方法称为扩展区图示法,如图 5.7(a) 所示。扩展区图示法特点是 E 是 k 的单值函数。

（2）简约区图示法。由于 $E_n(k-G)=E_n(k)$,即对于每一个能带而言,将波矢 k 换成 $k-G$ 后,能量不变,所以可以将各能带的能量都在第一布里渊区内表示出来,这样的第一布里渊区内就可将能带的全部表示出来。这种表示方法称为简约区图示法,如图 5.7(b) 所示。

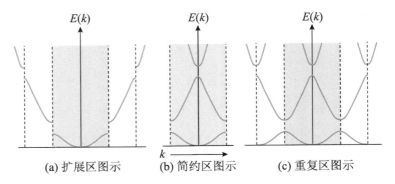

(a) 扩展区图示　　(b) 简约区图示　　(c) 重复区图示

图 5.7　能带的图示方法

（3）重复区图示法。将简约区图示的能带在倒空间做周期性重复即为重复区图示法,如图 5.7(c) 所示。重复区的特点是每个布里渊区中都能表征完整的能带结构。

5.5　能带计算方法举例

由于晶体结构和周期势函数的复杂性,准确的能带计算是极为复杂的工作。由于能带结构与固体性质的关系极为密切,人们提出了许多能带计算方法。目前,建立固体能带的主要方法是基于局域密度泛函理论的第一性原理计算。这里只介绍两种比较极端的方法,一是近自由电子近似,二是紧束缚近似。

5.5.1　近自由电子近似

对于简单金属,价电子所受到周期势场很弱,可以将周期势场当作微扰来处理。下面以一维金属为例,说明如何利用量子力学的微扰理论确定近自由电子模型下的能带结构。

一维金属的电子哈密顿量为

$$\hat{H}_0 = -\frac{\hbar^2}{2m}\frac{\mathrm{d}^2}{\mathrm{d}x^2} + V(x) = \hat{H}_0 + \hat{H}' \tag{5.48}$$

式中,$\hat{H}_0$ 是自由电子哈密顿量;$\hat{H}' = V(x)$ 为微扰哈密顿量,且

$$\hat{H}_0\varphi_k^0 = E_k^0\varphi_k^0$$

式中,φ_k^0 和 E_k^0 分别是自由电子波函数和能量,分别称之为零级波函数

和零级能量,且有

$$\varphi_k^0 = A e^{ikx}$$

$$E_k^0 = \frac{\hbar^2 k^2}{2m}$$

式中,A 是归一化常数,若晶体中含有 N 个单胞,单胞长度为 a,晶体长度为 $L = Na$,则 $A = L^{1/2}$。

当 $\hat{H}'$ 很小时[即势能函数 $V(x)$ 很小时],电子能量可以表述为零级能量与各级微扰能量的和,即

$$E_k = E_k^0 + E_k^{(1)} + E_k^{(2)} + \cdots \tag{5.49}$$

式中,$E_k^{(i)}$ 称为第 i 级微扰能量。

由量子力学的微扰理论可知:

一级微扰能量为

$$E_k^{(1)} = H'_{kk} = \int_0^L \varphi_k^{0*}(x) \hat{H}' \varphi_k^0(x) \, dx \tag{5.50}$$

二级微扰能量为

$$E_k^{(2)} = \sum_{k' \neq k} \frac{|H'_{kk'}|^2}{E_k^0 - E_{k'}^0} \tag{5.51}$$

式中,$H'_{kk'}$ 为微扰矩阵元,且

$$H'_{kk'} = \int_0^L \varphi_k^{0*}(x) \hat{H}' \varphi_{k'}^0(x) \, dx \tag{5.52}$$

为了分析问题方便,将势函数进行如下的傅里叶变换

$$V(x) = \sum_n V_n e^{iG_n x} \tag{5.53}$$

对于一维晶格,$G_n = 2\pi n / a$,则有

$$V(x) = V_0 + \sum_{n \neq 0} V_n e^{i\frac{2\pi}{a} n x} \tag{5.54}$$

V_0 是一个常数,可以通过选择适当的势能零点令其为零。由于 $V(x)$ 是实数,所以要求

$$V_{-n} = V_n^*$$

一级微扰能量为

$$E_k^{(1)} = \int_0^L \varphi_k^{0*}(x) \sum_{n \neq 0} V_n e^{i\frac{2\pi}{a} n x} \varphi_k^0(x) \, dx = 0 \tag{5.55}$$

所以,只需研究二级微扰能量。下面分两种情况分析近自由电子模型下的二级微扰能量,一是波矢 k 远离布里渊区边界的情况,二是波矢 k 接近布里渊区边界的情况。

1. 波矢 k 远离布里渊区边界的情况

取 $V_0 = 0$,并将式(5.54)代入式(5.52),可以得到

$$H'_{kk'} = \int_0^L \varphi_k^{0*}(x) \sum_{n \neq 0} V_n e^{i\frac{2\pi}{a}nx} \varphi_{k'}^0(x) dx = \frac{1}{L} \sum_{n \neq 0} V_n \int_0^L e^{i(\frac{2\pi}{a}n-k+k')x} dx =$$

$$\begin{cases} V_n & (k - k' = \frac{2\pi n}{a}) \\ 0 & (k - k' \neq \frac{2\pi n}{a}) \end{cases} \tag{5.56}$$

上式同样给出一级微扰能量 $E_k^{(1)} = H'_{kk} = 0$。当 $k - k' = 2\pi n/a$ 时，二级微扰能量为

$$E_k^{(2)} = \sum_{n \neq 0} \frac{|V_n|^2}{\frac{\hbar^2 k^2}{2m} - \frac{\hbar^2 (k - 2\pi n/a)^2}{2m}} \tag{5.57}$$

所以，电子的能量为

$$E_k = \frac{\hbar^2 k^2}{2m} + \sum_{n \neq 0} \frac{2m|V_n|^2}{\hbar^2 k^2 - \hbar^2 (k - 2\pi n/a)^2} \tag{5.58}$$

> 求和项中只要有一项分母为零，E_k 就为无穷大。

一维晶格的布里渊区边界为 $n\pi/a$，当波矢 k 远离布里渊区边界时，二级微扰项中的分母远大于分子，近自由电子模型下的电子能量很接近自由电子的能量。当波矢 k 落在布里渊区边界时，即 $k = n\pi/a$，式(5.57)分母趋于零，上述微扰模型不适用。下面分析波矢 k 落在布里渊区边界的情况。

2. 波矢 k 接近布里渊区边界的情况

当波矢 k 远离布里渊区边界时，满足布拉格反射条件。此时，相互干涉的两个行波的能量相等，即 $k = n\pi/a$ 和 $k = -n\pi/a$ 两个状态的电子能量相等，此时，能量是简并的，简并度为 2，$\varphi_k^0 = A e^{ikx}$ 和 $\varphi_{-k}^0 = A e^{-ikx}$ 互为前进波和反射波。考虑到当波矢接近布里渊区边界时，布拉格散射可能比较强，不妨令前进和反射波矢分别为

$$k = \frac{n\pi}{a}(1 + \Delta)$$

$$k' = -\frac{n\pi}{a}(1 - \Delta)$$

式中，Δ 是小量。

根据量子力学的简并微扰理论，此时零级波函数是两个波的线性组合，即

$$\varphi^0(x) = A e^{ikx} + B e^{ik'x} \tag{5.59}$$

将式(5.59)代入单电子薛定谔方程，有

$$\left[-\frac{\hbar^2}{2m} \frac{d^2}{dx^2} + \sum_{n \neq 0} V_n e^{i\frac{2\pi}{a}nx} \right] (A e^{ikx} + B e^{ik'x}) = E(A e^{ikx} + B e^{ik'x}) \tag{5.60}$$

由于 $\varphi_k^0(x) \sim e^{ikx}$ 是自由电子的本征函数，所以有

$$\left(-\frac{\hbar^2}{2m}\frac{\mathrm{d}^2}{\mathrm{d}x^2}\right)\mathrm{e}^{ikx} = \frac{\hbar^2 k^2}{2m}\mathrm{e}^{ikx} = E_k^0\mathrm{e}^{ikx}$$

$$\int_0^L \varphi_k^{0*}(x)\varphi_{k'}^0(x)\mathrm{d}x = \delta_{kk'}$$

将式(5.60)两边左乘 $\varphi_k^{0*}(x)$ 后,对 $\mathrm{d}x$ 积分,可以得到

$$\begin{cases}(E - E_k^0)A - V_nB = 0 \\ -V_n^*A + (E - E_k^0)B = 0\end{cases} \tag{5.61}$$

式(5.61)是关于未知数 A 和 B 的线性齐次方程组,有非零解的条件是其系数行列式为零,即

$$\begin{vmatrix} E - E_k^0 & -V_n \\ -V_n^* & E - E_k^0 \end{vmatrix} = 0 \tag{5.62}$$

由方程(5.62)可以得到

$$E = T_n(1 + \Delta^2) \pm \sqrt{|V_n|^2 + 4T_n^2\Delta^2} \tag{5.63}$$

式中,$T_n = \frac{\hbar^2}{2m}\left(\frac{n\pi}{a}\right)^2$ 代表自由电子在第 n 个布里渊区边界的动能。

(1)布里渊区边界。在布里渊区边界,当 $\Delta = 0$ 时,由式(5.63)可以得到

$$\begin{cases}E(+) = T_n + |V_n| \\ E(-) = T_n - |V_n|\end{cases} \tag{5.64}$$

可见,在布里渊区边界,能量不再连续,形成了能隙,如图5.8所示。能隙的大小为

$$E_g = E(+) - E(-) = 2|V_n| \tag{5.65}$$

第 n 个能隙是势能函数傅里叶变换第 n 项傅里叶分量大小的两倍。上述关于能隙的讨论,与在5.2节中利用布拉格反射讨论能隙存在所得到的结论是一致的。这里给出了能隙大小的近似计算方法。

(2)近布里渊区边界。当 $\Delta \neq 0$,k 即偏离布里渊区边界。当 $T_n\Delta \ll |V_n| < T_n$ 时,由式(5.63)可以得到

$$\begin{cases}E(+) = T_n + |V_n| + T_n\left(1 + \dfrac{2T_n}{|V_n|}\right)\Delta^2 \\ E(-) = T_n - |V_n| - T_n\left(\dfrac{2T_n}{|V_n|} - 1\right)\Delta^2\end{cases} \tag{5.66}$$

式(5.66)表明,当 k 的取值接近布里渊区边界时,晶格对电子散射就已经较强了,因此,在布里渊区附近,近自由电子能量与自由电子能量有较大的差别,如图5.8所示。考虑到 $\Delta > 0$ 或 $\Delta < 0$ 两种方向趋于零,图中 A 和 C 两点(或 B 和 D)实际上是同一个状态。

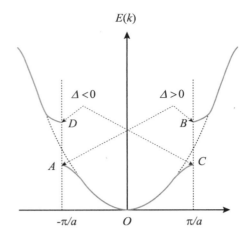

图 5.8　近自由电子模型下,布里渊区边界附近能带结构示意图

5.5.2　紧束缚近似

近自由电子模型中,电子的零级波函数和零级能量都与自由电子完全相同,而将周期势场视为微扰。现在来分析另外一种比较极端的情况,原子的未满壳层电子(价电子)主要是受到原子的库仑势场的作用,电子的零级波函数用原子波函数的线性组合来描述。

1. 紧束缚方法的物理图像

为了理解紧束缚的物理图像以及能带和原子能级的对应关系。假定晶体是通过独立原子由无限远处逐渐靠近形成的。为了简单起见,考虑单一元素晶体,且仅以 3s 和 3p 能级为例。当原子间的距离很远时,所有原子的相同能级是精确相等的,如图 5.9 所示。但是,当原子间距离很近时,一个原子同其近邻原子就会有交互作用,这样,原来的独立原子形成晶体而变成了一个体系。相邻原子中的电子云要相互重叠,但受泡利不相容原理的限制,原来等价的原子能级必然要相互错开(即不同原子能级要相对移动),只有这样才不违反泡利不相容原理。原子间距离越小,能级的相互错动就越严重,如图 5.9(b)、(c)所示。如果晶体中有 N 个原子,单个原子的每个电子空间能级就要分裂成 N 个能级,考虑到电子自旋有两种取向,共有 $2N$ 个电子态。例如,对于含有 3s 外壳层的原子,当它们相互接近而成固体时,就会分裂成 N 个彼此靠的很近的能级(包含 $2N$ 个电子态)。这样所有原子的 3s 能级形成了一个能带,习惯上称为 3s 带。

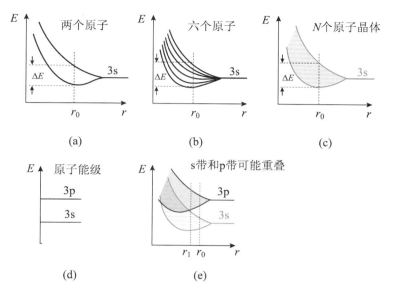

图5.9　紧束缚近似中原子能级与能带的关系

图(a) ~ (c) 示出了两个原子、六个原子直至 N 个原子的固体体系中，
3s 原子能级的劈裂过程示意图；图(d) 是原子的 3s 能级和 3p 能级；
图(e) 则示出了 3s 带和 3p 带的示意图及能带重叠条件

对于 p 能级可以作相似的讨论。原子的 p 能级错动而形成 p 能带，但是原子的 p 能级是6重简并的，所以可以形成 $3p_x$、$3p_y$、$3p_z$ 三个子带。p 能带可填充 $6N$ 个电子，因为 $3p_x$、$3p_y$、$3p_z$ 子带中都可以填充 $2N$ 个电子）。

当原子间的距离很小时，可能发生能带的重叠。如图 5.9(e) 所示，当原子间距离小于 r_1 时，3s 带和 3p 带就要发生重叠。

下面作两点讨论：

（1）能隙的存在或能带的相互重叠强烈地依赖于晶体结构和原子间距。如图 5.9(e) 所示，当晶体的点阵常数很小，原子彼此靠的很近，3s 能带和 3p 能带扩展的越来越严重，以至于相互重叠。当固体受到压力时（一般要较高的压力），原子间距减小，原来是绝缘体就可能因能带重叠而变成导体（后面讨论固体的导电本质）。

（2）在紧束缚近似中，能带是由分离原子彼此接近而形成的，其机制是孤立原子能级的分离（或劈裂），所以，较高能带和较低能带的形状可能大不相同。当用 s 带、p 带、d 带这样的名称来对能带命名时，每个能带所能填充的电子数目并不相同。正如上面讨论的那样，s 带只能填充 $2N$ 个电子，而 p 带因为有 p_x、p_y 和 p_z 三个子带，所以一共可以填充 $6N$ 个电子。其实这与前面讨论的自由电子情况并不矛盾，因为 p 带是由 3 个 p 子带组成，每个子带上还是最多可填充 $2N$ 个电子。

2. 紧束缚方法计算能带的基本思路

紧束缚近似认为,电子在晶体中的周期势函数主要由原子的势能函数组成,电子以较大概率在原子周围运动,当电子接近第 n 个原子(位置矢量为 $\boldsymbol{R}_n = n_1\boldsymbol{a}_1 + n_2\boldsymbol{a}_2 + n_3\boldsymbol{a}_3$)附近时,该电子所受势函数主要是第 n 个原子的原子势函数。单电子薛定谔方程为

$$\left[-\frac{\hbar^2}{2m}\nabla^2 + V(\boldsymbol{r}) \right]\varphi(\boldsymbol{r}) = E\varphi(\boldsymbol{r})$$

也可以将上式写成

$$\left[-\frac{\hbar^2}{2m}\nabla^2 + V_a(\boldsymbol{r} - \boldsymbol{R}_n) + V(\boldsymbol{r}) - V_a(\boldsymbol{r} - \boldsymbol{R}_n) \right]\varphi(\boldsymbol{r}) = E\varphi(\boldsymbol{r})$$

$$(5.67)$$

式中,$V(\boldsymbol{r})$ 是电子在晶体中所受的周期势函数;$V_a(\boldsymbol{r} - \boldsymbol{R}_n)$ 是电子在原子中的势能函数。$|\boldsymbol{r} - \boldsymbol{R}_n|$ 是电子到第 n 个原子之间的距离(见图 5.10)。

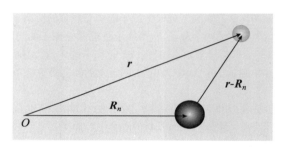

图 5.10　晶体中坐标为 $\boldsymbol{r}$ 的电子距 $\boldsymbol{R}_n$ 原子的距离示意图

将式(5.67)改写成如下形式

$$\left[\hat{H}_a + \Delta V(\boldsymbol{r}) \right]\varphi(\boldsymbol{r}) = E\varphi(\boldsymbol{r}) \qquad (5.68)$$

式中,$\hat{H}_a = \dfrac{\hbar^2}{2m}\nabla^2 + V_a(\boldsymbol{r} - \boldsymbol{R}_n)$ 是孤立原子的哈密顿量;$\Delta V = V(\boldsymbol{r}) - V_a(\boldsymbol{r} - \boldsymbol{R}_n)$。紧束缚近似认为,电子在晶体中的周期势函数主要由原子的势能函数组成,所以 ΔV 与原子势能函数相比是一个小量。紧束缚方法计算能带时,就是将 ΔV 视为微扰,而将单电子的零级波函数视为原子波函数的线性组合的。即

$$\varphi(\boldsymbol{r}) = \frac{1}{\sqrt{N}}\sum_{m=1}^{N} C_m\varphi_i^a(\boldsymbol{r} - \boldsymbol{R}_m) \qquad (5.69)$$

式中,$N^{1/2}$ 是归一化常数;$\varphi_i^a(\boldsymbol{r} - \boldsymbol{R}_m)$ 是原子波函数;上角标 a 表示原子;下角标 i 表示 s,p,d… 电子的原子波函数;C_m 是组合系数。

这里,原子外层电子不再是仅仅属于某个原子,而为整个晶体所共有,所以它的波函数必然是布洛赫函数,则

$$C_m \sim \mathrm{e}^{i\boldsymbol{k}\cdot\boldsymbol{R}_m}$$

由于 $\varphi_i^a(\boldsymbol{r} - \boldsymbol{R}_m)$ 是原子波函数,所以有

$$\left[-\frac{\hbar^2}{2m}\nabla^2 + V_a(\boldsymbol{r} - \boldsymbol{R}_n) \right]\varphi_i^a(\boldsymbol{r} - \boldsymbol{R}_n) = E_i^a \varphi_i^a(\boldsymbol{r} - \boldsymbol{R}_n) \quad (5.70)$$

式中,E_i^a 是原子能级;下角标 i 表示 s,p,d$\cdots$ 电子的原子能级。

下面以 N_a 个原子组成的元素晶体的 s 带为例,介绍紧束缚近似计算能带的过程。晶体中形成能带的单电子满足下面的薛定谔方程

$$\left[\hat{H}_a + \Delta V \right]\sum_m \mathrm{e}^{\mathrm{i}\boldsymbol{k}\cdot\boldsymbol{R}_m}\varphi_s^a(\boldsymbol{r} - \boldsymbol{R}_m) = E_s(k)\sum_m \mathrm{e}^{\mathrm{i}\boldsymbol{k}\cdot\boldsymbol{R}_m}\varphi_s^a(\boldsymbol{r} - \boldsymbol{R}_m)$$

$$(5.71)$$

式中,$E_s(k)$ 是 s 带的能量;$\hat{H}_a(\boldsymbol{r} - \boldsymbol{R}_n)$ 是孤立原子的哈密顿量,则有

$$\hat{H}_a\varphi_s^a(\boldsymbol{r} - \boldsymbol{R}_n) = E_s^a\varphi_s^a(\boldsymbol{r} - \boldsymbol{R}_n) \quad (5.72)$$

式中,E_s^a 是原子的 s 电子能级;$\varphi_s^a(\boldsymbol{r} - \boldsymbol{R}_n)$ 是 s 电子的原子波函数。

将式(5.71)两边乘以 $\varphi_s^{a*}(\boldsymbol{r} - \boldsymbol{R}_n)$ 后对空间积分,并假定 $\varphi_s^{a*}(\boldsymbol{r} - \boldsymbol{R}_m)$ 都是已经正交归一化的,则

$$\left[E_s - E_s^a \right]\sum_m \mathrm{e}^{\mathrm{i}\boldsymbol{k}\cdot\boldsymbol{R}_m}\int_V \varphi_s^{a*}(\boldsymbol{r} - \boldsymbol{R}_n)\varphi_s^a(\boldsymbol{r} - \boldsymbol{R}_m)\mathrm{d}v =$$

$$\mathrm{e}^{\mathrm{i}\boldsymbol{k}\cdot\boldsymbol{R}_n}\int_V \varphi_s^{a*}(\boldsymbol{r} - \boldsymbol{R}_n)\Delta V\varphi_s^a(\boldsymbol{r} - \boldsymbol{R}_n)\mathrm{d}v +$$

$$\sum_{m \neq n}\mathrm{e}^{\mathrm{i}\boldsymbol{k}\cdot\boldsymbol{R}_m}\int_V \varphi_s^{a*}(\boldsymbol{r} - \boldsymbol{R}_n)\Delta V\varphi_s^a(\boldsymbol{r} - \boldsymbol{R}_m)\mathrm{d}v \quad (5.73)$$

式中积分区间遍及整个晶体。为了方便起见,以 $\boldsymbol{R}_n$ 所在原子为原点,即令 $\boldsymbol{R}_n = 0$。由式(5.73)经简化可以得到

$$E_s(\boldsymbol{k}) = E_s^a - \frac{\beta + \sum_{m \neq 0}\mathrm{e}^{\mathrm{i}\boldsymbol{k}\cdot\boldsymbol{R}_m}\gamma(\boldsymbol{R}_m)}{1 + \sum_{m \neq 0}\mathrm{e}^{\mathrm{i}\boldsymbol{k}\cdot\boldsymbol{R}_m}\alpha(\boldsymbol{R}_m)} \quad (5.74)$$

式中

$$\alpha(\boldsymbol{R}_m) = \int_V \varphi_s^{a*}(\boldsymbol{r})\varphi_s^a(\boldsymbol{r} - \boldsymbol{R}_m)\mathrm{d}v \quad (5.75)$$

$$\beta = -\int_V \varphi_s^{a*}(\boldsymbol{r})\Delta V\varphi_s^a(\boldsymbol{r})\mathrm{d}v \quad (5.76)$$

$$\gamma(\boldsymbol{R}_m) = -\int_V \varphi_s^{a*}(\boldsymbol{r})\Delta V\varphi_s^a(\boldsymbol{r} - \boldsymbol{R}_m)\mathrm{d}v \quad (5.77)$$

$\alpha(\boldsymbol{R}_m)$ 称为重叠积分,因为它取决于相邻原子间波函数的交叠程度;β 和 $\gamma(\boldsymbol{R}_m)$ 和既取决于微扰势也取决于波函数交叠程度。因为 $\Delta V < 0$,所以 β 和 $\gamma(\boldsymbol{R}_m)$ 为正值。如果波函数重叠很少,则 $\alpha(\boldsymbol{R}_m) \sim 0$,式(5.74)中分母接近 1,则有

$$E_s(\boldsymbol{k}) = E_s^a - \beta - \sum_{m \neq 0}\mathrm{e}^{\mathrm{i}\boldsymbol{k}\cdot\boldsymbol{R}_m}\gamma(\boldsymbol{R}_m) \quad (5.78)$$

在原子波函数重叠很少的情况下,式(5.78)的求和可仅限于在最近邻原子间进行。式(5.78)表明,孤立原子的 s 能级,在原子相互靠近时相互错动形成能带,即 s 带。

对于简单立方晶体,六个最近邻原子为

$$(\pm a,0,0),\ (0,\pm a,0),\ (0,0,\pm a)$$

将原子坐标代入式(5.78)得到

$$E_s(\boldsymbol{k}) = E_s^a - \beta - 2\gamma(\cos k_x a + \cos k_y a + \cos k_z a) \quad (5.79)$$

简单立方 s 带的极小值出现在 $k = 0$ 的布里渊区中心,极大值出现在 $k = (\pi/a, \pi/a, \pi/a)$ 处,相应的能量为

$$E_{min} = E_s^a - \beta - 6\gamma$$

$$E_{max} = E_s^a - \beta + 6\gamma$$

则 s 带的宽度为

$$\Delta E = E_{max} - E_{min} = 12\gamma$$

对于 p 电子和 d 电子可做相似的分析。当单胞中含有 2 个以上原子或不同原子时,各原子能级不相同,一个能带可能由不同原子能级杂化而成。

5.6　能态密度和金属的费米面

态密度和费米 – 狄拉克分布函数决定了电子在能带结构中的填充情况,当然也决定了金属费米面的形状。第 4 章给出了自由电子体系电子态密度费米能级的计算方法。考虑到晶体周期势场后,电子能量与波矢 $\boldsymbol{k}$ 的关系远比自由电子体系要复杂。本节主要讨论一般情况下态密度的计算方法和金属费米面构建的一般原则。

5.6.1　电子态密度的一般表达式

5.3 节讨论了布洛赫波矢的取值,可以发现,布洛赫波矢 $\boldsymbol{k}$ 的取值是分立的,其可能取值与自由电子波矢一样。也就是说,$\boldsymbol{k}$ 空间中 $\boldsymbol{k}$ 的端点($\boldsymbol{k}$ 的代表点)是均匀分布的,每个 $\boldsymbol{k}$ 点所占的体积为

$$V_k = \frac{8\pi^3}{V}$$

式中,V_k 是每个 $\boldsymbol{k}$ 点在 $\boldsymbol{k}$ 空间所占的体积;V 是晶体体积。

一般情况下,电子的能级并不是关于 $\boldsymbol{k}$ 各向同性的,$\boldsymbol{k}$ 空间的等能面也不是简单的球面。所以,不能用自由电子态密度的计算公式计算一般情况下的电子态密度。这里的唯一困难是两个相邻的等能面之间不再是图 4.2 所示的球壳,而是一个不规则的壳体,图 5.11 示出了能量为 E 和 $E + dE$ 两个相邻等能面之间非球壳体的示意图。只要给出 E 和 $E + dE$ 相邻等能面间不规则壳体的体积,就可以计算一般情况下的电子态密度。

如图 5.11,在 E 和 $E + dE$ 两个等能面之间取一小体积元 $d\tau_k$,则该体积元中所包含的 $\boldsymbol{k}$ 点数为 $d\tau_k/V_k$,不规则球壳内的 $\boldsymbol{k}$ 点数 dZ 为

$$dZ = \int_{S_E} \frac{d\tau_k}{V_k} = \frac{V}{8\pi^3} \int_{S_E} d\tau_k \qquad (5.80)$$

上式积分是等能面上的面积分。如果等能面上的面元矢量为 dS_E,两个等能面的法向方向增量为 dk_n,则有

$$d\tau_k = dS_E \cdot dk_n \qquad (5.81)$$

根据梯度的定义可以得到

$$dE = | \nabla_k E | \, dk_n$$

当 dE 趋于零时,dS_E,dk_n 和 $\nabla_k E$ 相互平行,则有

$$dZ = \left(\frac{V}{8\pi^3} \int_{S_E} \frac{dS_E}{| \nabla_k E |} \right) dE \qquad (5.82)$$

考虑到一个空间态包含了自旋相反两个电子态,所以有

$$g(E)\,dE = 2dZ = \left(\frac{V}{4\pi^3} \int_{S_E} \frac{dS_E}{| \nabla_k E |} \right) dE$$

则电子态密度的一般表达式为

$$g(E) = \frac{V}{4\pi^3} \int_{S_E} \frac{dS_E}{| \nabla_k E |} \qquad (5.83)$$

电子态密度表达式。

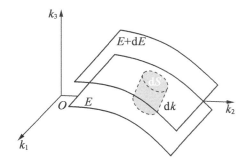

图 5.11　复杂等能面示意图

读者可以仿照上面的分析,求解一维和二维情况下电子态密度的一般表达式。对于二维晶体有

$$g(E) = \frac{S}{2\pi^2} \int_{L_E} \frac{dL_E}{| \nabla_k E |} \qquad (5.84)$$

式中,S 是二维晶体的面积。等能面退化为等能线,积分沿等能线进行。

对于一维情况,有

$$g(E) = \frac{L}{\pi} \sum_i \frac{1}{| \nabla_k E |_i} \qquad (5.85)$$

式中，L 是一维晶体的长度。等能面退化成等能点，求和对等能点进行。

由以上的分析可以看到，态密度与 k 空间等能面形状和分布有很大关系。下面以二维晶体为例，结合示意图 5.12，分析态密度和等能面的关系。

由图 5.12(a) 可知，当 k 远离布里渊区边界时，近自由电子的能量与自由电子相差很小，所以态密度也同自由电子十分接近，此时，k 空间的等能面与球面接近（二维情况下是圆），如图 5.12(b) 所示。当 k 接近布里渊区边界时，近自由电子的能量严重偏离自由电子，其态密度开始逐渐偏离自由电子的态密度，如图 5.12(a) 所示。随着 k 逐渐接近布里渊区边界，等能面与球形的差别越来越大，如图 5.12(b) 所示。图 5.12 中，在第一布里渊区边界的 A 点，态密度是一个奇点。

从紧束缚方法可以看到，在紧束缚近似下，电子的波函数是用原子波函数的线性组合来描写的，与自由电子的偏离就更加严重。过渡金属的 4s 带和 3d 带的态密度示于图 5.13，d 带含有 5 个子带，共可容纳 $10N$（N 为原胞数）个电子，所以态密度较大。相反，s 带较宽，只可容纳 $2N$ 个电子，能态密度较小。由于原子的 d 能级和 s 能级相距很近，所以相应的 d 带与 s 带又相互重叠。

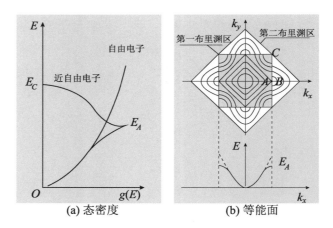

图 5.12　近自由电子态密度和等能面

图 5.13 中还示出了金属 Ni 和 Cu 的费米能级，可见 Cu 的费米能级显著高于 Ni。由于过渡族金属的 3d 壳层是未满的，相应金属的 d 带也是未充满的，费米能级随 d 电子的数目减少而下降。

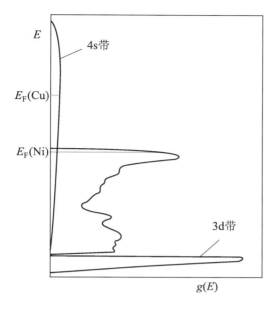

图 5.13 过渡金属 4s 带和 3d 带的态密度

5.6.2 金属的费米面

第 4 章介绍了自由电子气的费米面。考虑到周期势场的作用以后,金属费米面的形状也要发生相应改变。特别是当布洛赫波矢接近布里渊区边界时,费米面的形状相对于球形有很大畸变。

1. 费米面的构造方法

严格讲,实际金属中的费米面要经过复杂的计算或通过实验测定的方法来确定。由于费米面的存在是金属的重要特性,对理解许多金属性质极为重要,所以定性地给出费米面同样具有重要意义。

首先以二维正方晶格为例分析自由电子近似下的金属费米面的构建。由第 4 章的讨论可知,自由电子的费米面为球面(在二维情况下为圆)。我们知道,每个布里渊区内可以填充 $2N$ 个电子,N 是晶体的原胞数。自由电子体系在布里渊区边界没有能隙,根据费米波矢的大小与布里渊区边界大小可以直接判断费米面是否进入下一个布里渊区。当每个原胞含有 1 个电子时,费米面位于第一布里渊区内。当每个原胞中价电子数 $n = 1,2$ 时,二维正方晶格的自由电子费米面示于图 5.14。当 $n = 2$ 时,第一布里渊区和第二布里渊区都有电子占据,但两个布里渊区都未填满。所有布里渊区中的费米面都可以在第一布里渊中表示出来简约区表示,如图 5.14 所示。

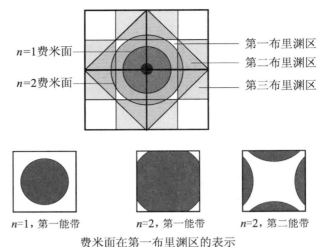

$n=1$费米面 ── 第一布里渊区
── 第二布里渊区
$n=2$费米面 ── 第三布里渊区

$n=1$，第一能带　　　　$n=2$，第一能带　　　　$n=2$，第二能带

费米面在第一布里渊区的表示

图 5.14　二维正方格子自由电子的费米面

下面分析近自由电子近似下金属的费米面的构建方法。费米面就是 k 空间的一个特殊的等能面，在 $T=0$ K 下，费米面以下的所有状态均被电子所占有。所以费米面取决于 k 空间等能面的形状。在近自由电子近似下，当 k 远离布里渊区边界时，近自由电子能量同自由电子能量很相近。所以在定性构造费米面时，只要能知道布里渊区边界附近费米面的形状就可大致知道费米面的形状。在利用近自由电子近似构造费米面时，需要注意以下三点：

（1）由于周期场的微扰，在布里渊区边界上出现能隙。

（2）对于每个能带，$E(k)$ 都是 k 的周期函数，即所有能带内的费米面都可在第一布里渊区表示出来。

（3）等能面（当然包括费米面）与布里渊区边界垂直相割。

注意到以上三点，就可由自由电子模型出发，近似构造近自由电子的费米面。下面以二维正方格子为例，说明近自由电子费米面的构造方法。现在来分析近自由电子的情况。当 $n=1$ 时，费米面在第一布里渊区内部（即全部在第一能带），此时费米面与自由电子的情形相近。当 $n=2$ 时，费米面与布里渊区边界垂直相割，在布里渊区边界上，费米面有很大畸变，如图 5.15 所示。

$n=2$，第一能带　　　　　　$n=2$，第二能带

图 5.15　二维正方格子近自由电子近似下的费米面

2. 实际金属的费米面

对于碱金属 Li、Na、K、Rb、Cs 而言,它们都具有体心立方结构。每个原胞(不是晶胞)中含有一个原子,每个原子提供一个价电子,仅能填满半个第一能带。此时,费米面与球形相近。

贵金属 Cu、Ag、Au 具有面心立方结构,第一布里渊区为十四面体。例如铜中的 $4s^1$ 电子可以看成是近自由电子,则费米面应包含在第一布里渊区内,但费米面与六边形布里渊区界面很接近,费米面发生了很大畸变,凸向布里渊区界面,如图 5.16 所示。

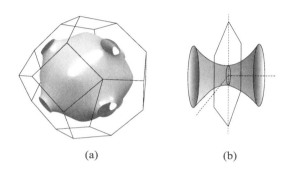

(a)   (b)

图 5.16 Cu 的费米面(a) 及费米面在布里渊区边界的形状(b)

对于过渡族金属,由于 d 带未满又与 s 带交叠,所以其费米面的形状很复杂,很难从近自由电子模型出发准确地构造其费米面的近似形状。有关费米面的测量方法请参阅书后提供的有关文献。

5.7 电子的准经典运动及晶体的导电性

电子在外场(电场和磁场)作用下的输运行为决定了晶体的导电性。分析电子在电场中和磁场中运动的方法很多,其中准经典运动方法简单直观,有利于晶体导电性的定性分析和基本概念的建立。本节主要讨论电子的速度及其在外场下的作用行为,以此分析晶体导电性的差异。

5.7.1 布洛赫电子的速度

在准经典的情况下,电子的运动速度可用布洛赫电子的群速度来描述。布洛赫电子的群速度定义为

$$\boldsymbol{v} = \nabla_k \boldsymbol{\omega}(\boldsymbol{k}) \tag{5.86}$$

式中,∇_k 是 $\boldsymbol{k}$ 空间的梯度算符;ω 是电子的频率。

由含时间的布洛赫电子波函数可知

$$\psi_k(\boldsymbol{r},t) = u_\kappa(\boldsymbol{r}) \mathrm{e}^{\mathrm{i}(\boldsymbol{k}\cdot\boldsymbol{r}-\omega t)} = u_k(\boldsymbol{r}) \mathrm{e}^{\frac{\mathrm{i}}{\hbar}(\boldsymbol{p}\cdot\boldsymbol{r}-Et)} \tag{5.87}$$

所以

$$\boldsymbol{v} = \nabla_k \omega(\boldsymbol{k}) = \frac{1}{\hbar} \nabla_k E(\boldsymbol{k}) \tag{5.88}$$

由式(5.88)可以看出,电子的平均速度强烈地依赖于 $\boldsymbol{k}$ 空间等能面的形状,由 $E = E_n(\boldsymbol{k})$ 所决定,其中,n 是能带的编号。由于 $E_n(\boldsymbol{k}) = E_n(\boldsymbol{k} + \boldsymbol{G})$,$E_n(\boldsymbol{k}) = E_n(-\boldsymbol{k})$,所以电子的平均运动速度应具有下述性质:

$$\boldsymbol{v}(\boldsymbol{k}) = \boldsymbol{v}(\boldsymbol{k} + \boldsymbol{G}) \tag{5.89}$$

$$\boldsymbol{v}(-\boldsymbol{k}) = -\boldsymbol{v}(\boldsymbol{k}) \tag{5.90}$$

式(5.89)表明,电子速度具有周期性,周期为倒格矢。式(5.90)则表明电子速度在 $\boldsymbol{k}$ 空间具有反演对称性,即 $\boldsymbol{k}$ 和 $-\boldsymbol{k}$ 两个状态的电子速度大小相等、方向相反。

5.7.2 布洛赫电子在外场中的运动准经典近似

考虑晶体中的一个电子受到一外场的作用,作用在电子上外场力(如电场或磁场力)为 $\boldsymbol{F}$,则电子的平均能量改变率为

经典力学公式。

$$\frac{\mathrm{d}E}{\mathrm{d}t} = \boldsymbol{F} \cdot \boldsymbol{v} \tag{5.91}$$

式中,$\boldsymbol{v}$ 是电子的群速度。

能量的无限小变化可以写为

$$\mathrm{d}E = \nabla_k E \cdot \mathrm{d}\boldsymbol{k} \tag{5.92}$$

由式(5.88)有,$\nabla_k E = \hbar \boldsymbol{v}$,则有

相当于经典力学中 $\frac{\mathrm{d}\boldsymbol{p}}{\mathrm{d}t} = \boldsymbol{F}$。

$$\frac{\mathrm{d}\hbar\boldsymbol{k}}{\mathrm{d}t} = \boldsymbol{F} \tag{5.93}$$

众所周知,在经典情况下,力就等于动量的变化率,所以对布洛赫电子而言,当考虑到外场作用时,$\hbar\boldsymbol{k}$ 就像电子的动量一样。

(1)电子只受电场的作用时,其能量要发生变化,电子在 $\boldsymbol{k}$ 空间和正空间的运动由能量的改变率来确定。

(2)电子仅仅受到静磁场作用时,洛伦兹力对电子不做功,电子在 $\boldsymbol{k}$ 空间的等能面上运动。

(3)电子受到散射作用时(如声子、杂质等),电子的能量和波矢都可能发生变化,此时,电子在 $\boldsymbol{k}$ 空间的某个位置消失,而出现在 $\boldsymbol{k}$ 空间的另一个位置上。

在准经典近似下,可以定义电子在外场作用的加速度为

$$\boldsymbol{a} \equiv \frac{\mathrm{d}\boldsymbol{v}}{\mathrm{d}t} = \frac{1}{\hbar} \nabla_k \left(\frac{\mathrm{d}E}{\mathrm{d}t} \right) =$$

$$\frac{1}{\hbar} \nabla_k (\boldsymbol{F} \cdot \boldsymbol{v}) =$$

$$\frac{1}{\hbar} \nabla_k \left(\frac{1}{\hbar} \boldsymbol{F} \cdot \nabla_k E \right) \tag{5.94}$$

布洛赫电子的加速度为

$$\boldsymbol{a} = \left(\frac{1}{\hbar^2}\nabla_k\nabla_k E\right)\cdot\boldsymbol{F}$$

写成分量的形式,有

$$a_i = \frac{1}{\hbar^2}\sum_j\frac{\partial^2 E}{\partial k_i\partial k_j}F_j \qquad (5.95)$$

式(5.95)也可以表达成如下形式

$$\begin{pmatrix} a_1 \\ a_2 \\ a_3 \end{pmatrix} = \frac{1}{\hbar^2}\begin{pmatrix} \dfrac{\partial^2 E}{\partial k_x^2} & \dfrac{\partial^2 E}{\partial k_x\partial k_y} & \dfrac{\partial^2 E}{\partial k_x\partial k_z} \\[2mm] \dfrac{\partial^2 E}{\partial k_x\partial k_y} & \dfrac{\partial^2 E}{\partial k_y^2} & \dfrac{\partial^2 E}{\partial k_y\partial k_z} \\[2mm] \dfrac{\partial^2 E}{\partial k_x\partial k_z} & \dfrac{\partial^2 E}{\partial k_y\partial k_z} & \dfrac{\partial^2 E}{\partial k_z^2} \end{pmatrix}\begin{pmatrix} F_x \\ F_y \\ F_z \end{pmatrix} \qquad (5.96)$$

在经典力学中有 $a = F/m$,与之类比,可以定义电子的有效质量为

$$\frac{1}{m^*} \equiv \frac{1}{\hbar^2}\begin{pmatrix} \dfrac{\partial^2 E}{\partial k_x^2} & \dfrac{\partial^2 E}{\partial k_x\partial k_y} & \dfrac{\partial^2 E}{\partial k_x\partial k_z} \\[2mm] \dfrac{\partial^2 E}{\partial k_x\partial k_y} & \dfrac{\partial^2 E}{\partial k_y^2} & \dfrac{\partial^2 E}{\partial k_y\partial k_z} \\[2mm] \dfrac{\partial^2 E}{\partial k_x\partial k_z} & \dfrac{\partial^2 E}{\partial k_y\partial k_z} & \dfrac{\partial^2 E}{\partial k_z^2} \end{pmatrix} \qquad (5.97)$$

式(5.97)表明,在准经典近似下,布洛赫电子有效质量是二阶张量,由电子能级在 $\boldsymbol{k}$ 空间的各向异性决定,显然不同于电子的静止质量(或惯性质量)。由于 $E = E(\boldsymbol{k})$ 函数关系的复杂性,有效质量可正可负。另外,式(5.96)还表明,加速度的方向与外加力场作用方向在一般情况下是不同的。造成布洛赫电子的有效质量不同于惯性质量的原因主要有以下两个方面。

一方面,$\hbar\boldsymbol{k}$ 是布洛赫电子的准动量,而不是布洛赫电子的真实动量,只是当电子与其他粒子相互作用时具有动量的属性而已。

另一方面,电子除受到外场的作用以外,还要受到晶体场的作用。所以布洛赫电子的有效质量是在形式上描述外场作用对布洛赫电子准动量影响时,与经典力学类比的有效质量。

如果电子的能量在 $\boldsymbol{k}$ 空间是各向同性的,式(5.96)中张量的非对角元素全部为零,而且三个对角元也相等,此时电子的有效质量是标量,且有

$$m^* = \frac{\hbar^2}{\mathrm{d}^2 E/\mathrm{d}k^2} \qquad (5.98)$$

当然,对自由电子,惯性质量与有效质量相同,因为对自由电子而言,$E = \dfrac{\hbar^2 k^2}{2m}$,$m^* = m$。

5.7.3　晶体的导电性与能带的关系

当固体无外加电场作用时,所有固体中都无电流通过,这是显然的事实。从能带理论看,对于每个能带都有 $E_n(\boldsymbol{k}) = E_n(-\boldsymbol{k})$,也就是说,电子在 $\boldsymbol{k}$ 空间的占据情况对每个能带都是对称的,如图5.17所示。前面已经说明,对每个能带都有 $\boldsymbol{v}(-\boldsymbol{k}) = -\boldsymbol{v}(\boldsymbol{k})$,无外场时,电子的速度和为零,所有电子对电流的贡献相互抵消,宏观上不存在电流。

阴影区表示状态已被电子占据。

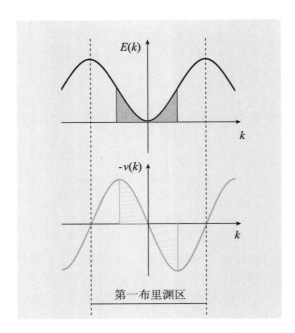

图5.17　无电场时布洛赫电子速度分布与能带的对应关系

1. 满带对电流没有贡献

现在来说明,若某能带中的状态全部为电子所占据(即满带),则该能带中的电子对固体的导电性没有贡献,即满带是不导电的。为了简单起见,以一维晶体为例进行讨论。

由式(5.93)可知,在外加电场 E_e 的作用下,有

$$\hbar \frac{\mathrm{d}k}{\mathrm{d}t} = -eE_e \tag{5.99}$$

也就是说,同一能带中所有电子波矢的变化率都是一样的。这样,波矢 k 的代表点在 k 空间的相对位置没有发生变化,这相当于能带中的占据状态沿电场的反方向进行了整体平移,若弛豫时间为 τ,则由式(5.96)可知,电子的动量改变为

$$\delta k = -e\hbar E_e \tau \tag{5.100}$$

利用能带的周期区图示可以将电子在 k 空间的移动定性地示于图 5.18,图中假定外加电场的方向平行于 $-k$ 方向。由于能带的周期性,满带的情况下,电子由第一布里渊区移至第二布里渊区的电子数量完全相等。由于电子速度同样具有周期性,即使是在施加电场的情况下,电子的速度和依然为零。所以,满带电子不能参与导电。

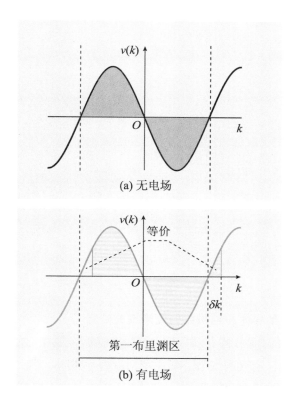

图 5.18   满带中电子的速度分布

2. 未满带对电流有贡献

现在来说明未满带是可以导电的。同满带的情况相类似,在外加电场的作用下,电子在能带中的占有态也要发生整体移动,如图 5.19 所示。但是,由于能带未被电子充满,导致了电子速度分布不对称,沿电场和逆电场方向运动的电子数目不相等,总的电流不为零,导体中出现了净的电流。所以说,非满带中的电子是可以参与导电的,故称未满带为导带。

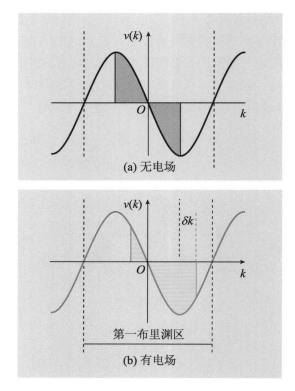

图 5.19 未满带中的电子速度分布

3. 金属、半导体和绝缘体的能带填充特点

（1）金属的能带特点。由以上的分析可知,金属中必然存在未被电子填满的能带,有两种情况。第一种情况是能带本身是半满的,如图 5.20(a) 所示。例如,碱金属为一价金属,每个原胞中只有一个价电子,由于第一能带中可以填充 $2N$ 电子(N 是原胞数),所以碱金属的第一能带就是半满的,可以导电,故碱金属是导体。

另外一种情况是虽然不存在半满的导带,但是由于能带的交叠使导带和价带均未被充满,从而构成导体,如图 5.20(b) 所示。例如,Ba、Mg、Zn 都是二价元素,若能带没有重叠,价带应已全部填满,但是由于价带和导带相互重叠,便形成未满带,从而具有金属特性。

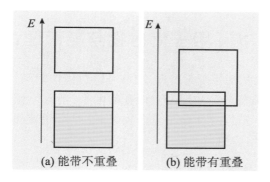

图 5.20　导体的能带结构

（2）半导体的能带特点。在半导体中,价带全部被电子所充满,导带是全空的,所以不能像金属那样具有良好的导电性。但是,由于导带和价带之间的能带隙 E_g 较小,价带顶部的电子可以通过热激发的方式跃迁到导带底部,如图 5.21(a) 所示。这样,无论是价带还是导带都是未充满的,因此可以导电。在一般情况下,热激发的电子数量有限,半导体的导电性要比金属差。另外,由于温度越高热激发的电子数越多,电子从价带向导带的跃迁也越多,所以半导体的电导率在一定温度下,随温度增加而增加。Ge 和 Si 是典型的半导体。

（3）绝缘体的能带特点。在绝缘体中,价带全部被电子填满,导带全空,而且带隙又很大,电子难以通过热激活的方式由价带跃迁至更高能带,从而形成绝缘体,如图 5.21(b) 所示。金刚石同 Ge 和 Si 的晶体结构完全一样,金刚石之所以是绝缘体就是因为能带隙太大。所以,由晶体结构和价电子数不能判断一种晶体是半导体还是绝缘体,要看晶体的具体能带结构。

需要指出的是,即使是禁带宽度很大的绝缘体,当用能量大于禁带宽度的光子照射绝缘体时,电子同样可以从价带跃迁至导带而对导电有贡献。从该意义上讲,有时不需要严格区分半导体和绝缘体。

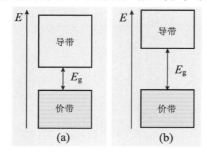

图 5.21　半导体(a) 和绝缘体(b) 能带的填充情况

5.8　电子化合物与能带理论

原则上讲,从能带理论出发,应该可以对固体的结构做出预测。但是,由于问题的复杂性和理论上计算的困难,精确地预测晶体结构是极为困难的。本节以二元电子化合物为例,讨论能带理论在解释合金结构方面的简单应用。

5.8.1　休谟-饶塞里定律

当两种金属元素相互混合时,可以形成两种固溶体。一种是代位式固溶体,一种是间隙式固溶体。常常将含量较多的元素称为溶剂,而将含量较少的元素称为溶质,或合金元素。当合金元素的含量达到一定数值以后,可形成不同的金属间化合物,或中间相。休谟-饶塞里(Hume-Rothery)在研究某些合金系的中间相结构时发现,某些合金系的溶解度和中间相存在的成分范围与合金中的价电子浓度有关,一般称这些合金系中的中间相为电子化合物。含有电子化合物中间相的合金系有 Cu-Zn、Cu-Al、Cu-Ca、Cu-S、Cu-Ge、Cu-Sn、Ag-Zn、Ag-Ca 等。现在以 Cu-Zn 系为例说明休谟-饶塞里定律,Cu-Zn 二元合金相图示于图 5.22。

图 5.22 中富 Cu 一侧的是端际固溶体 α 相,具有同纯 Cu 一样的面心立方结构;当 Cu 中的 Zn 含量增加时,形成电子化合物 β 相,β 相具有体心立方结构;当 Cu 中的 Zn 含量继续增加时,形成电子化合物 γ 相,γ 相具有复杂立方结构;当 Zn 含量进一步增加时,形成具有密排六方结构的 ε 相。由于 Cu 的价电子数少于 Zn 的价电子数,Zn 的加入实际

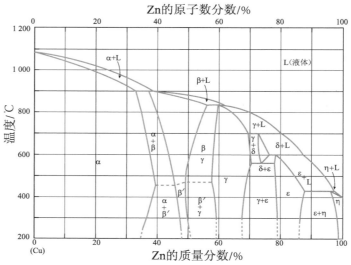

图 5.22　Cu-Zn 相图

上是增加了合金中的价电子浓度。休谟-饶塞里定律指出,这些电子化合物的最大价电子浓度为

$$n = \frac{N_e}{N_a} = \begin{cases} 21/14, \ \alpha \ \text{相} \\ 21/13, \ \beta \ \text{相} \\ 21/12, \ \gamma \ \text{相} \end{cases}$$

其中,n 为价电子浓度;N_e 为价电子数;N_a 为原子数。

由于上述中间相成分范围与电子浓度有关,故一般称之为电子化合物。

5.8.2 休谟-饶塞里定律的解释

为了解释休谟-饶塞里定律,先来分析一下二维矩形格子中电子在第一布里渊区的填充情况。图5.23示出了二维矩形格子第一布里渊区的等能面和能态密度。我们可以利用近自由电子近似分析费米面随合金价电子浓度的变化情况。当原胞中只含有一个一价原子时,则第一布里渊区是半满的,费米面位于第一布里渊区内。当体系溶入高价金属时,体系中的价电子数增加,当价电子数增加到一定程度以后,费米面与第一布里渊区相切,此时态密度也达到了最大值(见图5.12)。当价电子数继续增加时,增加的电子只能填入第一布里渊区角隅附近的高能态中,由于此时态密度急剧下降,体系的能量急剧增加。

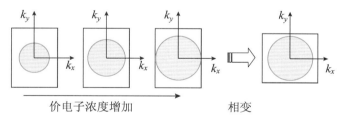

价电子浓度增加　　　　相变

图 5.23　二维矩形格子的费米面与价电子浓度的关系

如果晶体结构能够发生变化,而且这种变化使得其第一布里渊区能包含一个较大的内切费米面,那么,电子无须占据高能态,体系的能量就会因此而降低。对于真实的三维合金,增加第一布里渊区内切球的体积,以便在第一布里渊区能量较低的状态上容纳更多的电子,是电子化合物发生结构转变的根本原因。根据以上分析,各种电子化合物的最大电子浓度(或溶解度)对应于费米球与第一布里渊区边界相切。

根据上面的分析,很容易理解 Cu-Zn 相图中各相出现的成分范围。当在面心立方 Cu 中溶入 Zn 时,费米面逐渐增大。当 Zn 的浓度大到一定程度以至于费米面和第一布里渊区边界相切时,合金的结构由面

心立方转变成体心立方,由于体心立方结构的第一布里渊区内切球比面心立方晶体大,所以体系能量降低。由于同样的原因,随着 Zn 含量的增加,晶体结构依次转变为体心立方 β 相→复杂立方 γ 相→密排六方 ε 相,在以上结构转变次序中,相应晶体结构的第一布里渊区内切球的体积逐渐增大,所容纳的电子数越来越多。这就定性地解释了休谟 – 饶塞里定律。

按照以上分析,Cu – Zn 相图中各相富 Zn 边界处的价电子浓度应该对应于费米球与相应相晶体结构的第一布里渊区边界相切的 Zn 浓度。计算表明,理论值与实验值符合很好,证明了上述分析的正确性。下面通过计算 Zn 在 Cu 中溶解度限(即 α 相边界所对应的 Zn 浓度)说明各相溶解度的方法。

α 相为面心立方结构,其倒格子为一体心立方(见第 2 章附录 2A)。由附录 2A 可以知道,若面心立方的点阵常数为 a,则倒格子的边长 b 为

$$b = \frac{2\pi}{a}\sqrt{3} \cdot \frac{2}{\sqrt{3}} = \frac{4\pi}{a}$$

体心立方倒格子的第一布里渊区是一截角八面体,如图 2.23 所示。其中,六角形面到倒格子原点(布里渊区中心)最近,第一布里渊区内切球半径是 $\sqrt{3}\,b/4$,则内切球的体积为

$$V_s = \frac{4}{3}\pi\left(\frac{\sqrt{3}}{4}b\right)^3 = \frac{\sqrt{3}\,\pi}{2a^3}(2\pi)^3 \tag{5.101}$$

式中,V_s 是体心立方倒格子第一布里渊区内切球的体积。

前面分析表明,$\boldsymbol{k}$ 空间中态密度是均匀的,由式(5.37)知,$\boldsymbol{k}$ 空间的态密度为

$$\rho(k) = \frac{2V}{8\pi^3}$$

式中,V 是晶体体积,若晶体的原子数为 N_a,由于面心立方晶胞中含有 4 个原子,则有

$$V = \frac{1}{4}N_a a^3 \tag{5.102}$$

第一布里渊区内切球所能容纳的电子数 N_e 为

$$N_e = \frac{V_s}{\rho(k)} = \frac{\sqrt{3}\,\pi}{4}N_a \approx 1.36N_a \tag{5.103}$$

即

$$\frac{N_e}{N_a} = 1.36 \tag{5.104}$$

若 Zn 在面心立方铜中的溶解度为 C_α，则

$$N_e = N_a \left[(1 - C_\alpha) + 2C_\alpha \right]$$

所以

$$\frac{N_e}{N_a} = 1 + C_\alpha \tag{5.105}$$

将式(5.105)代入式(5.104)有 $C_\alpha \approx 0.36$，与 Cu – Zn 相图符合很好。

利用同上面相似的方法，可以求出 β 相的最大价电子数的比值和 Zn 在 β 相的溶解度。计算表明 β 相的最大价电子数与原子数比值为 1.48，与休谟 – 饶塞里定律十分接近，相应 Zn 在 β 相中溶解度为 0.48，与相图符合很好。其他电子化合物的浓度可做相应计算与分析。

习题 5

5.1   在二维正方点阵中，电子所受晶体周期性位场为

$$V(x, y) = -4V_0 \cos\left(\frac{2\pi}{a}x\right) \cos\left(\frac{2\pi}{a}y\right)$$

应用近自由电子近似求出第一能带和第二能带间的能隙。

5.2   利用紧束缚近似，求面心立方和体心立方单原子晶体 s 带能量及 s 带的带宽。

5.3   电子在周期势场中的势能函数为

$$V(x) = \begin{cases} \dfrac{1}{2}m\omega^2\left[b^2 - (x - ma)^2\right] & (na - b \leqslant x \leqslant na + b) \\ 0 & ((n-1)a + b \leqslant x \leqslant na - b) \end{cases}$$

且 $a = 4b$。

（1）画出势能曲线；

（2）利用近自由电子模型求第一禁带和第二禁带的大小。

5.4   若某晶体中电子的能量为

$$E(k) = \frac{\hbar^2}{2}\left(\frac{k_1^2}{m_1} + \frac{k_2^2}{m_2} + \frac{k_3^2}{m_3}\right)$$

求能态密度和电子的有效质量。

5.5   利用习题 5.2 的结果求 s 带带顶和带底部电子的有效质量。

5.6   设二维长方形晶格，原胞边长为 a 和 b，回答下列问题：

（1）画出前三个布里渊区；

（2）利用近自由电子近似构造当原胞中含有 1 个 1 价原子或 2 价原子时，费米面的形状。

5. 7 证明 Cu – Zn 系中 Zn 在 β 相中的最大溶解度（原子浓度）为 0.48% 。

5. 8 求 Cu – Si 和 Ag – Al 系中富 Cu 或富 Ag α 相中 Si 或 Al 的溶解度。

5. 9 比较近自由电子近似和紧束缚近似方法计算能带的异同，从而说明它们各自的适用范围。

第6章 半导体晶体

　　半导体是一类非常重要的功能材料,应用极为广泛。半导体相关理论与技术近年来发展迅速。半导体是信息、能源等领域重要材料基础,利用半导体的性质人们可以制造各种晶体管、集成电路、敏感元件等。以半导体集成电路为基础的计算机技术在现代社会中无处不在,对社会进步和人类生活有重要影响。所以半导体及其相关器件的研究一直是物理、材料等领域的重点之一。

　　半导体的性质是由半导体的能带结构决定的。本章主要在理想半导体能带结构的基础上,讨论半导体物理性质的基本规律和本质。

6.1　半导体的能带结构及本征光吸收

　　第5章介绍了金属、半导体和绝缘体能带结构的差别。半导体的能带结构的显著特点是,在 $T = 0$ K 时,价带全部被电子充满,而导带是全空的,所以,半导体在 $T = 0$ K 下是不导电的。由于半导体的能隙较小,随着温度的升高,就会有越来越多的电子从价带顶跃迁到导带底部。这样,价带和导带都为非满带,均对导电有贡献。半导体的能带结构决定了半导体及其器件的性质,本节主要介绍半导体能带结构的特点和本征半导体的光吸收。

6.1.1　半导体能带的特点

　　对半导体性质有主要影响的是能量最高的价带和能量最低的导带,所以只要在第一布里渊区内给出上述两个能带就可以分析半导体的性质。本节着重分析半导体能量最高的价带和最低的导带。

1. 理想半导体的能带

　　为了分析问题方便,常常将半导体的能带结构理想化。图 6.1(a)示出了理想的半导体能带结构。在不涉及半导体能带结构细节的分析和讨论中,有时直接使用图 6.1(b) 所示的能带示意图。

　　理想的半导体能带结构中,单一导带的极小值假定在布里渊区中心,在导带底部附近,即当 $E - E_C$ 较小时,有

$$E - E_C \propto k^2 \tag{6.1}$$

式中,E_C 是导带底的能量。

　　式(6.1) 表明,导带中 E_C 附近的等能面是以布里渊区中心为球心

的球面,所以有效质量是标量。

理想能带结构还假定单一价带的极大值同样位于布里渊区中心。在价带顶附近,当 $E_V - E$ 较小时,有

$$E_V - E \propto k^2 \tag{6.2}$$

式中,E_V 是价带顶的能量。

式(6.2)表明,价带中 E_V 附近的等能面也是以布里渊区中心为球心的球面,有效质量是标量。

理想半导体能带结构。

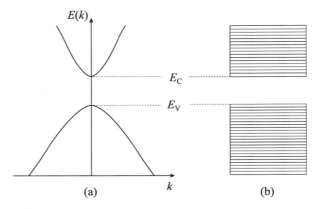

图 6.1 理想半导体能带结构(a) 和半导体能带示意图(b)

2. 直接带隙半导体和间接带隙半导体

按半导体能带结构的特点,可以将半导体分为直接带隙半导体和间接带隙半导体两种。后面会看到直接带隙半导体和间接带隙半导体的光电特性有较大的差别。

所谓直接带隙半导体是指导带底与价带顶在 **k** 空间中直接相对,即导带底和价带顶具有相同的 **k** 值,如图6.2(a)所示。GaAs 是典型的直接带隙半导体。所谓间接带隙半导体是指导带底与价带顶在 **k** 空间中不直接相对,即导带底和价带顶具有不同的 **k** 值,如图6.2(b)所示。Si 和 Ge 是典型的间接带隙半导体。

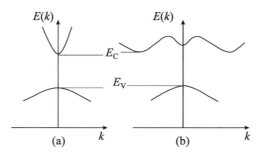

图 6.2 直接带隙半导体(a) 和间接带隙半导体(b) 的能带结构比较

　　很显然,实际半导体中会有其他未被电子占据的导带,在理想能带结构中认为有一个导带的能量足够低,其他导带可以不考虑。同样,实际半导体中还会有其他被电子占据的价带,理想能带模型仅仅考虑能量最高的那个价带。

　　实际能带结构要比图 6.1 所示的能带结构复杂得多,几乎没有一个实际半导体的能带结构同图 6.1(a) 所示的理想能带结构一致。但是,当理解或定性分析半导体的性质时,采用理想能带模型非常方便,可以给出清晰和易于理解的物理模型。在许多场合下,本章使用理想能带结构模型。其中所给出的概念和物理规律具有普适意义,只要考虑到实际能带的细节就可以应用于复杂能带半导体的分析。

6.1.2　典型半导体的能带结构

　　应用最为广泛的半导体的晶体结构主要以金刚石结构和闪锌矿结构为主。例如,最常见的 IV 族半导体 Si、Ge 均具有金刚石结构;III － V 族化合物半导体 GaAs、InSb、GaP、II － VI 族化合物半导体 CdS 和 ZnS,IV － IV 族化合物半导体 SiC 等均具有闪锌矿结构。上述半导体结构的共同特点是具有 FCC 对称性。前已指出,FCC 格子的倒格子在倒空间是 BCC 格子,其第一布里渊区是一个截角八面体(十四面体),如图 6.3 所示。鉴于 FCC 格子在半导体中的重要性,一般将其第一布里渊区的某些特殊点用大写希腊字母标记。

　　实际半导体的结构一般都很复杂,现在举几个例子,读者可以从中看到在处理实际半导体问题时,哪些情况下必须对理想半导体能带结构进行修正。

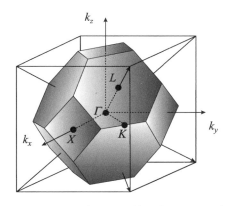

图 6.3　面心立方晶格的第一布里渊区示意图

1. CdS 和 GaAs 的能带结构

　　首先来看 CdS 的能带结构。如图 6.4(a) 所示,CdS 的能带结构与理想能带结构比较相近,但也有明显的自身特点。CdS 的导带形状与理想能带结构相似,可以看到在导带附近,有效质量是各向同性的标量。CdS 的价带比较复杂一些,有三个价带,但只有一个价带比较高。然而,从图 6.4(a) 可以看出,其能量较高的价带是严重各向异性的,即有效质量也是各向异性的。

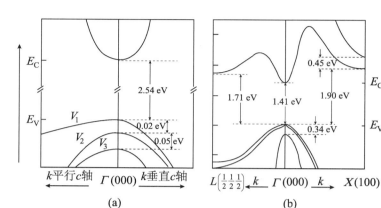

图 6.4　CdS(a) 和 GaAs(b) 的能带结构

(图中波矢 **k** 的单位是 $2\pi/a$)

图 6.4(b) 是 GaAs 的能带结构。同 CdS 能带结构相比较,GaAs 的能带结构就要复杂多了。有一导带底部和三个价带的顶部在简约布里渊区的中心,而且,在它们带顶或带底附近仍然可以近似看成是各向同性的,这一点同理想能带结构有些类似。GaAs 的价带有三个子带 V_1、V_2 和 V_3。V_1 价带和 V_2 价带很近,且在带顶处是简并的。从 V_1 价带和 V_2 价带的形状可以看出,在带顶附近可以将有效质量近似看成是标量,因为带顶附近能量是各向同性的。V_3 价带则比较低,对半导体的导电性质没有影响。

GaAs 的导带,除中心区有一个最低点以外,在布里渊区边界上还有两个较低点。

2. Ge 和 Si 的能带结构

Ge 和 Si 的能带结构更为复杂一些,如图 6.5 所示。Ge 和 Si 能带结构的共同特点是,都有三个靠得很近的价带,而且价带的形状很接近,三个靠得很近的价带在带顶附近均可近似认为是各向同性的,因而有效质量也近似为标量。

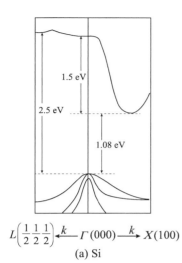 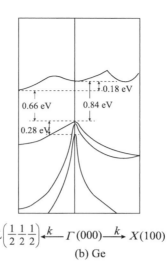

$$L\left(\frac{1}{2}\frac{1}{2}\frac{1}{2}\right) \xleftarrow{\ k\ } \Gamma(000) \xrightarrow{\ k\ } X(100)$$

(a) Si

$$L\left(\frac{1}{2}\frac{1}{2}\frac{1}{2}\right) \xleftarrow{\ k\ } \Gamma(000) \xrightarrow{\ k\ } X(100)$$

(b) Ge

图 6.5　Si 和 Ge 的能带结构

（图中波矢 k 的单位是 $2\pi/a$）

Ge 和 Si 的导带有很大差别,而且明显不同于理想能带结构。Ge 的导带能量最低点不在布里渊区中心,而是位于 $k = [1/2\ 1/2\ 1/2]$ 处。Si 导带的最低点出现在 $k = [3/4\ 0\ 0]$ 处。同时,还可看到无论是 Ge 还是 Si,价带形状复杂,各向异性程度也很大,这自然会导致有效质量的各向异性。

以上我们看到,不同半导体的能带结构差异很大,所以针对具体能带结构,分析半导体中的电子过程和行为是一项复杂的工作。本章的许多内容都以理想能带结构为出发点,论述半导体中最基本的物理现象和规律。显然,在处理实际半导体时,必须考虑实际半导体能带结构的细节。

6.1.3　半导体的本征光吸收

没有经过掺杂的半导体称为本征半导体。例如纯净的 Ge 和 Si、定比化学组成的 GaAs 都是本征半导体。本征半导体中,价带顶部的电子可以通过热激发或光辐照等方式获得能量而跃迁至导带。电子从价带向导带的跃迁一般称为本征跃迁。

当辐照光光子的能量大于半导体带隙时,价带顶部的电子就会吸收光子而跃迁至导带,这种借助于本征跃迁而发生的光吸收称为半导体的本征光吸收。半导体光吸收增加了半导体的载流子数目,引起电导率增加,即引起光电导。利用这一性质,可以选择合适带隙半导体制成光敏电子元件。

半导体中的本征跃迁要满足相应的守恒条件,即跃迁选择定则。

一是要满足能量守恒条件;二是布洛赫电子与其他粒子(如光子和声子)相互作用时要满足动量守恒条件。实际半导体的能带结构可以分为直接带隙半导体和间接带隙半导体两种。与两种带隙相对应,半导体的本征光吸收过程也分为直接吸收和间接吸收两种。

1. 直接带隙半导体光吸收

直接跃迁示于图6.6(a)。在直接跃迁中,电子从价带到导带的能量差的最小值为能带隙(E_g),所以一定存在一个截止光频率 ω_0,只有当光子的能量大于能隙时才会引起电子的跃迁,即

$$\hbar\omega_0 \geqslant E_g \tag{6.3}$$

很显然,可以利用截止频率测量半导体的带隙。在直接吸收或直接跃迁过程中,电子需满足的能量和动量守恒条件为

$$\begin{cases} E_f - E_i = \hbar\omega \\ \hbar\boldsymbol{k}_f - \hbar\boldsymbol{k}_i = \hbar\boldsymbol{Q} \end{cases} \tag{6.4}$$

式中,E_i 和 E_f 分别是电子跃迁初态和终态的能量;ω 是光子的能量;$\boldsymbol{k}_i$ 和 $\boldsymbol{k}_f$ 是电子跃迁初态和终态的波矢;$\boldsymbol{Q}$ 是光子的波矢。

由于光子的频率很大,波矢很小,光子的动量可以忽略。所以,直接跃迁的条件为

跃迁定则。

$$\begin{cases} E_f - E_i = \hbar\omega \\ \boldsymbol{k}_f \approx \boldsymbol{k}_i \end{cases} \tag{6.5}$$

由此可知,在直接跃迁过程中,电子的初态和终态在 $E \sim k$ 图中几乎在一条直线上,这是直接跃迁名称的由来。

2. 间接带隙半导体光吸收

对于间接带隙半导体而言,电子从价带顶向导带底跃迁时,布洛赫电子的波矢发生了很大变化,间接跃迁过程示于图6.6(b)。由于间接跃迁过程中电子初态和终态的动量(波矢)差别很大,该过程只有借助于发射或吸收声子才能得以实现。

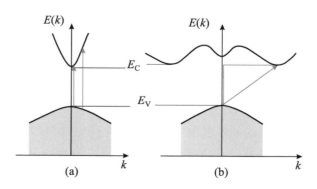

图6.6 半导体中电子的直接跃迁(a)和间接跃迁(b)

由于间接跃迁过程中涉及声子的产生或湮灭,所以间接跃迁过程的能量守恒和动量守恒条件为

$$\begin{cases} E_f - E_i = \hbar\omega \pm \hbar\omega_p \\ \hbar \boldsymbol{k}_f - \hbar \boldsymbol{k}_i = \hbar \boldsymbol{Q} \pm \hbar \boldsymbol{q} \end{cases} \tag{6.6}$$

式中,ω_p 是声子的频率;$\boldsymbol{q}$ 是声子的波矢。

考虑到声子的频率比光子的频率要小得多,而光子的波矢比声子的波矢小得多,式(6.6)可以改写为

$$\begin{cases} E_f - E_i \approx \hbar\omega \\ \boldsymbol{k}_f - \boldsymbol{k}_i \approx \pm \boldsymbol{q} \end{cases} \tag{6.7}$$

跃迁定则。

间接跃迁过程所涉及的声子过程实际上是电子和晶格振动的相互作用。这里使用声子的概念来描述电子的间接吸收过程显得十分方便和易于理解。

如果用一束连续光照射直接带隙或间接带隙半导体,因电子初态和终态能量分别可以连续变化,所得到的吸收光谱也是连续光谱,连续光谱的截止频率对应于能带隙 E_g。

6.2 电子的有效质量与空穴

正如第5章分析的那样,在电子运动的准经典近似下,可以认为外场中运动的布洛赫电子是具有有效质量的准经典粒子。本节分析半导体导带和价带上电子有效质量的差别和价带上空穴的概念。

6.2.1 电子的有效质量

一般情况下,电子的有效质量为张量,即

$$\frac{1}{m^*} = \frac{1}{\hbar^2} \begin{pmatrix} \dfrac{\partial^2 E}{\partial k_x^2} & \dfrac{\partial^2 E}{\partial k_x \partial k_y} & \dfrac{\partial^2 E}{\partial k_x \partial k_z} \\[2ex] \dfrac{\partial^2 E}{\partial k_x \partial k_y} & \dfrac{\partial^2 E}{\partial k_y^2} & \dfrac{\partial^2 E}{\partial k_y \partial k_z} \\[2ex] \dfrac{\partial^2 E}{\partial k_x \partial k_z} & \dfrac{\partial^2 E}{\partial k_y \partial k_z} & \dfrac{\partial^2 E}{\partial k_z^2} \end{pmatrix}$$

如果选取 $\boldsymbol{k}$ 空间的主轴坐标系,电子有效质量为如下形式的对角张量:

$$\frac{1}{m^*} = \frac{1}{\hbar^2} \begin{pmatrix} m_1^* & 0 & 0 \\ 0 & m_2^* & 0 \\ 0 & 0 & m_3^* \end{pmatrix} \tag{6.8}$$

如果半导体能带在 $\boldsymbol{k}$ 空间是各向同性的(例如理想半导体),布洛赫电子的有效质量就成为标量,而且

$$m^* = \frac{\hbar^2}{\mathrm{d}^2 E / \mathrm{d} k^2} \tag{6.9}$$

由图 6.1(a)可以知道,在导带底附近,$\mathrm{d}^2 E/\mathrm{d}k^2 > 0$,电子的有效质量大于零;在价带顶附近,$\mathrm{d}^2 E/\mathrm{d}k^2 < 0$,电子的有效质量为负值。

6.2.2 空穴

空穴是半导体物理学中的重要概念,它不仅可以克服负有效质量在理解上的困难,而且在处理输运问题时极为方便。从半导体的能带结构和导电机制中可以看出,半导体的电导来源于价带顶端少量电子向导带的跃迁。此时,价带虽然是可以导电的非满带,但是,价带中大部分状态仍然被电子所占据,只有价带顶附近少量的状态是空的。可以用空穴这样一种假想的粒子代替含有少量空状态的价带。

首先来阐述空穴的概念。若填满的价带中有 N_V 个电子,其速度分别为 $v_1, v_2, \cdots$ 当价带被电子充满时,具有速度为 v 和 $-v$ 的电子数目必然相等,所以总电流为零,即

$$- e \sum_m v_m = 0$$

式中,e 是电子的电荷,取正值。

现在假定价带顶附近的第 l 个电子已经跃迁至导带,则价带上的电子的电流密度可以写为

$$J = - e \sum_{m \neq l} v_m \tag{6.10}$$

由于满带不导电,所以

$$- e \sum_{m \neq l} v_m + (- e v_l) = 0 \tag{6.11}$$

所以,式(6.10)可以改写为

$$J = e v_l \tag{6.12}$$

这样,可以将具有一个空电子态的价带所产生的电流看成是一个具有电荷为 e 的正电荷,以同电子一样的速度 v_l 运动所产生的,称这个正电荷为空穴。显然,空穴是一个假想的电荷,它的速度与它所对应的、原来填在价带上的电子完全一样。

下面来分析空穴的有效质量。由 5.7 节可以知道,电子的有效质量实际上是由电子的准经典动力学行为定义的,所以,我们仍然从电子的动力学行为分析空穴的有效质量。考虑到空穴具有正电荷,有

$$\frac{\mathrm{d} \boldsymbol{v}_h}{\mathrm{d}t} = \frac{1}{\hbar^2}(- \nabla_k \nabla_k \boldsymbol{E})(e \boldsymbol{E}_e) \tag{6.13}$$

式中,$\boldsymbol{v}_h$ 是空穴的速度;E_e 是外加电场。

由于 $e E_e$ 是空穴所受到的电场力,所以,定义空穴的有效质量 m_h^* 为

空穴的有效质量。

$$(m_h^*)^{-1} = - \left(\frac{1}{\hbar^2} \nabla_k \nabla_k \boldsymbol{E} \right) \tag{6.14}$$

可见,空穴的有效质量是它所对应的、原来填充在价带上的那个电子有效质量的负值。很显然,同电子的有效质量一样,依赖于 $E = E(\boldsymbol{k})$

的具体表达式。

对于理想能带结构,在价带顶附近,能量是一个开口向下的抛物线,可以写为

$$E_V - E = \frac{\hbar^2}{2m_e^*}k^2 \qquad (6.15)$$

式中,E_V 是价带顶的能量(即价带的最大值);m_e^* 是电子的有效质量,且 $m_e^* < 0$。

此时,k 空间的等能面是各向同性的,有效质量为一标量。由式(6.15)显然有

$$m_h^* = -\left(\frac{1}{\hbar^2}\frac{d^2 E}{dk^2}\right)^{-1} = -m_e^* > 0 \qquad (6.16)$$

可见,在价带顶部,空穴的有效质量是大于零,在数值上与电子的有效质量相等。

上述分析表明,含有一个未填充状态的价带的导电行为,犹如一个空穴,这个空穴的电荷为 e;有效质量大小与价带顶附近电子有效质量大小相等,但为正值。图 6.7 示意性地画出了半导体的导电示意图,其中空穴作为价带导电的载流子,电子作为导带导电的载流子。若导带上电子导电所引起的导电率记为 σ_e,价带上空穴导电所引起的电导率记为 σ_h,那么,半导体中总的电导率 σ 就可表示为

$$\sigma = \sigma_e + \sigma_h$$

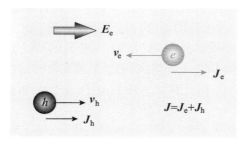

图 6.7　半导体电流示意图

(v_e 和 v_h 分别是和空穴的速度;

J_e 和 J_h 分别是电子和空穴的电流密度)

6.3　杂质半导体

在前面讨论的半导体中,导带上的电子和价带上的空穴均是由价带顶部的电子向导带跃迁而产生的,所以,两种载流子的数量必然相等,这种半导体被称为本征半导体。当在本征半导体中掺入少量杂质时,半导体的导电性质会发生改变,称这种半导体为杂质半导体。通过

掺入不同化学价的杂质,可以显著改变载流子的数量和种类,因而可以获得不同性质的半导体。半导体的掺杂技术对半导体元件的制备具有极其重要的意义。

以典型的 IV 族半导体(如 Si、Ge)为例,当向这些四价元素半导体中掺入一定量三价和五价原子时,其性质可以发生明显不同的改变。当向四价半导体中掺入五价杂质时,五价原子中的四个价电子用于同其近邻原子成键,并将价带填满。而多余的第 5 个电子则必然填充在价带以外的状态上(后面详细讨论),它易于成为半导体的主要载流子。称主要靠电子导电的半导体为 n 型半导体,将提供电子的杂质原子称为施主。

相反,当在四价本征半导体中加入适量的三价杂质时,三价杂质倾向于提供空穴,称此类半导体为 p 型半导体,将接受电子而提供空穴的杂质称为受主。

事实上,无论是施主和电子之间,还是受主与空穴之间,均存在一定的库仑吸引作用,从而形成一定的束缚态。下面分别讨论施主和受主能级。

6.3.1 施主掺杂和施主能级

下面以在硅(Si)中掺杂磷(P)为例说明施主掺杂。P 是 +5 价元素,将 P 掺入 Si 以后,P 将取代晶格中 Si 的位置,形成置换(或代位)式固溶体,如图 6.8(a)所示(事实上 Si 的 4 个共价键是立体的,所以图 6.8(a)仅仅是一种示意图而已)。图中可以看出,每个原子都有 4 个价电子同周围 4 个近邻原子形成共价键,同纯 Si 的情况类似,所有形成共价键的电子正好将价带全部填满。由于 P 是五价的,这意味着 P 原子多提供了一个价电子,姑且称之为额外电子。下面分析这个额外电子的行为。

P 原子与其周围近邻原子形成四对共价键,但 +5 价的 P 离子的正电荷并没有完全得到中和,因此可以将同四个相邻 Si 原子成键的 P 离子看成是一个 +1 价的离子,记为 P^+。可以想象,这个额外电子会受到 P^+ 离子吸引作用,而具有绕 P^+ 离子运动的趋势。额外电子绕 P^+ 离子运动就会形成一种局域束缚电子态。由于 P^+ 离子周围价电子的屏蔽作用,上述局域电子态的稳定性差。当吸收外部能量时,这个额外电子就要脱离束缚态成为晶体中的布洛赫电子而在整个晶体中作共有化运动。

当额外电子脱离 P^+ 离子束缚时,它只能填在导带底部。所以这个束缚态电子的能级应低于导带底部的能量,位于导带底下方。由掺杂而在半导体禁带中引入的局域能级称为杂质能级。由于 P 原子提供了一个多余的电子,因此称为施主,所引起的 P^+ 离子与额外电子束缚能级称为施主能级,用 E_D 表示,如图 6.8(b) 所示。

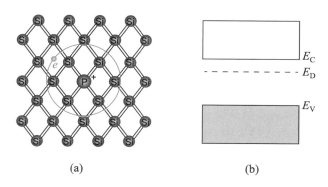

(a)   (b)

图 6.8 Si 中的施主及类氢原子模型(a) 和施主能级(b)

现在来分析施主掺杂所形成的杂质能级(称为施主能级)。作为一种近似,可以将施主和多余的额外电子所形成的局域电子态用类氢原子模型来处理。由于电子同正电中心 P^+ 的吸引作用要受到其他离子和电子的屏蔽作用,为处理这种屏蔽效应的最简单方法是将半导体晶体看成是具有介电常数 ε_r 的电介质。这样,局域电子态的薛定谔方程为

$$\left(-\frac{\hbar^2}{2m_e^*}\nabla^2 - \frac{e^2}{4\pi\varepsilon_0\varepsilon_r r} \right)\varphi = E_I\varphi \tag{6.17}$$

式中,m_e^* 是电子的有效质量;ε_r 是半导体的相对介电常数;E_I 是类氢原子能级。

根据氢原子能级的量子力学计算结果可知,上述薛定谔方程的能级为

$$E_I = \frac{-m_e^* e^4}{2(4\pi\varepsilon_0\hbar)^2\varepsilon_r^2 n^2} = -\frac{1}{n^2}\left(\frac{m_e^*}{m\varepsilon_r^2}\right)E_H \tag{6.18}$$

式中,$n = 1, 2, 3, \cdots$;m 是电子的质量;$E_H \approx 13.6$ eV 是氢原子的基态电离能(基态能级的绝对值)。

由于束缚态很弱,只有基态($n = 1$)是稳定的。要使这个电子脱离杂质原子(施主)的束缚而成为导带上的布洛赫电子所需的能量为

$$\Delta E_I = \frac{m_e^*}{m\varepsilon_r^2}E_H \tag{6.19}$$

额外电子脱离类氢原子的束缚进入导带底部,则有

$$E_C - E_D = \frac{m_e^*}{m\varepsilon_r^2}E_H \tag{6.20}$$

式中,E_C 是导带底的能量。

如果 $E_C - E_D$ 较小,则称其为潜能级施主,或浅施主;若 $E_C - E_D$ 很大,则称为深能级施主。Si 中掺 P 所引起的施主是浅施主。

应当指出,尽管将施主能级表示在禁带中,但施主能级与能带上的能级具有本质的差别。能带上的能级是电子在晶体中作共有化运动而形成的能级,而施主能级是电子受施主离子束缚的局域能级。另外,施主与电子所形成的束缚态非常弱,电子从施主能级上跃迁至导带远比电子从价带跃迁至导带来得容易。即使在比较低的温度下,电子也会从浅施主跃迁至导带的底部而成为载流子。此时半导体中的载流子主要是电子(称为多数载流子),而价带向导带跃迁在价带顶附近形成的空穴则称为少数载流子。称含有施主杂质的半导体为 n 型半导体。

6.3.2　受主掺杂和受主能级

向四价 Si 中掺杂三价杂质可以形成受主半导体。下面以 Si 中掺杂三价元素硼(B)为例说明受主掺杂和受主能级。如图 6.9 所示,考虑一个 B 原子取代 Si 晶体中 Si 的正常位置形成置换式固溶体。由于 B 是三价的,它只有 3 个价电子,所以当 B 原子从固体中获得一个电子而同最近邻的 4 个 Si 原子都形成共价键时,就等效在晶体中留下了一个空穴,而 B 原子本身也因获得一个电子而成了一个负电中心(记为 B$^-$)。

首先,空位受到来自 B$^-$ 负电中心经过屏蔽的库仑吸引作用,可以形成束缚态,这个束缚态能级被称为受主能级。由于负电中心 B$^-$ 和空穴之间的库仑相互作用受到了其他离子和电子的屏蔽,束缚态的结合很弱。所以空穴很容易在获得一定能量后进入价带顶部而成为“自由空穴”。自由空穴属于整个固体,只能存在于价带顶部,受主能级应在价带顶的上方,如图 6.9(b)所示,图中,在价带顶上方的能级 E_A 就是受主能级。

仿照施主电离能的类氢原子模型处理方法,可以给出束缚态空穴变成价带顶部的“自由空穴”所需要的电离能为

$$\Delta E_{\mathrm{I}} = \frac{m_{\mathrm{h}}^{*}}{m \varepsilon_{\mathrm{r}}^{2}} E_{\mathrm{H}} \tag{6.21}$$

则

$$E_{\mathrm{A}} - E_{\mathrm{V}} = \frac{m_{\mathrm{h}}^{*}}{m \varepsilon_{\mathrm{r}}^{2}} E_{\mathrm{H}} \tag{6.22}$$

式中,m_{h}^{*} 是空穴的有效质量;E_{V} 是价带顶的能量。

与施主类似,可以定义潜能级受主和深能级受主。对于浅受主而言,空穴的束缚态很弱,E_A 很接近价带顶,空穴很容易跃迁至价带顶附近而形成空穴载流子。也就是说,受主空穴能级的引入为在价带中产生空穴载流子提供了更容易实现的条件。当在本征半导体引入一定数量的受主杂质时,半导体中的载流子主要是空穴,称这种半导体为 p 型半导体。在 p 型半导体中,空穴是多数载流子,而电子是少数载流子。

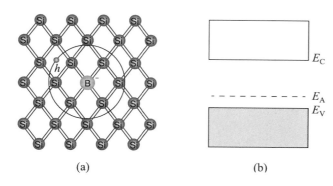

图 6.9　Si 中的受主及类氢原子模型(a)和受主能级(b)

6.3.3　半导体中的几种电子过程

1. 杂质电离

施主能级位于导带底之下,由于施主的束缚态较弱,施主杂质所束缚的电子很容易在外部激发下(热激发、光吸收等)跃迁至导带底部,这一过程称为施主电离,如图 6.10 所示。对于浅施主半导体,施主电离非常容易,室温下施主就可能全部电离。施主电离后,导带上的电子载流子浓度远高于价带上的空穴载流子浓度。所以 n 型半导体(施主半导体)的多数载流子为导带中的电子,少数载流子是价带上的空穴。

与施主电离相仿,受主杂质所束缚的空穴也易于电离而进入价带顶部。如图 6.10 所示,受主电离实际上是价带顶部的电子跃迁至中性受主能级所致。受主电离可以产生大量的空穴载流子,所以 p 型半导体(受主半导体)的多数载流子是价带中的空穴,少数载流子是导带中的电子。

2. 载流子补偿

以上讨论了半导体中杂质仅有施主或受主一种作用。有时候,当向本征半导体引入一种杂质时,同时具有施主和受主的作用。GaAs 中 Ga 为 +3 价,As 为 +5 价,在 GaAs 中掺入四价 Si 时就可能形成两种杂质能级。若 Si 占据 Ga 的位置,Si 就是施主;若 Si 占据 As 的位置,Si 就是受主。另外,在本征半导体中同时掺杂施主和受主杂质时,可以在禁带中同时引入施主能级和受主能级。由于施主能级被电子占据且高于受主能级,所以当半导体中同时存在施主和受主时,施主上的电子会优先向受主能级上跃迁,这一过程称为补偿,如图 6.10 所示。这时,半导体的导电类型取决于施主和受主的相对浓度。

基于以上分析,可以看到半导体的掺杂可以显著改变半导体的导电性,因此,制备高纯半导体和精确的人工掺杂对高性能半导体器件的制造具有特别重要的意义。

3. 激子吸收

在某些情况下,由于空穴带正电,而导带底部的电子带负电,二者相互吸引,可以形成一个相对稳定的束缚态。此时,光吸收过程使价带上电子向该束缚态能级跃迁。这种吸收过程称为激子吸收,电子和空穴所形成的束缚态称为激子,如图 6.10 所示。

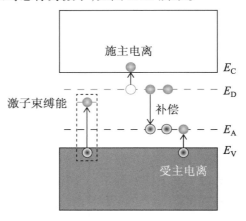

图 6.10 半导体中的几种电子过程

空穴和电子的相互吸引所形成的束缚态可以利用类氢原子模型进行分析,见习题 6.1。由于在激子吸收过程中,激子并未扩散,所以不增加额外的载流子,故不引起光电导。

6.4 载流子的平衡统计分布

本节讨论在热平衡条件下半导体中的载流子统计分布。由于半导体的导电性来自于电子或空穴的热激发,所以研究半导体中载流子的统计分布具有重要意义。本节首先分析本征半导体的载流子统计分布,而后分析杂质半导体中的统计分布。为了能够比较清晰地阐述半导体中载流子分布的一般规律,本节将集中讨论非简并的理想半导体。

在半导体方面的教材、专著或文章中一般将任何温度下的化学势都称为费米能级,为了使读者在阅读文献时方便,本节同样将任意温度下半导体的电子化学势称为费米能级,请注意与金属费米能级(绝对零度下的电子化学势)的概念相区别。

6.4.1 热平衡载流子的统计分布

1. 导带上电子载流子的统计分布

首先来分析电子载流子的统计分布规律,即分析导带上的电子统计分布规律。由费米 – 狄拉克分布可以得到导带上的电子数 $N(T)$ 为

$$N(T) = \int_{E_C}^{E_{ct}} f(E,T) g_C(E) \, dE \qquad (6.23)$$

式中，E_{ct} 为导带顶部的能量；$f(E,T)$ 是费米 - 狄拉克分布函数；$g_C(E)$ 为导带上的能态密度。

在常规温度下，电子主要分布在导带底附近，可以将式（6.23）积分上限近似为 ∞。在理想能带结构的情况下，导带底部附近的电子能量具有式（6.1）所示的形式，即

$$(E - E_C) = \frac{\hbar^2 k^2}{2m_e^*} \qquad (6.24)$$

式中，m_e^* 是导带底附近的电子有效质量。

由式（6.24）可知，导带底附近的等能面与自由电子的等能面相似，都是 k 空间的球面。而状态密度只与等能面的形状有关（见第 5 章），所以，由自由电子能态密度的表达式可得导带底的电子态密度：

$$g_C(E) = \frac{V}{2\pi^2} \left(\frac{2m_e^*}{\hbar^2} \right)^{3/2} (E - E_C)^{1/2} \qquad (6.25)$$

将 $f(E,T) = \dfrac{1}{1 + e^{(E-E_F)/k_B T}}$ 和式（6.25）代入式（6.23），可得

$$N(T) = N_C V \frac{2}{\sqrt{\pi}} F_n \left(\frac{E_F - E_C}{k_B T} \right) \qquad (6.26)$$

式中，E_F 实际就是电子的化学势。

在半导体物理中不区分化学势和费米能级。

在半导体物理学中一般称为费米能级，本书沿用这一名称，且

$$N_C \equiv 2 \left(\frac{m_e^* k_B T}{2\pi \hbar^2} \right)^{3/2} \qquad (6.27)$$

称为导带上的电子有效密度。而

$$F_n(x_F) = \int_0^\infty \frac{\sqrt{x}}{1 + e^{x - x_F}} dx \qquad (6.28)$$

式中，$x_F = (E_F - E_C)/k_B T$。$F_n(x_F)$ 称为费米积分，一般情况下只有数值解。从而，导带中的电子密度为

$$n = \frac{N(T)}{V} = \frac{2N_C}{\sqrt{\pi}} F_n(x_F) = \frac{2N_C}{\sqrt{\pi}} F_n \left(\frac{E_F - E_C}{k_B T} \right) \qquad (6.29)$$

当温度较低时，$E_C - E_F \gg k_B T$，式（6.29）就可以近似地改写为

$$n = N_C e^{-(E_C - E_F)/k_B T} \qquad (6.30)$$

2. 价带上空穴载流子的统计分布

用上面同样的方法，可以讨论在价带顶部附近空穴载流子的统计分布。由于空穴是未被电子占据的状态，由费米 - 狄拉克分布可得到空穴的统计分布函数 $f_h(E)$ 为

$$f_{\mathrm{h}}(E,T) = 1 - f(E,T) \tag{6.31}$$

则价带顶部空穴的数目为

$$P(T) = \int_{-\infty}^{E_{\mathrm{V}}} \left[1 - f(E,T)\right] g_{\mathrm{V}}(E)\,\mathrm{d}E \tag{6.32}$$

式中,$g_{\mathrm{V}}(E)$ 是价带顶部附近空穴的态密度。

在理想能带结构的情况下,价带附近空穴的能级可以定为(6.2)式的形式,即有

$$E_{\mathrm{V}} - E = \frac{\hbar^2 k^2}{2 m_{\mathrm{h}}^*} \tag{6.33}$$

式中,m_{h}^* 是空穴的有效质量。这样价带顶部的能态密度为

$$g_{\mathrm{V}}(E) = \frac{V}{2\pi^2} \left(\frac{2 m_{\mathrm{h}}^*}{\hbar^2}\right)^{3/2} (E_{\mathrm{V}} - E)^{1/2} \tag{6.34}$$

仿照式(6.22)的推导就有空穴的密度 p 的表达式为

$$p = N_{\mathrm{V}} \frac{2}{\sqrt{\pi}} F_n \left(\frac{E_{\mathrm{V}} - E_{\mathrm{F}}}{k_{\mathrm{B}} T}\right) \tag{6.35}$$

式中

$$N_{\mathrm{V}} = 2 \left(\frac{m_{\mathrm{h}}^* k_{\mathrm{B}} T}{2\pi \hbar^2}\right)^{3/2} \tag{6.36}$$

N_{V} 称为空穴载流子的有效密度。同样,若 $E_{\mathrm{F}} - E_{\mathrm{V}} \gg k_{\mathrm{B}} T$(即温度较低的情况下),则式(6.35)可以简化为

$$p = N_{\mathrm{V}} \mathrm{e}^{-(E_{\mathrm{F}} - E_{\mathrm{V}})/k_{\mathrm{B}} T} \tag{6.37}$$

由式(6.30)和式(6.37)可以得到

$$np = N_{\mathrm{C}} N_{\mathrm{V}} \mathrm{e}^{-(E_{\mathrm{C}} - E_{\mathrm{V}})/k_{\mathrm{B}} T} = N_{\mathrm{C}} N_{\mathrm{V}} \mathrm{e}^{-E_{\mathrm{g}}/k_{\mathrm{B}} T} \tag{6.38}$$

式(6.38)对非简并情况半导体是一个非常重要的结果。它表明,对于一个给定的半导体(E_{g} 给定),在一定温度下,np 为一常数,称为质量反应定律。

应当指出,以上讨论的是平衡载流子的情况。当半导体在外界的作用下,例如光吸收,会引起附加的非热平衡的载流子 Δn 和 Δp,这时 n 和 p 的表达式必须予以修正。

非常重要的一点是,在上述分析推导过程中,对载流子的来源未做任何假定,仅仅用到了能态密度和费米 - 狄拉克分布。因此以上结论既可以用于本征半导体,也可以用于杂质半导体。

6.4.2　本征半导体的热平衡载流子

本征半导体中导带上的电子全部来自于价带上电子的本征跃迁,

所以,价带中的空穴数必然等于导带中的电子数,所以有

$$n = p \equiv n_i \tag{6.39}$$

由式(6.31)可以得到

$$n_i = (N_C N_V)^{1/2} e^{-E_g/2k_B T} \tag{6.40}$$

将上式代入式(6.23)或(6.30)就可求得半导体的费米能级

$$E_F = \frac{E_C + E_V}{2} + \frac{3}{4} k_B T \ln\left(\frac{m_h^*}{m_e^*}\right) \tag{6.41}$$

本 征 半 导 体 的 费
米 能 级。

当 $T = 0\ K$ 时,费米能级为

$$E_F = \frac{1}{2}(E_C + E_V) \tag{6.42}$$

费米能级在绝对零度下,正好落在禁带中央(图 6.11)。$E_i = (E_C + E_V)/2$ 常被称为本征能级。式(6.41)表明,除非价带上空穴的有效质量与导带上电子的有效质量相等,否则 E_F 就是温度的函数。

本 征 能 级。

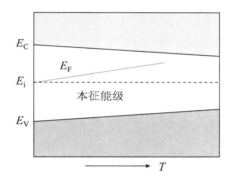

图 6.11　本征半导体中费米能级与温度关系的示意图

　　若 $m_h^* > m_e^*$,费米能级随温度的升高而增加,如图 6.11 所示。图中可见,当温度甚高时,费米能级逐渐靠近导带底部,那么 $E_C - E_F \gg k_B T$ 条件就要慎重使用。尽管如此,以上给出的定性结论仍然是有益的。求得了费米能级就可由式(6.30)和(6.37)确定载流子的数目。若 $m_h^* < m_e^*$,费米能级则随温度增加而降低。

6.4.3　杂质半导体的热平衡载流子

　　前面已经得到在温度不高的条件下半导体的载流子密度为

$$\begin{cases} n = N_C e^{-(E_C - E_F)/k_B T} \\ p = N_V e^{-(E_F - E_V)/k_B T} \end{cases} \tag{6.43}$$

因此,只要求得了 E_F,对于给定半导体,就可以求出载流子密度。现在给出一种求杂质半导体费米能级的方法。

考虑均匀掺杂的半导体，N_D 和 N_A 分别是施主和受主的浓度，施主能级和受主能级分别为 E_D 和 E_A，电离的施主和受主浓度分别记为 N_D^+ 和 N_A^-。按前面的讨论，施主电离意味着施主能级上的电子跃迁至导带；受主电离意味着价带上的电子跃迁至受主能级。很容易写出电中性条件

$$p - n + N_D^+ - N_A^- = 0 \tag{6.44}$$

1. n 型半导体

现在来分析只有施主（即 n 型半导体）的情形，此时，$N_A^- = 0$，有

$$n = N_D^+ + p \tag{6.45}$$

由于 N_D^+ 等于施主浓度（N_D）减去被电子占据的施主浓度（即未电离的施主密度），则 N_D^+ 为

$$N_D^+ = N_D \left[1 - \frac{1}{1 + \dfrac{1}{\beta} e^{(E_D - E_F)/k_B T}} \right] \tag{6.46}$$

在式(6.46)中费米 - 狄拉克分布函数中引进因子 β 是基于以下两方面的考虑：其一，虽然施主能级的简并度为 2（电子自旋向上或向下），但是，实际施主的束缚能很小，当有两个电子占据同一施主能级时，电子间的排斥作用使束缚态变得极不稳定，所以施主能级上只能有一个电子占据。其二，施主能级上的电子跃迁至导带底时，与其自旋相同的状态必须是空态，而导带上的电子向施主能级跃迁时，则与自旋无关。一般认为，$\beta = 2$。则式(6.46)变为

$$N_D^+ = \frac{N_D}{1 + 2e^{(E_F - E_D)/k_B T}} \tag{6.47}$$

将式(6.47)代入式(6.45)并利用式(6.43)的结果，可以得到

$$N_C e^{(E_F - E_C)/k_B T} = \frac{N_D}{1 + 2e^{(E_F - E_D)/k_B T}} + N_V e^{-(E_F - E_V)/k_B T} \tag{6.48}$$

这样，就可以从方程(6.48)中求解出 E_F 和温度的关系，只要知道了 E_F，就可由式(6.43)给出只含施主的 n 型半导体的电子载流子密度。一般情况下，从式(6.48)中给出解析解是困难的。图 6.12 示出了由方程(6.48)解出的数值解费米能级与温度的关系。图中可以看出，费米能随温度变化而变化，其物理本质是，随着温度的升高，费米能必须自我调整，以改变由式(6.43)给出的载流子密度，使得电中性方程(6.44)得到满足。

施主半导体导带上的电子来源于带间跃迁和施主电离。

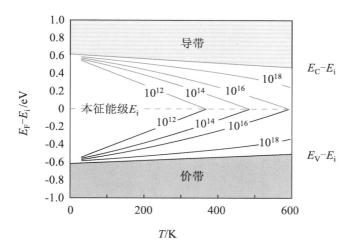

图 6.12   Si 的费米能与温度和杂质浓度的关系
（曲线上的数字是以 cm^{-3} 为单位的杂质浓度）

当温度较低时,费米能级靠近导带底部,式(6.48)中含 N_V 一项可以略去。若 $2e^{(E_F-E_D)/k_BT} \gg 1$(温度很低时),则由简化后的式(6.48)可以求出:

$$E_F = \frac{1}{2}(E_C + E_D) + \frac{1}{2}k_BT\ln\left(\frac{N_D}{2N_C}\right) \qquad (6.49)$$

当 $T = 0\,K$ 时,E_F 位于导带底和施主能级之间。代入式(6.43)可求得至含施主的 n 型半导体的载流子密度。一般情况下,$N_D < N_C$,所以 n 型半导体的费米能随温度升高而降低。

2. p 型半导体

仿照 n 型半导体载流子密度的确定方法,同样可以确定 p 型半导体的载流子密度。对只有受主的 p 型半导体有

$$p = N_A^+ + n \qquad (6.50)$$

仿照 n 型半导体的推导,可得在温度较低时,p 型半导体的费米能为

$$E_F = \frac{E_V + E_A}{2} - \frac{1}{2}k_BT\ln\left(\frac{N_A}{2N_V}\right) \qquad (6.51)$$

一般情况下,$N_A < N_V$,所以 p 型半导体的费米能随温度升高而升高。p 型半导体的费米能级同样示于图 6.12 中,可见,当温度较低时,p 型半导体的费米能级显著低于 n 型半导体的费米能级。

6.4.4   温度对载流子浓度的影响

半导体中载流子的产生与热激发密切相关,所以,温度对半导体中载流子的密度有十分重要的影响。这里以 n 型半导体为例,讨论温度

$T = 0\,K$ 时 E_F 位于 E_C 和 E_D 中央。

$T = 0\,K$ 时 E_F 位于 E_V 和 E_A 中央。

对半导体载流子浓度的影响规律与机制。图6.13为典型 n 型半导体中载流子浓度与温度的关系,可见温度对载流子浓度有显著影响。图中可以分为三个区域,第一个区域是在低温区,载流子浓度随温度的增加而增加;在中温区,载流子浓度几乎不随温度发生变化;在较高温度下,载流子又随温增加而提高。

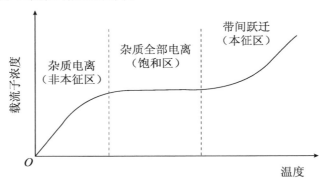

图 6.13   n 型半导体的电子载流子浓度与温度的关系

在较低温度下,电子从价带到导带的跃迁(称为本征激发)很困难,导带上的电子载流子主要来源于施主杂质的电离,电子浓度由 N_D^+ 决定。温度越高,杂质电离率越大,N_D^+ 越大,所以在低温区载流子密度随温度增加而增加,称此区为非本征区。当温度达到一定值以后,施主全部电离,而本征激发仍然不明显时,半导体的载流子浓度主要由 N_D 决定,载流子浓度几乎不变,所以称此区域为饱和区。当温度继续升高时,本征激发开始起作用。且温度越高,本征激发概率越大,所以在此区内,载流子浓度随温度提高而增加,称此区域为本征区。

对 p 型半导体,可做同上述分析类似的讨论。

6.5   导电性与霍尔效应

导电性和霍尔效应是半导体的重要性质,它们不仅反映了载流子在外场下的输运性质,而且也可反映出载流子的数量和性质(电子还是空穴)。电导率和霍尔系数的测量是研究半导体性质的重要手段。本节主要介绍半导体导电性和霍尔效应的一般规律,并介绍半导体的电阻率与温度的关系。

6.5.1   电导率

利用半导体中载流子的有效质量和弛豫时间近似,可以用第 4 章金属的电导率公式描述半导体的电导率。在半导体中,当外加电场强度很大时,会引起所谓的过热载流子,使得其电导率发生很大的变化。

这里仅限于弱场的正常导电性分析。

在半导体中,存在电子和空穴两种载流子,由式(4.33)可得到电子的电导率 σ_e 和空穴的电导率 σ_h 分别为

$$\sigma_e = \frac{ne^2}{m_e^*}\tau_e = ne\mu_e \tag{6.52}$$

$$\sigma_h = \frac{pe^2}{m_h^*}\tau_h = pe\mu_h \tag{6.53}$$

式中,τ_e 和 τ_h 分别是电子和空穴的平均弛豫时间;μ_e 和 μ_h 分别是电子和空穴的迁移率,且

$$\mu_e = \frac{e\tau_e}{m_e^*} \tag{6.54}$$

$$\mu_h = \frac{e\tau_h}{m_h^*} \tag{6.55}$$

当半导体中既存在电子导电,也存在空穴导电时,半导体的电导率可表示为

$$\sigma = \sigma_e + \sigma_h = e(n\mu_e + p\mu_h) \tag{6.56}$$

对于本征半导体,$n = p = n_i$,则由式(6.39)可以得到

$$\sigma = n_i e(\mu_e + \mu_h) =$$
$$(N_C N_V)^{1/2}(\mu_e + \mu_h)\mathrm{e}^{-E_g/2k_B T} \tag{6.57}$$

对于杂质半导体,可利用6.4节中的一般性结论予以讨论。由6.4节知道,当温度升高时,半导体进入本征区,载流子主要由本征激发控制,则所有半导体的高温电导率均可写成

$$\sigma = A(T)\mathrm{e}^{-E_g/2k_B T} \tag{6.58}$$

当视 $A(T)$ 与温度无关时,可通过高温 $\sigma \sim T$ 曲线的测量估算半导体的禁带宽度 E_g。

6.5.2 霍尔系数

由4.5节可以知道,半导体中只有电子载流子时,霍尔系数为

$$R_e = -\frac{1}{ne} \tag{6.59}$$

只有空穴为载流子时,霍尔系数为

$$R_h = \frac{1}{pe} \tag{6.60}$$

当半导体中载流子既包括电子也包括空穴时,霍尔效应要比导电性复杂。因外加电场使电子和空穴的定向漂移方向相反,而它们所受的洛仑兹力就会使电子和空穴向同一方向运动,这样,由于 R_e 和 R_h 的正负号相反,电子和空穴有相互抵消霍尔效应的趋势。可以证明,当电

子和空穴共存时,霍尔系数为

$$R_{\text{H}} = \frac{p\mu_{\text{h}}^2 - n\mu_{\text{e}}^2}{e(p\mu_{\text{h}} + n\mu_{\text{e}})^2} \tag{6.61}$$

通常 $\mu_{\text{e}} > \mu_{\text{h}}$。可利用霍尔系数判定半导体类型及载流子浓度。

6.5.3　迁移率与温度的关系

半导体的电导率不仅与载流子浓度有关,而且与迁移率有关。由迁移率定义可以看出,对于给定半导体而言,迁移率主要取决于载流子的碰撞过程(用弛豫时间表示),或者说取决于载流子所受到的散射过程。若载流子受到多种散射,每种散射的概率为 P_i,那么,总散射概率为

$$P = \sum_i P_i \tag{6.62}$$

则总弛豫时间 τ 由下式给出

$$\frac{1}{\tau} = \sum_i \frac{1}{\tau_i} \tag{6.63}$$

式中,τ_i 为第 i 种散射的弛豫时间。所以,总迁移率 μ 由下式确定

$$\frac{1}{\mu} = \sum_i \frac{1}{\mu_i} \tag{6.64}$$

式中,μ_i 为第 i 种散射机制所决定的迁移率。上述分析对电子和空穴的迁移率都是正确的。

半导体中的散射机制主要有两种。一种是晶格热振动对载流子的散射,可用载流子同声子的碰撞来处理;另外一种是电离杂质对载流子的散射。在半导体中,杂质具有重要意义,当施主或受主电离后,就会在晶体中留下正电中心或负电中心。电离杂质对载流子的散射作用可用卢瑟福(Rutherford)散射来描述,如图 6.14 所示。

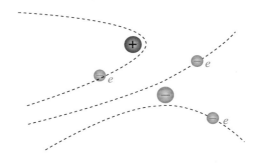

图 6.14　载流子受电离杂质散射的卢瑟福机制示意图

理论计算表明,晶格散射所决定的迁移率 μ_{L} 和电离杂质散射所决定的迁移率 μ_{I} 分别为

$$\begin{cases} \mu_{\mathrm{L}} = a_{\mathrm{L}} T^{-3/2} \\ \mu_{\mathrm{I}} = a_{\mathrm{I}} T^{3/2} \end{cases} \tag{6.65}$$

总迁移率由下式给出

$$\frac{1}{\mu} = \frac{1}{a_{\mathrm{L}}} T^{3/2} + \frac{1}{a_{\mathrm{I}}} T^{-3/2} \tag{6.66}$$

式中，a_{L} 和 a_{I} 是与载流子有效质量有关的常数。

$1/\mu - T$ 的关系如图 6.15(a) 所示。图 6.15(b) 给出了载流子数目的倒数与 T 的关系的示意图。这样，就可得到半导体电阻率与温度关系的定性规律，如图 6.15(c) 所示。下面以 n 型半导体为例，做下述分析。

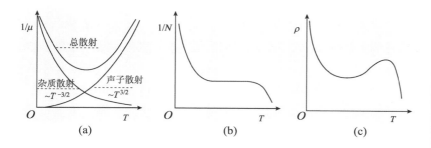

图 6.15 半导体的迁移率倒数(a)、载流子倒数(b) 和电阻率(c) 与温度关系

在接近绝对零度的低温区，电子的费米能级高于施主能级，位于导带底和施主能级之间。此时，杂质几乎没有电离。随温度的增加，施主的电离概率越来越大，电子载流子浓度逐渐增加。在低温区，声子数目较少，声子对电子的散射较弱，对电阻起主要作用的是电离杂质对载流子的散射。此时，半导体的电阻率因载流子浓度的增加而随温度增加逐渐降低。

随温度的进一步增加，施主在热激活的作用下，电离概率越来越大，直至全部电离。但电子的本征激发还不明显，载流子浓度几乎不发生变化，即进入饱和区。在饱和区的温度区间内，声子对电子的散射随温度增加愈来愈强，而载流子浓度变化很小，所以半导体的电阻率随温度的增加而增加。

当温度进一步升高至可以引起显著的本征激发时，载流子(包括导带上的电子和价带上的空穴)的浓度随温度增加而逐渐增加，半导体的电阻率对温度增加再一次呈下降趋势。

6.6　p－n 结

将由同种本征半导体形成的 p 型半导体和 n 型半导体相互接触就

形成了 p - n 结。p - n 结在技术上有极为重要的意义,它是众多半导体器件的核心。在实际应用中,常在一个半导体的不同部位进行不同杂质的人工掺杂而获得 p - n 结。本节主要讨论平衡 p - n 结的形成、p - n 结的整流特性和光生伏特效应等。

6.6.1 p - n 结的平衡势垒

半导体的费米能级就是半导体中电子的化学势,所以不同费米能级的半导体相互接触时,在费米能级差的驱动下,电子就会由费米能级高的半导体向费米能级低的半导体扩散,直至二者的费米能级相等为止。

现在来分析 p - n 结平衡势垒的形成过程。当 p 型半导体和 n 型半导体开始接触时,由于 n 型半导体的费米能级高于 p 型半导体的费米能级,所以必然发生电子从 n 型半导体向 p 型半导体的扩散,而空穴的扩散方向则由 p 向 n 型半导体,如图 6.16(a) 所示。

上述扩散过程还会引起界面区的另外一种变化。n 区由于电子扩散至 p 区,导致近界面区大量的施主电离,形成裸露的带正电的施主;p 区由于空穴向 n 区扩散,导致近界面区大量受主电离,形成裸露的带负电受主,如图 6.16(b) 所示。从而载流子的扩散在 p 和 n 型半导体之间界面区附近建立起了一个从 n 指向 p 的电场,称此电场为自建电场。显然,自建电场将会引起导带上的电子自 p 向 n 作漂移运动,而价带上的空穴作自 n 向 p 的漂移运动。自建电场所引起的载流子漂移远动阻碍电子从 n 到 p 的扩散及空穴从 p 到 n 的扩散。这种自建电场的建立和载流子浓度的变化将导致界面区能带发生弯曲。随着扩散的进行,二者的费米能级逐渐接近并达到一致,如图 6.16(c) 所示。最后,当界面区的 p 和 n 的费米能级相等时,上述载流子扩散和漂移运动达到了动态平衡,在界面附近建立起了一个平衡的势垒。

上述扩散的结果是界面附近的 n 区的电子载流子数目很少,留下了带正电的电离施主;p 区留下了带负电的电离受主,形成了载流子的耗尽层。耗尽层的载流子很少,所以是一个高阻区。

可见,p - n 结的平衡势垒就是两个半导体接触前费米能级的差,即

$$eV_C = E_F^n - E_F^p \tag{6.67}$$

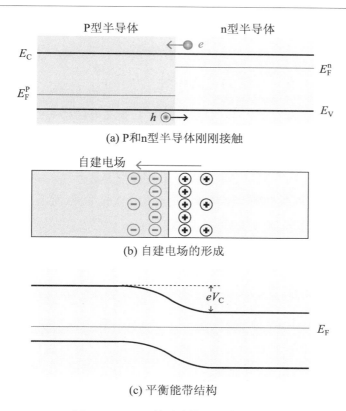

(a) P和n型半导体刚刚接触

(b) 自建电场的形成

(c) 平衡能带结构

图 6.16　p-n 结平衡势垒的建立过程

式中，V_C 是 p-n 结两端电位差（也称接触势差）；E_F^n 和 E_F^P 是接触前 n 型半导体和 p 型半导体的费米能级。

假如在耗尽层的载流子完全进行了互扩散，将式（6.43）中的两个表达式相乘，可得相互扩散的载流子浓度之积

$$np = N_C N_V e^{-E_g/k_B T} e^{eV_C/k_B T} = n_i^2 e^{eV_C/k_B T} \tag{6.68}$$

式中，n 和 p 分别是接触前 n 型半导体和 p 型半导体的电子和空穴的浓度。

当施主和受主全部电离时，$n = N_D$，$p = N_A$，则式（6.68）可简化为

$$N_D N_A = n_i^2 e^{eV_C/k_B T}$$

即

$$eV_C = k_B T \ln \frac{N_D N_A}{n_i^2} \tag{6.69}$$

将 $n_i^2 = N_C N_V e^{-E_g/k_B T}$ 代入上式有

$$eV_C = E_g + k_B T \ln \frac{N_D N_A}{N_C N_V} \tag{6.70}$$

可见,禁带宽度 E_g 增大,p－n 结的平衡势垒增加,提高 n 型半导体和 p 型半导体掺杂浓度也使 p－n 结的势垒提高。

6.6.2　p－n 结的整流特性

为了方便起见,若 p 区接电池正极(处在高电位),n 区接电池负极(处在低电位),则称所加电压为正向偏压;反之则称所加电压为反向偏压,如图 6.17 所示。由于 n 区的多数载流子是电子,而 p 区的多数载流子是空穴,p－n 是否导通取决于多数载流子是否可以跨越 p－n 结的势垒区。下面从物理上阐明 p－n 整流特性的本质,而不进行严格的数学处理。

首先分析正向偏压的情况。当对 p－n 结施加正向偏压时,p－n 结的势垒高度下降为

$$\phi_f = e(V_C - V) \tag{6.71}$$

式中,ϕ_f 是施加正向偏压 V 以后 p－n 结的势垒高度。未加偏压时,p－n 结处于平衡状态,即载流子的扩散运动和自建电场引起的载流子漂移运动达到动态平衡。施加正向偏压后,上述平衡被打破,但由于势垒降低,扩散运动被加剧,而漂移运动被抑制。此时形成以下两种电流:

(1)n 区的多数电子载流子从 n 区向 p 区扩散,p 区的多数载流子向 n 区扩散,形成扩散电流。

(2)从 n 区扩散至 p 区的电子中的一部分在到达 p 区之前在耗尽层与从 p 区扩散来的空穴复合,由于电源可以源源不断地补充复合的载流子,所以形成复合电流。

正向偏压时,流过 p－n 结的电流由扩散电流和复合电流组成,p－n 结处于导通状态。现在来估算正向导通电流与正向偏压 V 的关系。

p－n 结形成以后,p 区中的电子载流子数目很少,可以认为它们全部位于 p 区导带的底部。由于 p－n 结的平衡势垒为 eV_C,施加正向偏压时,p－n 结的势垒高度为 $\phi_f = e(V_C - V)$,从 n 区扩散到 p 区的电子数 n_{np} 可以近似表示为

$$n_{np} = Ce^{-e(V_C-V)/k_B T} \tag{6.72}$$

若 p 区中导带底部的电子数为 n_p,则从 p 区扩散到 n 区的电子数 n_{pn} 近似为

$$n_{pn} = An_p \tag{6.73}$$

需要指出的是,式(6.73)中的常数 A 和式(6.72)中的常数 C 均与电子的扩散系数和扩散距离有关,涉及电子和空穴的复合等复杂过程,姑且将这些过程全部包含在常数 A 和 C 中。当 p－n 结平衡时,即无外加电压时应有 $n_{np} = n_{pn}$,所以

$$An_p = Ce^{-eV_C/k_BT} \tag{6.74}$$

当向 p-n 结施加正向偏压时,p 区和 n 区的能带要相对移动,p-n 结势垒下降,载流子的浓度平衡就要被打破,出现净的电流。按上述分析,则有正向偏压时的电流密度中由电子载流子贡献的部分为

$$J_n = C'[Ce^{-e(V_C-V)/k_BT} - An_p] \tag{6.75}$$

式中,C' 是一常数。将式(6.74)代入上式有

$$J_n = C_n n_p(e^{eV/k_BT} - 1) \tag{6.76}$$

C_n 是与电子扩散等性质有关的常数。仿照上述分析,可以得到空穴产生的正向电流 J_p,其形式与式(6.76)相同,则 p-n 结的正向电流可以表达成下式的形式

$$J = J_n + J_p = J_0(e^{eV/k_BT} - 1) \tag{6.77}$$

J_0 是一与电子和空位扩散性质有关的常数。

可见,当在 p-n 结两端加上正偏压时,电流随电压迅速增加,如图 6.17 所示。从物理上看,p-n 结在正向偏压下的大电流现象,是由于外加电场降低了 p-n 结势垒高度,允许有大量多数载流子跨越耗尽层向对方注入造成的。

当在 p-n 结两端施加反向电压时,p-n 结的势垒(ϕ_r)升高为

$$\phi_r = e(V_C - V)$$

式中,反向偏压 $V < 0$,由 n 指向 p。由于 p-n 结的势垒升高,自建电场与外加电场相叠加,载流子的扩散运动被抑制,而漂移运动被加强。此时,p 区的少数电子载流子向 n 区漂移,n 区的少数空穴载流子向 p 区漂移,而形成反向电流。但是,电子是 p 区的少数载流子,空穴是 n 区的少数载流子,上述反向电流很小,一般称 p-n 结的反向截止。

根据正向偏压相似的分析,可得 p-n 结反向电流为

$$J = J_0(e^{eV/k_BT} - 1) \tag{6.78}$$

注意上式中的偏压 $V < 0$。可见,反向电流随 V 绝对值的增加迅速衰减到稳定值 $-J_0$,如图 6.17 所示。

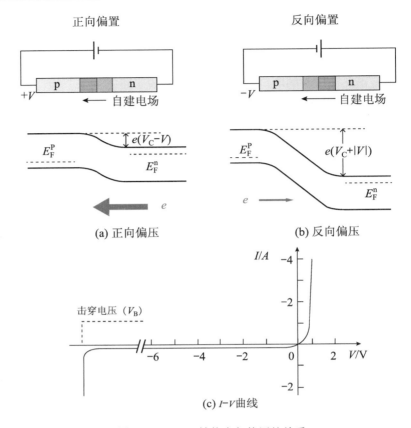

(a) 正向偏压   (b) 反向偏压

(c) I-V曲线

图 6.17 p－n 结势垒与偏压的关系

6.6.3 耗尽层的宽度与扩散电容

为了使问题简化,假定耗尽层中施主或受主处于全部电离状态,即在 n 侧耗尽层中只有固定不动的、全部电离的、带正电的施主,而 p 侧耗尽层中只有固定不动的、带负电的电离受主(空穴被电离出去,电子被捕获)。这样,n 区耗尽层的电荷密度和 p 区耗尽层的电荷密度均为常数,如图 6.18 所示,且电荷密度 $\rho(x)$ 为

$$\rho(x) = \begin{cases} -eN_A & (-d_p \leqslant x \leqslant 0) \\ eN_D & (0 \leqslant x \leqslant d_n) \end{cases} \tag{6.79}$$

式中,d_p 和 d_n 分别是耗尽层在 p 区和 n 区的宽度。

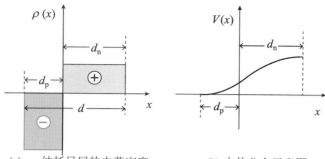

(a) p-n结耗尽层的电荷密度   (b) 电位分布示意图

图 6.18   p - n 结耗尽层的电荷密度和电位分布示意图

由泊松(Poisson)方程

$$\frac{\mathrm{d}^2 V(x)}{\mathrm{d}x^2} = -\frac{\rho(x)}{\varepsilon_r \varepsilon_0} \tag{6.80}$$

可以确定耗尽层的电场分布,式中 ε_r 和 ε_0 分别是半导体的相对介电常数和真空介电常数。耗尽层的电场强度分布 $E_d(x)$ 为

$$E_d(x) = -\frac{\mathrm{d}V}{\mathrm{d}x} = \int \frac{\mathrm{d}^2 V(x)}{\mathrm{d}x^2} + C \tag{6.81}$$

由边界条件

$$E_d(x = d_n) = E_d(x = -d_p) = 0$$

可以确定式(6.81)在 n 区和 p 区的积分常数 C。很容易得到:

在 p 区

$$E_d(x) = -\frac{eN_A}{\varepsilon_r \varepsilon_0}(d_p + x) \tag{6.82}$$

在 n 区

$$E_d(x) = -\frac{eN_A}{\varepsilon_r \varepsilon_0}(d_n - x) \tag{6.83}$$

由电场在 $x = 0$ 处的连续性条件得

$$N_A d_p = N_D d_n \tag{6.84}$$

式(6.84)表达的是单位面积的 p - n 结两侧耗尽层的电量相等,是电中性条件。

电位可由电场强度的积分而得到,即

$$V(x) = -\int E_d(x) \mathrm{d}x + C_1 \tag{6.85}$$

式中,C_1 是积分常数,可由边界条件确定。

如图 6.18(c)所示,我们可以选取电位的零点在 $x = -d_p$ 处,则 $x = d_n$ 处的电位就是接触电位 V_C,因此边界条件可选为

$$V(x = -d_p) = 0$$

$$V(x = d_n) = V_C$$

选用上式和式(6.85)可以求得 p 区的电位分布为

$$V(x) = \frac{eN_A}{2\varepsilon_r\varepsilon_0}(d_p + x)^2 \tag{6.86}$$

n 区的电位分布为

$$V(x) = V_C - \frac{eN_D}{2\varepsilon_r\varepsilon_0}(d_n - x)^2 \tag{6.87}$$

由于 $x = 0$ 处,电位必须是连续的,则很容易由式(6.86)和(6.87)解出耗尽层的宽度 d 为

$$\begin{cases} d = d_n + d_p = \left(\dfrac{2\varepsilon_r\varepsilon_0 V_C}{e}\dfrac{N_A + N_D}{N_A N_D}\right)^{1/2} \\[3mm] d_n = \dfrac{N_A}{N_A + N_D}d \\[3mm] d_p = \dfrac{N_D}{N_A + N_D}d \end{cases} \tag{6.88}$$

则由式(6.88)可知每侧垂直于 p – n 结界面单位面积耗尽层的电量 Q 为

$$Q = e\frac{N_A N_D}{N_A + N_D}d \tag{6.89}$$

当外加电场为 V 时,可以在式(6.88)中的 V_C 用 $V_C - V$ 取代,当 $V < 0$ 时,反向偏压增加耗尽层的宽度,则

$$Q = e\frac{N_A N_D}{N_A + N_D}\left[\frac{2\varepsilon_r\varepsilon_0(V_C - V)}{e}\frac{N_A + N_D}{N_A N_D}\right]^{1/2} \tag{6.90}$$

则按 p – n 结扩散电容的定义,有

$$C_J = \left|\frac{dQ}{dV}\right| = \frac{1}{2}\frac{1}{\sqrt{V_C - V}}\left(2\varepsilon_r\varepsilon_0 e\frac{N_A N_D}{N_A + N_D}\right)^{1/2} \tag{6.91}$$

式中,C_J 为 p – n 结的扩散电容。

由此可见,与普通电容不同的是 p – n 结的电容与所加电压有关,反向偏压越大,扩散电容也越小。由式(6.91)还可看出,掺杂浓度同样会影响 C_J 值,由于禁带宽度越大,V_C 越大,所以,大的禁带宽度对应于小的 C_J 值。

p – n 的电容也称二级管电容器,或可变电容二级管,它在频率调制等电路中有重要应用,也可用作参数放大器。

6.6.4 p – n 结的光生伏特效应

当用光子能量大于 p – n 结禁带宽度的光照射 p – n 结时,被照射

区就会因光吸收而发生本征跃迁,从而产生电子载流子和空穴载流子,如图6.19所示。上述载流子是非热平衡载流子。

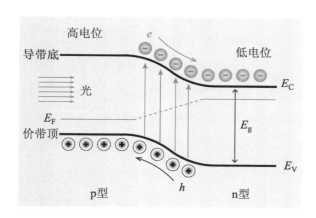

图6.19　p－n结的光生伏特效应原理图

前已指出,p－n结中的自建电场从n指向p。这样,由光吸收而产生的电子载流子就会被自建电场扫向n区,空穴载流子就会被扫向p区,如图6.19所示。这样就相当于n区为负电位,p区为正电位,从而使p－n结处于正向偏压状态,在开路状态下就会形成光致电压。若在p－n结两端加上负载,就会在负载上有功率输出,如图6.19所示。这种现象称为p－n结的光生伏特效应。

利用p－n结的光生伏特效应可以制作太阳能电池。也可通过选择合适禁带宽度的材料,利用p－n结的光生伏特效应制作微波探测器或光电二极管。

6.6.5　p－n结的光发射

当在p－n结两端施加正向电压时,电子就会从n区注入p区,空穴就会从p区注入n区。下面讨论由载流子复合而引起的发光机制。

当正向电压将电子从n区注入到p区导带上时,这些电子是少数载流子,并不稳定;同样,p区注入到n区的空穴也是n区的少数载流子,同样是不稳定的。一定时间以后,少数载流子就会发生复合。这种复合过程相当于少子从导带底部跃迁至价带顶,因此其能量变化为E_g。那么,当电子和空穴复合时,这部分多余的能量E_g就可能产生两种物理现象,一种是产生光辐射,一种是激发声子。具有直接带隙的半导体产生光辐射的概率远高于间接带隙半导体,如图6.20所示。

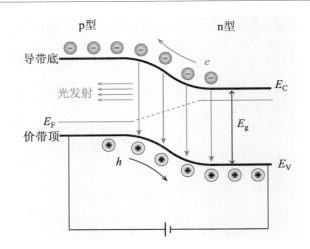

图 6.20 p - n 结的正向注入及发光机制

一般半导体的禁带宽度为 $E_g \approx 1 \sim 2.5$ eV 所对应的光辐射波长为 500 ~ 1 200 nm,即近红外和部分可见光波段。对直接带隙来说,发光复合是一个非常有效的过程,也就是说,当电子从 n 区跨入 p 区时,就会有一个空穴与之复合(即电子很容易跃迁至价带),其结果是辐射出一个能量为 E_g 的光子。p - n 结的发光特性为人们提供了一种有效的将电能转化成光的途径。另外,经过设计可以使所辐射的光在很高的频率下进行调制。我们称此为发光二极管。发光二极管一般由 III - V 化合物或其他直接带隙半导体制作。

一般情况下,尽管发光二极管内部的量子效率很高,但是由于内部漫反射等原因,降低了二极管向外的发光效率。经过特殊设计,可以利用发光二极管特性制成激光器。

6.7 半导体 - 非半导体接触

半导体同金属、半导体或绝缘体接触以后,会因半导体能带结构的变化而表现出不同的性质。本节介绍三种半导体 - 非半导体结,一是具有整流特性的半导体 - 金属结;二是具有线性 $I - V$ 特性的金属 - 半导体接触;三是金属 - 氧化物 - 半导体(metal-oxide-semiconductor, MOS)结构。这些半导体 - 非半导体结在工程技术上有重要应用。

6.7.1 半导体和金属的肖特基接触

首先以 n 型半导体和金属的接触为例,讨论肖特基(Schottky)势垒及其整流特性。假定 n 型半导体的电子功函数小于金属的电子功函数,半导体和金属接触前的能级和费米能级示于图 6.21(a),此时 n 型半导体的费米能级高于金属。当 n 型半导体同金属相接触时,由于 n 型半导体的费米能级高于金属的费米能级,电子就会从 n 型半导体中向金属中扩散。伴随着 n 型半导体中电子向金属中的扩散,n 型半导体的费米能级逐渐下降,同 p – n 结的情况类似,n 型半导体的能带在界面附近发生弯曲。当 n 型半导体的费米能级同金属的费米能级相等时,电子从 n 型半导体向金属的扩散就停止了,体系达到了动态平衡,如图 6.21(b) 所示。

n 型半导体中的电子载流子向金属中扩散就会在半导体一侧形成载流子的耗尽层,并留下带正电的电离施主。与 p – n 结不同的是,在金属中不存在耗尽层。如图 6.21(b) 所示,n 型半导体一侧,界面处的能级明显高于半导体内部的能级,所以形成势垒。

当在 n 型半导体上施加比金属低的电位,即在 n 型半导体 – 金属结上施加正向偏压时,n 型半导体中的电子易于进入金属,如图 6.21(c) 所示,此时,就是正向导通状态,会形成较大的正向电流。当在 n 型半导 – 金属结上施加反向偏压时,金属中的电子必须跨过界面进入半导体的空态,反向电流很小,如图 6.21(d) 所示。与 p – n 结相类似,肖特基势垒是否处于导通状态取决于半导体中的多数载流子是否是向金属一侧注入。

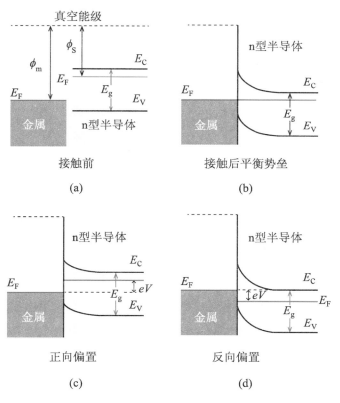

图 6.21　金属与半导体的肖特基接触及整流特性

上述半导体－金属接触称之为肖特基接触,所形成的势垒称为肖特基势垒。可见,n 型半导体和金属的肖特基接触,同样具有整流特性。若 p 型半导体的费米能级低于金属的费米能级,p 型半导体和金属接触同样可以形成肖特基势垒。

6.7.2　半导体和金属的欧姆接触

现在考虑 n 型半导体和金属接触后形成线性 $I-V$ 特性的欧姆接触情况,对于 p 型半导体可做平行的分析与讨论。

如果 n 型半导体的费米能级低于金属的费米能级,且金属的电子功函数小于 n 型半导体的电子功函数,就会有电子从金属向 n 型半导体扩散。伴随着电子扩散,半导体的费米能级逐渐提高,当二者费米能级相同时,体系达到平衡,如图 6.22 所示。

由于电子是 n 型半导体的多数载流子(主要载流子),当电子由金属向 n 型半导体迁移时,就会使界面附近的半导体中电子载流子数目增加,这样就会在半导体一侧的界面附近形成电子载流子的累积层。由于电子是 n 型半导体的主要载流子,所以,无论是施加何种方向的外加电压,都会形成较大的电流。此时,$I-V$ 曲线是线性的,故称金属和半导体的这种接触为欧姆接触。欧姆接触是半导体器件集成电路的重要基础。

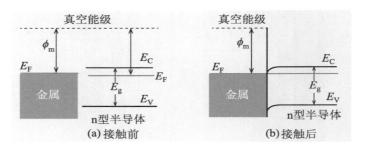

图 6.22　金属－半导体欧姆接触前后的费米能级和能带结构

6.7.3　金属－绝缘体－半导体结构

金属－绝缘体－半导体(MIS)结构的典型例子是金属－氧化物－半导体(MOS)结构。以 MOS 结构制作的场效应晶体管在工程上有重要的应用,如用于集成电路中的放大器和开关。这里,主要定性地介绍 MOS 的能带结构。

1. MOS 的界面结构

MOS 结构一般是在掺杂的半导体表面沉积一薄层氧化物后,再在其上沉积一层金属薄层,现在应用最广的是 M – SiO₂ – Si(M 代表金属)体系,如图 6.23 所示。图中,金属薄层主要起电极的作用,而氧化物薄层主要是起绝缘作用,以便通过栅极向半导体施加电场。现在简单介绍在 MOS 上施加不同方向的电场时,MOS 中半导体与氧化物界面的电子结构。

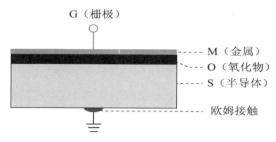

图 6.23　MOS 结构示意图

先来讨论 $V_G > 0$ 的情况,此时,由栅极施加给半导体的电场方向由金属指向半导体(该电场记为 E_{gate})。

(1) 对 n 型半导体,在外电场的作用下,半导体内部的电子载流子(多数载流子)逆着电场线方向运动,向 n 型半导体与氧化物的界面附近聚集,形成电子的积累层。如图 6.24(a) 所示。

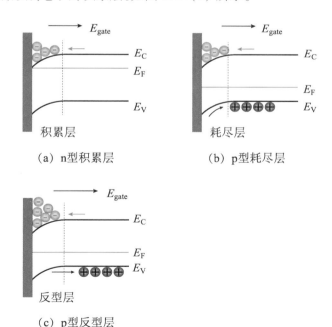

(a) n型积累层　　　　　　(b) p型耗尽层

(c) p型反型层

图 6.24　$V_G > 0$ 时 MOS 中载流子

（2）对于 p 型半导体，由于正向外加电场的作用，p 型半导体的空穴载流子（多数载流子）向半导体体内运动。所以，在半导体和绝缘体附近形成空穴载流子的耗尽层，如图 6.24（b）所示。当外加电场大到一定程度以后，p 型半导体的导带中的电子（少数载流子）就会向 p 型半导体和绝缘体的界面附近聚集，使得界面附近的电子浓度高于空穴载流子的浓度。这样，在界面附近处的 p 型半导体就像 n 型半导体，所以称之为反型层，如图 6.24（c）所示。

现在来讨论 $V_G < 0$ 的情况：

（1）对于 p 型半导体，在外加电场的作用下，空穴就会由体内向界面处聚集，形成空穴的累积层，如图 6.25（a）所示。

（2）对于 n 型半导体，当外加电场不是很高时，n 型半导体界面附近的电子载流子就会向体内运动，在界面附近形成电子载流子的耗尽层，如图 6.25（b）所示。当电场强度大到一定程度后，n 型半导体中价带上的空穴会向界面附近聚集形成反型层，如图 6.25（c）所示。

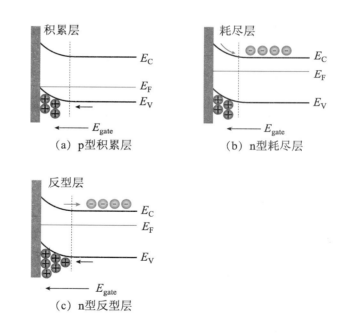

图 6.25 $V_G < 0$ 时 MOS 中载流子

2. MOS 晶体管

在 MOS 结构中，绝缘体主要是为了能够在半导体中施加电场而引入的。以上分析表明，通过外加电场的变化可以显著改变半导体同绝缘层的界面层的载流子分布，利用该特性可以制备 MOS 晶体管（也称

MOS 场效应晶体管,简称 MOS – FET)。下面讨论在正向电场下,p 型半导体 MOS 晶体管的工作原理。如图 6.26 所示,在 p 型衬底的 MOS 结构中增加两个 n 型扩散区(沟道),分别称为源极(S)和漏极(D)。当外加电场 $E_{gate} > 0$ 且不高时,S 和 D 极之间的电流很小,这是因为 p 衬底同 S 和 D 极构成了两个反向的 p – n 结,因此,无论在 S 和 D 极之间施加何种方向的电压,总是有一个 p – n 结处于反向截止状态。当外加电场 E_{gate} 提高到一定大小以后,就会在 p 和绝缘体界面附近形成反型层,在界面处形成 n – n – n 结构,从而使 S 极和 D 极处于导通状态。当 $E_{gate} < 0$ 时,界面处依然是 n – p – n 结构,S 和 D 极之间处于不导通状态。

　　这样,在 MOS 场效应晶体管中,源极(S)和漏极(D)之间的导通和截止是由外加电场 E_{gate}(或 V_G)调制的,这就是 MOS 晶体管的工作原理,MOS 集成电路在大规模集成电路中有重要应用。

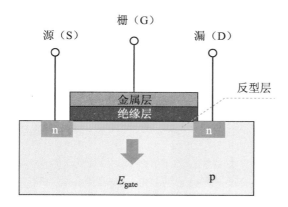

图 6.26　MOS 晶体管的 S – D 间导通示意图

习题 6

　　6.1　在本征半导体中,导带上的电子和价带上的空穴可以形成相对稳定的激子束缚态,试用类氢原子模型讨论激子的光吸收。

　　6.2　已知锑化铟的 $E_g = 0.18$ eV,$\varepsilon_r = 17$, $m_e^* = 0.01\ m(m_e^*$ 是电子的有效质量,m 是电子的质量),试用类氢原子求施主能级。

　　6.3　讨论确定 p 型半导体费米能级和载流子密度的方法,并给出低温下 p 型半导体费米能级的表达式。

　　6.4　讨论当 n 型半导体中杂质全部电离时的载流子浓度。

　　6.5　讨论 p 型、n 型半导体结霍尔系数的正负号随温度的变化关系。

　　6.6　分析半导体电阻率随温度变化规律的物理本质。

6.7　分析当温度很低时,n 型半导体的载流子密度,画出 $n \sim T$ 曲线,并对此进行说明和解释。

6.8　分析 p 型半导体和金属形成肖特基势垒的条件,并讨论其整流特性。

第 7 章　固体的磁性

　　磁性是固体的重要性质之一,基于固体磁性发展起来的磁性材料在工程技术中有重要的应用。尽管人们发现和使用磁性材料的历史十分悠久,但真正认识固体磁性的本质还是在量子力学建立以后。从现代磁学的观点看,固体的磁性来源于外磁场作用下感生的磁矩或组成固体的原子(或电子)的固有磁矩,固有磁矩包括电子绕原子核运动的轨道磁矩和电子的自旋磁矩。由于原子磁矩同外场的作用或它们之间的相互作用不同,而使固体表现出各种各样的磁性质。

　　本章主要介绍固体磁性的基本概念以及各种磁性的物理本质。由于铁磁材料在应用上的重要性,本章最后简单介绍铁磁材料及其技术磁化和应用。

7.1　孤立原子和离子的磁矩

　　原子(或离子)的磁矩是理解固体磁性的基础。严格讲,原子的磁矩应当包括原子核磁矩和电子磁矩两部分,但由于原子核磁矩远小于电子磁矩,一般只需考虑电子的磁矩。

　　首先回顾一下经典物理中一个电子做圆周运动所产生的磁矩。一个以恒定角频率作圆周运动的电子相当于一个小电流环。假如电子运动的半径为 r,角频率为 ω,则电流为 $I = -e\omega/2\pi$,电流环的面积为 $A = \pi r^2$,由此得到一个作圆周运动的电子所产生的磁矩为:

$$\boldsymbol{\mu} = IA = -\frac{e}{2}r^2\omega = -\frac{e}{2m}\boldsymbol{r} \times m\boldsymbol{v} = -\frac{e}{2m}\boldsymbol{L}$$

式中,$\boldsymbol{L}$ 是电子的角动量,$\boldsymbol{L} = \boldsymbol{r} \times m\boldsymbol{v}$。

　　上式的矢量形式为

$$\boldsymbol{\mu} = -\frac{e}{2m}\boldsymbol{L}$$

式中,负号表示电子的磁矩与其角动量方向相反(注意电子带负电)。

　　可见,电子的磁矩与其角动量相对应。由量子力学可知,电子磁矩是由电子的轨道角动量和自旋角动量共同贡献的。

　　电子轨道角动量所产生的磁矩为

$$\boldsymbol{\mu}_L = -\frac{e}{2m}\boldsymbol{L} \tag{7.1}$$

轨道磁矩。

式中,$\boldsymbol{\mu}_L$ 是电子轨道角动量所产生的磁矩,称为轨道磁矩;$\boldsymbol{L}$ 是电子的轨道角动量。

由第 1 章可知,$L^2 = l(l+1)\hbar^2$,l 是轨道角动量量子数。轨道角动量在 z 方向的投影为 $m_l\hbar$,m_l 称为磁量子数。由此得到,轨道磁矩的大小为

$$\mu_L = \sqrt{l(l+1)}\ \frac{e\hbar}{2m} = \sqrt{l(l+1)}\mu_B \tag{7.2}$$

式中,$\mu_B = e\hbar/2m$ 是原子磁矩的基本单位,称为玻耳(Bore)磁子。

同样,电子的自旋角动量也要产生相应的自旋磁矩,实验发现,电子的自旋磁矩与自旋角动量的关系为

自旋磁矩。

$$\boldsymbol{\mu}_S = -g_S\frac{e}{2m}\boldsymbol{S} \tag{7.3}$$

式中,$\boldsymbol{S}$ 是电子的自旋角动量;$\boldsymbol{\mu}_S$ 是电子的自旋磁矩;g_S 为常数,实验表明,$g_S \approx 2.0003$,通常取 $g_S \approx 2$ 不至有明显的误差。μ_S 的大小为

$$\mu_S = 2\sqrt{s(s+1)}\mu_B = 2\sqrt{\frac{1}{2}\left(\frac{1}{2}+1\right)}\mu_B = \sqrt{3}\mu_B \tag{7.4}$$

式中,$s = 1/2$ 是电子的自旋量子数。

7.1.1 单电子有效磁矩

原子中满壳层的电子总角动量和总磁矩为零,对原子或离子的固有磁矩没有贡献,因此,只须考虑未满壳层中的电子对原子磁矩的贡献。为了清晰起见,首先分析原子未满壳层中只有一个电子的情况。

若原子未满壳层中只有一个电子,原子总角动量是该电子轨道角动量和自旋角动量的和,即

$$\boldsymbol{J} = \boldsymbol{L} + \boldsymbol{S} \tag{7.5}$$

式中,$\boldsymbol{J}$ 是电子的总角动量,且

$$J = \sqrt{j(j+1)}\ \hbar \tag{7.6}$$

式中,j 为总角动量量子数,对于一个电子的情况,$j = l+1/2$ 或 $l-1/2$。

单电子总磁矩 $\boldsymbol{\mu}$ 为

$$\boldsymbol{\mu} = \boldsymbol{\mu}_L + \boldsymbol{\mu}_S = -\frac{e}{2m}(\boldsymbol{L}+2\boldsymbol{S}) = -\frac{e}{2m}(\boldsymbol{J}+\boldsymbol{S}) \tag{7.7}$$

单电子的角动量和磁矩的矢量关系示于图 7.1。图中可见,电子的总磁矩 $\boldsymbol{\mu}$ 与总角动量 $\boldsymbol{J}$ 不在一条直线上。由于 $\boldsymbol{J}$ 是守恒量,$\boldsymbol{L}$ 和 $\boldsymbol{S}$ 都是绕 $\boldsymbol{J}$ 进动的,所以 $\boldsymbol{\mu}$ 也是绕 $\boldsymbol{J}$ 进动的。这样,$\boldsymbol{\mu}$ 不是一个有固定方向的量。可以将 $\boldsymbol{\mu}$ 分解成反平行于 $\boldsymbol{J}$ 的分量 $\boldsymbol{\mu}_J$ 和垂直于 $\boldsymbol{J}$ 的分量 $\boldsymbol{\mu}_i$,$\boldsymbol{\mu}_i$ 绕 $\boldsymbol{J}$ 作进动,平均效果为零,对外没有磁矩贡献,只有 $\boldsymbol{\mu}_J$ 才是可以测量的物理量,故称 $\boldsymbol{\mu}_J$ 为有效磁矩。

利用图 7.1 所示的矢量关系,可以得到

$$\boldsymbol{\mu}_J = -\frac{e}{2m}g\boldsymbol{J} \qquad (7.8)$$

$$g = 1 + \frac{j(j+1) + s(s+1) - l(l+1)}{2j(j+1)}$$

g 称为朗德(Landé)g – 因子。

朗德 g – 因子。

一个电子的有效磁矩的大小为

$$\mu_J = g\sqrt{J(J+1)}\mu_{\mathrm{B}} \qquad (7.9)$$

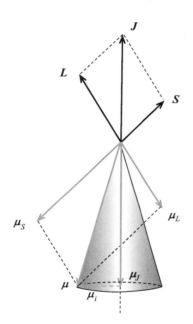

图 7.1　电子磁矩与角动量的关系

7.1.2　多电子原子的有效磁矩

原子或离子的磁矩源于未满壳层中的电子贡献。若原子未满壳层中含有多个电子,首先采用 L – S 耦合计算原子的总角动量,然后再分析原子总磁矩与总角动量的关系。L – S 耦合方法包括以下几个步骤:

(1)将未满壳层中所有电子的自旋角动量相加,得到总自旋角动量以及总自旋磁矩;

(2)将未满壳层中所有电子的轨道角动量相加,得到总轨道角动量以及总轨道磁矩;

(3)将总自旋和总轨道角动量相加得到总角动量;

(4)总磁矩为总自旋磁矩和总轨道磁矩的矢量和,然后计算总有效磁矩。

基于以上方法,所有未满壳层中电子的自旋角动量相加得到总自旋角动量 S_{t},即

$$\begin{cases} \boldsymbol{S}_\mathrm{t} = \sum_i \boldsymbol{S}_i \\ S_\mathrm{t} = \sqrt{S(S+1)}\,\hbar \end{cases} \tag{7.10}$$

式中,S_i 是未满壳层中第 i 个电子的自旋角动量;S 为总自旋角动量量子数。

将所有未满壳层中电子的轨道角动量相加得到总的轨道角动量 L_t,即

$$\begin{cases} \boldsymbol{L}_\mathrm{t} = \sum_i \boldsymbol{L}_i \\ L_\mathrm{t} = \sqrt{L(L+1)}\,\hbar \end{cases} \tag{7.11}$$

式中,L_i 是未满壳层中的第 i 个电子的轨道角动量;L 是总轨道角动量量子数。

总自旋角动量和总轨道角动量耦合得到总角动量 J_t,即

$$\begin{cases} \boldsymbol{J}_\mathrm{t} = \boldsymbol{L}_\mathrm{t} + \boldsymbol{S}_\mathrm{t} \\ J_\mathrm{t} = \sqrt{J(J+1)}\,\hbar \\ J_{\mathrm{t}z} = M_J \hbar \end{cases} \tag{7.12}$$

式中,J 是总角动量量子数;$J_{\mathrm{t}z}$ 是总角动量在 z 方向的投影;M_J 称为总磁量子数(即总角动量在 z 方向投影的量子数),而且 J 由洪德法则确定。

$$M_J = -J, -(J-1), \cdots J-1, J$$

在 $L-S$ 耦合方式下,原子总有效磁矩仍可按式(7.8)和式(7.9)计算,只不过是 g - 因子换成如下形式

$$\boxed{g = 1 + \frac{J(J+1) + S(S+1) - L(L+1)}{2J(J+1)} \tag{7.13}}$$

若原子的总轨道角动量为 0,则原子磁矩全部由电子的自旋磁矩所贡献,此时,$g = 2$。

3. 洪德定则

从 $L-S$ 耦合中可以看出,未满壳层中的 L 和 S 的取值是多种多样的。洪德在分析了原子光谱数据以后,提出了确定原子或离子基态角动量的洪德定则:

(1)首先,自旋角动量 S 取泡利不相容原理允许的最大值;

(2)在 S 取得最大值的条件下,L 也取泡利原理允许的最大值;

(3)确定了 S 和 L 以后,J 的取值按下述法则确定:当支壳层电子少于半满时,取 $J = |L-S|$;当支壳层电子正好半满或超过半满时,取 $J = L+S$。

原子基态用符号 $^{2S+1}L_J$ 表示,其中 L 用字母表示,L 的取值和字母的对应关系如下:

如果 L 取值为：$0,1,2,3,4,5,\cdots$
则对应的字母为：$S,P,D,F,G,H,\cdots$

现在以稀土 Td^{3+} 离子为例说明洪德法则的应用以及如何确定基态磁矩。Td^{3+} 未满壳层为 $4f^8$，在满足 S 最大且 L 也尽可能大时，电子在 4f 轨道上的填充如表 7.1 所示。

表 7.1 Td^{3+} 的 4f 壳层中电子填充情况

单电子轨道磁量子数 M_L	-3	-2	-1	0	1	2	3
自旋取向	↑	↑	↑	↑	↑	↑	↑↓

由表 7.1 中的数据可得：$S = 6 \times 1/2 = 3$；$M_L = 3$，故 $L = 3$。所以，$J = L + S = 6$，$g = 3/2$，基态为 $^7F_6$，$\mu_J = 9.72\mu_B$，而磁矩的实测值为 $(9.0 \sim 9.8)\mu_B$，表明理论值与实验值符合良好。

7.2　基本概念及物质方程

为了描述固体中磁矩的分布情况，定义磁化强度（矢量）为单位体积内的磁矩矢量和，记为 M。若外场为 H，则有

$$M = \chi H \tag{7.14}$$

称 χ 为磁化率。磁性介质中的磁感应强度矢量 B 为

$$B = \mu_0(H + M) = \mu_0(1 + \chi)H = \mu_r\mu_0 H \tag{7.15}$$

式中，μ_0 是真空磁导率；$\mu_r = 1 + \chi$ 是介质的相对磁导率。

式（7.15）就是磁性介质的物质方程。

若 $\chi < 0$，则称该物质具有抗磁性，相应的固体称为抗磁体。除超导体以外，χ 的数值很小（约 10^{-9} 数量级），因此，抗磁性是一种弱磁性。后面将会看到，抗磁性存在于所有固体，只不过是某些物质其他磁性很强将其掩盖了，使得抗磁性很难在实验中测量出来而已。

对于 $\chi > 0$ 的固体按其固有磁矩的空间分布形式可以分为顺磁体、铁磁体、反铁磁体和亚铁磁体四种类型，如图 7.2 所示。顺磁体中磁矩是紊乱分布的（图 7.2(a)）；铁磁体中磁矩是有序排列的（图 7.2(b)）；反铁磁体中，相反方向磁矩的数目相等（图 7.2(c)）；而亚铁磁体中，某一方向磁矩大于其相反方向的磁矩（图 7.2(d)）。铁磁体、反铁磁体和亚铁磁体在高温下均可转变成顺磁体。

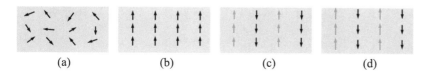

(a)　　　　　(b)　　　　　(c)　　　　　(d)

图 7.2　顺磁体(a)、铁磁体(b)、反铁磁体(c) 和
亚铁磁体(d) 中固有磁矩排列示意图

顺磁体的磁化率虽大于零,但数值很小,为 10^{-4} ~ 10^{-6}。在顺磁体中,固体中的固有磁矩之间没有明显的相互作用,因而紊乱分布,如图7.2(a) 所示。

铁磁体的磁化率 $\chi > 0$,且远大于1,一般为 10 ~ 10^6。在铁磁体内部,固有磁矩之间存在明显的相互作用,在没有外磁场的作用下自发平行排列,这种现象称为自发磁化。铁磁体只能在居里(Curie)温度 T_C 以下存在,当 $T > T_C$ 时,铁磁体转变为顺磁体。铁磁体内部固有磁矩排列方式示于图7.2(b)。

反铁磁体的磁化率 $\chi > 0$,但数值很小。在反铁磁体内部,固有磁矩之间也存在明显的相互作用。在无外磁场时,固有磁矩反平行排列,而且,相互反平行的磁矩之和为零,如图7.2(c)所示。存在奈尔温度 T_N,当 $T > T_N$ 时,表现出顺磁性。

亚铁磁体的磁化率 $\chi > 0$,数值较大。在亚铁磁体内部,固有磁矩同样存在明显的相互作用。在无外磁场的情况下,固有磁矩就自发反平行排列,但是相互反平行的磁矩并不相等,如图7.2(d)所示。居里温度以上,表现出顺磁性。

铁磁体和亚铁磁体都属于强磁材料,有重要的实际应用,而其他磁体均为弱磁性材料。

以上可以看出,理解铁磁体、反铁磁体和亚铁磁体的关键是阐明其内部固有磁矩(原子或离子磁矩)相互作用的本质。

7.3　固体的抗磁性

抗磁性在所有固体中都是存在的,它是由外加磁场在物质内部感生的电子运动引起的。但由于其数值很小,只有在固有剩余磁矩为零的物质中才能被检测出来,否则就会被其他磁性所掩盖。本节重点讨论原子或离子的抗磁性,至于超导体的抗磁性将在后面讨论。

7.3.1　朗之万抗磁性

朗之万(Langevin)抗磁性是电子轨道角动量在外磁场中作拉莫尔(Larmor)进动感生出的一种弱抗磁性。考虑一个轨道角动量为 $\boldsymbol{L}$ 的电子,其轨道磁矩为 $\boldsymbol{\mu}_L$,外加磁场为 $\boldsymbol{B}_0$。由于电子在磁场中受到洛伦兹力的作用,所以该电子在磁场中作拉莫尔进动(图7.3),其进动方程为

$$\frac{\mathrm{d}\boldsymbol{L}}{\mathrm{d}t} = \boldsymbol{\mu}_L \times \boldsymbol{B}_0 \tag{7.16}$$

也可写成如下形式

$$\frac{\mathrm{d}\boldsymbol{\mu}_L}{\mathrm{d}t} = \frac{e}{2m}\boldsymbol{B}_0 \times \boldsymbol{\mu}_L \tag{7.17}$$

式(7.17)表明,电子的轨道角动量和磁矩绕着磁感应强度方向旋转(图7.3),这种旋转(进动)感生出抗磁性。如果单位体积内含有 n 个原子,每个原子含有 Z 个电子,则由电子拉莫尔进动所产生的总的磁化强度为

$$M = -\frac{ne^2 B_0}{4m} \sum_{i=1}^{Z} \overline{(x_i^2 + y_i^2)} \qquad (7.18)$$

式中,$\overline{x_i^2 + y_i^2}$ 是第 i 个电子拉莫尔进动半径的方均值。

于是抗磁磁化率为

$$\chi = \frac{M}{H} = -\frac{ne^2 \mu_0}{4m} \sum_{i=1}^{Z} \overline{(x_i^2 + y_i^2)} \qquad (7.19)$$

对于满壳层结构,电子几率的空间分布是球对称的,因此有 $\overline{x_i^2} = \overline{y_i^2} = \overline{r_i^2}/3$,式中,$\overline{r_i^2}$ 是电子轨道半径在垂直于磁场的平面上投影的均方值,若令 $r^2 = \frac{1}{Z} \sum_{i=1}^{Z} \overline{r_i^2}$,则有

$$\chi = -\frac{\mu_0 Z n e^2}{6m} r^2 \qquad (7.20)$$

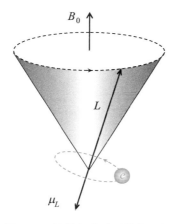

图 7.3　拉莫尔进动及其抗磁性

由拉莫尔进动给出的抗磁磁化率基本与实验值相吻合。从以上分析可以看出,只要原子具有轨道角动量,就一定存在由拉莫尔进动引起的抗磁性,只是在某些固体中,由于其他磁性大于朗之万抗磁性而使其在实验上难以分辨而已。

7.3.2　金属自由电子的朗道抗磁性

金属中存在大量自由电子(传导电子),当这些电子受外磁场作用时,洛伦兹力使其在垂直于磁场的平面内作圆周运动,如图7.4所示。图中,每个因洛伦兹运动形成的小"电流环"都相当于与磁场反平行的

磁矩,从而感生出同磁场方向相反的磁矩,这就是朗道(Landau)抗磁性。利用磁场中薛定谔方程可以证明,朗道抗磁磁化率为

$$\chi_L = -\frac{\mu_0 n \mu_B^2}{2 E_F} \tag{7.21}$$

式中,n 为自由电子密度;E_F 为金属的费米能级。

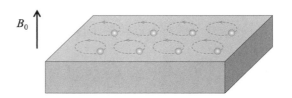

图 7.4　自由电子朗道抗磁性示意图

7.4　固体的顺磁性

根据固体中原子磁矩的相互作用和排列方式,固体的顺磁性可分为两种情况,一是固体中原子具有固有磁矩,但是磁矩间相互作用很小,可以忽略,称这种顺磁性为普通顺磁性;二是在低温下,原子磁矩有较强的相互作用,表现出铁磁性、反铁磁性或亚铁磁性,但在高温下则转变为顺磁性。本节将主要讨论普通顺磁性,后一种情况将分别在讨论铁磁性、反铁磁性和亚铁磁性时加以分析。

传导电子(金属中的自由电子)具有自旋磁矩,未加磁场时磁矩紊乱排列,施加磁场时可以感生出弱的顺磁性(泡利顺磁性),本节最后将对此进行简单介绍。

7.4.1　普通顺磁性的实验规律与半经典理论

1. 顺磁性的实验规律

顺磁物质的磁化率大于零,且数值较小。普通顺磁体的磁化率随温度的变化规律满足居里定律,即

$$\chi = \mu_0 \frac{C}{T} \tag{7.22}$$

式中,C 称为居里常数。

从一般顺磁性的定义可以看出,只要物质中的原子具有不为零的固有磁矩,而且,这些磁矩之间又不存在明显的相互作用,物质就可表现出顺磁特性。例如,在稀土元素和铁族元素的顺磁盐晶体中,稀土离子和铁族离子因 4f 壳层和 d 壳层不满而有不为零的固有磁矩,且它们被其他离子或原子分隔的较远,磁矩间没有相互作用,因此表现出顺磁性。

2. 顺磁性的半经典理论

顺磁固体中原子的固有磁矩之间不存在相互作用,与外磁场的相互作用能就是这些"孤立"的固有磁矩在磁场中的能量。由 7.1 节可知,原子或离子的磁矩为

$$\boldsymbol{\mu}_J = -g\frac{e}{2m}\boldsymbol{J}$$

一个磁矩与磁场的相互作用能为

$$E_J = -\boldsymbol{\mu}_J \cdot \boldsymbol{B}_0 = g\mu_B M_J B_0 \qquad (7.23)$$

式中,M_J 是总角动量在 $\boldsymbol{B}_0$ 方向(z 方向)上投影的磁量子数,即总磁量子数,且 $M_J = -J, -(J-1), \cdots J-1, J$。由此可见,原子磁矩同外加磁场的相互作用能是量子化的。根据玻耳兹曼统计,沿磁场方向每个原子的平均磁矩($\bar{\mu}$)为

$$\bar{\mu} = \frac{\displaystyle\sum_{M_J} -g\mu_B M_J \exp\left(\frac{-g\mu_B M_J B_0}{k_B T}\right)}{\displaystyle\sum_{M_J} \exp\left(\frac{-g\mu_B M_J B_0}{k_B T}\right)} \qquad (7.24)$$

令 $x = g\mu_B B_0/k_B T$,式(7.24)变为

$$\bar{\mu} = \frac{\displaystyle\sum_{M_J} -g\mu_B M_J \exp(-M_J x)}{\displaystyle\sum_{M_J} \exp(-M_J x)} = g\mu_B \frac{\mathrm{d}}{\mathrm{d}x}\ln\left[\sum_{M_J}\exp(-M_J x)\right]$$

引进布里渊函数

$$B_J(y) = \frac{2J+1}{2J}\coth\left(\frac{2J+1}{2J}y\right) - \frac{1}{2J}\coth\frac{y}{2J} \qquad (7.25)$$

式中,$y = g\mu_B J B_0/k_B T$。则有

$$\bar{\mu} = g\mu_B J B_J(y) \qquad (7.26)$$

若单位体积内具有磁矩的原子(或离子)数为 n,则磁化率为

$$\chi = \frac{n\bar{\mu}}{H} = \frac{ng\mu_B J}{H}B_J(y) \qquad (7.27)$$

式中,H 是外加磁场。图 7.5 给出了一些顺磁晶体中每个离子的平均磁化率与 H/T 的关系,图中实线为理论值,可见理论和实验的结果符合很好,表明半经典理论解释普通顺磁性是成功的。

求和号内是等比级数。

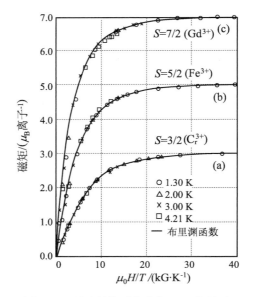

图 7.5 顺磁晶体磁化率与 H/T 的关系
（a）钾铬矾,（b）铁铵钒,（c）八水合硫酸钆
（数据引自 W. E. Henry, Phys. Rev., 88, 559（1952））

当 $y \ll 1$（即 $g\mu_B J B_0 \ll k_B T$）时,利用

$$\coth y = \frac{1}{y} + \frac{y}{3} - \frac{y^3}{45} + \cdots$$

可以得到

$$\chi = \mu_0 \frac{nJ(J+1)g^2\mu_B^2}{3k_B T} = \mu_0 \frac{np^2\mu_B^2}{3k_B T} = \mu_0 \frac{C}{T} \qquad (7.28)$$

式中,$p = g\sqrt{J(J+1)}$ 称为有效玻耳磁子数;$C = np^2\mu_B^2/3k_B$ 为居里常数。

式（7.28）就是居里定律。

7.4.2 顺磁盐晶体的顺磁性

1. 稀土顺磁盐晶体

在稀土顺磁盐晶体中,具有固有磁矩的离子是稀土三价离子,而稀土离子的固有磁矩来源于未满的 4f 壳层。由于 4f 壳层在 5p、5d 和 6s 壳层内部,得到了很好的屏蔽,同时 4f 电子与近邻的原子核和电子的相互作用很小,所以,可以将稀土离子的磁矩看成是相互独立的。用上述半经典理论分析稀土顺磁盐的磁性,部分稀土顺磁盐中稀土离子的有效玻耳磁子数的理论计算结果与实验结果示于表 7.2。可见理论计算和实验结果符合良好。

另外,研究发现 Sm^{3+} 和 Eu^{3+} 不能按基态计算其有效玻耳磁子数,

原因是 Sm^{3+} 和 Eu^{3+} 可能处于某种激发态,此时,其总角动量不能按洪德定则来确定。

表 7.2　三价稀土离子的有效玻耳磁子数

离子	基态	有效玻耳磁子数	
		理论值	实验值
La^{3+}	$^1S_0$	0	抗磁性
Pr^{3+}	$^3H_4$	3.58	3.6
Nd^{3+}	$^5I_{9/2}$	3.62	3.6
Dy^{3+}	$^6H_{5/2}$	10.6	10.6

数据引自:M. A. Omar. Elementary Solid State Physics. Revised Printing. 世界图书出版公司,北京,2010,p439.

2. 过渡族顺磁盐晶体

过渡族金属的 s 电子全部用来同其他离子成键,对磁性有贡献的是未满壳层中的 d 电子,可以方便地计算出过渡族离子的有效玻耳磁子数。表 7.3 给出了过渡族顺磁盐晶体中铁族离子的有效玻耳磁子数的理论值和实验值。表中可见,若按洪德法则确定过渡族离子的基态,并按 $p = g\sqrt{J(J+1)}$ 计算过渡族离子的有效玻耳磁子数,则理论值与实验值相差甚远。然而,当不考虑轨道磁矩时,将过渡族离子的磁矩全部看成是自旋磁矩的贡献时,即 $g = 2, p = 2\sqrt{S(S+1)}$ 时,理论值与实验值就符合的很好。上述结果表明,在过渡族离子中,轨道磁矩消失,离子的磁矩全部由离子未满壳层中的 d 电子自旋磁矩所贡献。这种现象称为轨道磁矩猝灭。

只有自旋磁矩时,$g = 2$。

表 7.3　过渡族离子的有效玻耳磁子数

离子	基态	有效玻耳磁子数(理论值)		有效玻耳磁子数(实验值)
		$p = g\sqrt{J(J+1)}$	$p = 2\sqrt{S(S+1)}$	
Ti^{3+}, V^{4+}	$^2D_{3/2}$	1.55	1.73	1.7
V^{3+}	$^3F_2$	1.63	2.83	2.8
V^{2+}, Cr^{3+}, Mn^{4+}	$^4F_{3/2}$	0.77	3.87	3.8
Mn^{2+}, Fe^{3+}	$^6S_{5/2}$	5.92	5.92	5.9
Fe^{2+}	$^5D_4$	6.70	4.90	5.4

数据引自:M. A. Omar. Elementary Solid State Physics. Revised Printing. 世界图书出版公司,北京,2010,p440.

过渡族金属的磁性主要来源于未满的 d 壳层,而 d 电子在离子晶体中位于离子的最外壳层,它们必然受到其他离子和电子的影响,不能将其视为孤立的。也就是说,d 电子不仅受到所在原子的作用,还受到相邻离子和其他电子的作用(这种作用被称为晶体场),此时,d 电子并不是在有心力场中运动,所以轨道角动量不再是守恒量。由于轨道角动量不守恒,相应的轨道磁矩也就不是守恒量,导致离子轨道角动量的平均值为零,实验上也就测不出轨道磁矩,从而导致轨道磁矩猝灭。由于晶体场主要影响电子波函数的空间分布,对电子自旋角动量和自旋磁矩没有影响,所以过渡族离子的磁矩主要来源于自旋磁矩。

在有些情况下,轨道磁矩可能发生部分猝灭,这是由d电子的部分局域化运动、部分共有化运动造成的。d电子绕离子做有心力场运动(也称局域性),角动量守恒,轨道角动量对应的轨道磁矩平均值并不为零。而共有化运动(有时也称电子的巡游性)轨道角动量不守恒,产生轨道磁矩猝灭。

对稀土离子而言,由于4f电子外层有其他满壳层电子的屏蔽,晶体场对其作用很小,所以不产生轨道磁矩猝灭现象。

7.4.3　金属传导电子的泡利顺磁性

金属中的传导电子可近似为自由电子,它们在磁场中表现出微弱的顺磁性。这种顺磁性的磁化率很小,一般不具有工程实际意义,这里仅以碱金属为例,对绝对自由电子的磁化率进行简要分析。自由电子的顺磁性也称泡利顺磁性。

在碱金属中,除价电子(自由电子)外,所有壳层都是充满的,因此离子没有固有磁矩,顺磁性只可能是自由电子提供的。为分析问题的方便起见,将自由电子分成自旋磁矩为正和自旋磁矩为负两个"子能带",如图7.6所示,左侧代表自旋磁矩为正的电子,右侧代表自旋磁矩为负的电子。当外加磁场强度为零时,两个子带上的电子数相等,平均磁矩为零。

当在正方向上施加磁场 B_0 时,自旋磁矩为正的电子的能量就会降低 ΔE_+ ,自旋为负的电子的能量就会增加 ΔE_- ,且有

$$|\Delta E_+| = |\Delta E_-| = 2 \times \frac{1}{2}\mu_B B_0 = \mu_B B_0$$

式中,因子2对应于电子的g因子为2,1/2对应于电子在 B_0 投影的量子数为 $\pm 1/2$ 。对一价碱金属而言,能带是半充满的,费米能级以上还有空的能级没有填充。所以,自旋磁矩为负的子带上的电子会向自旋磁矩为正的子带中转移。由于 $\mu_B B_0$ 很小,所以,只有费米面附近的电子有上述子带间的转移,则正负自旋电子变化量为

$$\delta N_+ \approx \frac{1}{2} g(E_F) \Delta E_+ = \frac{1}{2} g(E_F) \mu_B B_0$$

$$\delta N_- \approx \frac{1}{2} g(E_F) \Delta E_- = -\frac{1}{2} g(E_F) \mu_B B_0$$

前面已知束缚电子具有朗之万抗磁性。

式中,$g(E_F)$ 是费米面附近自由电子的态密度。

因为态密度既包括自旋向上的电子也包括自旋向下的电子,所以当只计算自旋向上(或向下)的电子数时应乘以因子 $1/2$。在外磁场 $\boldsymbol{B}_0$ 作用下,自由电子体系的磁化强度为

$$M = (\delta N_+ - \delta N_-)\mu_B = g(E_F)\mu_B^2 B_0 \qquad (7.29)$$

自旋与自旋磁矩反平行。

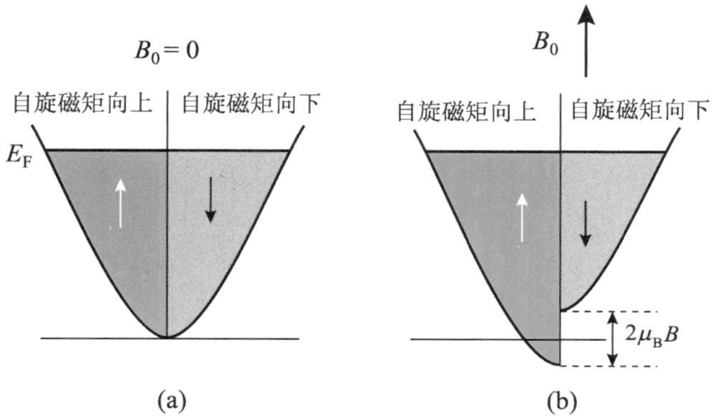

图 7.6 自由电子泡利顺磁性示意图

由第 4 章可知,单位体积态密度为 $g(E) = \dfrac{1}{2\pi^2}\left(\dfrac{2m}{\hbar^2}\right)^{3/2}E^{1/2}$,则泡利顺磁磁化率 χ_p 为

结合式(4.25)有:$g(E_F) = \dfrac{3n}{2E_F}$。

$$\chi_p = \frac{M}{H} = \frac{3n\mu_0\mu_B^2}{2E_F} \qquad (7.30)$$

式中,n 是单位体积中的电子数。

式(7.30)表明,自由电子的泡利顺磁磁化率是正的小量。低温下,电子的化学势与 E_F 相近,泡利顺磁性与温度关系不大。

7.5 固体的铁磁性

铁磁性固体的磁化率是很大的正数,属强磁性。铁磁体在永磁电机、变压器、机电控制、磁记录、通讯等诸多领域中的应用极为广泛,是一类非常重要的功能材料。本节主要介绍铁磁体的实验规律及铁磁性起源。

7.5.1 铁磁体的实验规律

迄今为止,人们已经发现了许多固体材料具有铁磁性。目前广泛使用的铁磁材料以铁族和稀土元素及它们的合金或化合物为主。铁磁体主要有如下实验规律:

(1)铁磁体的磁化率很大,且为正数。对单晶体或有织构的铁磁体

磁化曲线的测量表明,铁磁体的磁化行为表现出明显的各向异性。铁(BCC)、镍、钴单晶的磁化曲线示于图7.7。可以看出,这些单晶体在某些方向上很容易达到饱和磁化,而在其他方向上则较难达到饱和磁化。一般将最容易达到饱和磁化的晶体学方向称为易磁化方向,如 Fe 的[100]方向、Ni 的[111]方向、Co 的[001]方向。铁磁体磁化的各向异性称为磁晶各向异性。

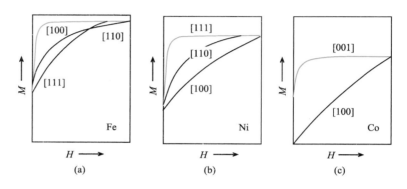

图 7.7　Fe、Ni 和 Co 单晶沿不同晶体学方向的磁化曲线

（2）铁磁体在外场下的磁化过程是不可逆的,表现出磁滞现象。如图 7.8 所示,将铁磁体饱和磁化以后,减小外磁场,磁感应强度并不是可逆地沿磁化曲线下降,而是沿图 7.8（a）中 AB_r 下降。当外加磁场减小到零时（$H = 0$）,铁磁体仍具有 B_r 大小的剩余磁感应强度（剩余磁化强度）。也就是说,铁磁体磁化后,即使撤去外磁场,铁磁体仍可在空间中产生一定大小的磁场,这就是所谓的永磁体。使铁磁体中磁感应强度降为零的反向磁场 $-H_C$ 称为矫顽力。当外加磁场达到 $-H_C$ 后,继续增大反向磁场强度可以使铁磁体达到反向饱和磁化。达到反向磁化饱和以后,逐渐降低磁场强度则会使磁化曲线闭合,这种闭合的磁化曲线称为磁滞回线。磁滞回线是铁磁体的重要特征之一。不同材料因其磁滞回线差别较大而具有不同的应用。

（3）铁磁体在临界温度（T_C）以下表现出铁磁性,在临界温度以上则表现出顺磁性。该临界温度 T_C 称为居里温度。对于大部分铁磁体,当 $T > T_C$ 时,顺磁磁化率满足居里 – 外斯（Curie – Weiss）定律,即

$$\chi = \mu_0 \frac{C}{T - \theta} \qquad (7.31)$$

式中,θ 一般略高于 T_C,常称为顺磁居里点;C 为居里常数。

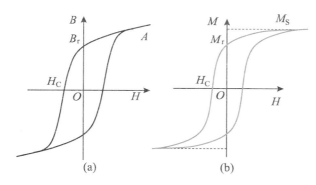

图 7.8　铁磁体磁带回线示意图

（a）$B \sim H$ 回线，（b）$M \sim H$ 回线，M_s 为饱和磁化强度

（4）磁畴是铁磁体的重要组织特征，它反映了铁磁体内部因磁矩间的相互作用而形成的自发磁化。所谓磁畴是这样一些区域，$T < T_C$ 的情况下，即使没有外加磁场，这些区域内部的固有磁矩也自发的定向排列。图 7.9 是磁畴的示意图。自发磁化是物质铁磁性的起源。如果不对铁磁体施加外场进行磁化，尽管每个磁畴内部的磁矩都定向排列，但由于磁畴的取向是无规的，宏观上不表现出剩余磁性。在铁磁体磁化过程中，磁畴发生转动并逐渐趋于与外磁场平行。铁磁体磁化曲线的特性与磁畴的存在有极为密切的关系。

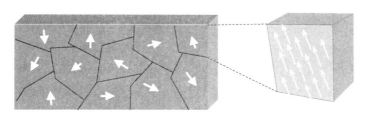

图 7.9　磁畴示意图（箭头为磁矩方向）

7.5.2　铁磁性的唯象理论

解释铁磁性的关键是对于铁磁体内部自发磁化的理解。1907 年外斯为了解释铁磁体的自发磁化，提出了"分子场"理论。由于分子场理论并没有说明分子场的本质，是一种唯象理论。尽管如此，分子场理论可以很好地解释铁磁性的许多实验规律，为在理论上分析铁磁体的性质奠定了基础，在磁学的发展史上有重要的地位。

1. 外斯分子场理论

外斯的分子场理论是建立在以下三个基本假定基础上的。

（1）在铁磁体内部存在强大的分子场，铁磁体内的原子磁矩沿分子场方向平行排列，形成自发磁化。

（2）分子场的强度正比于磁化强度，为 $\lambda\boldsymbol{M}$。

（3）自发磁化在铁磁体内部形成磁畴，每个磁畴内部自发磁化是饱和的。在无外磁场的条件下，磁畴之间没有固定取向，磁体在宏观上不表现出剩余磁性。

按外斯的分子场理论，磁畴内部的有效磁感应强度为

$$\boldsymbol{B}_{\text{eff}} = \boldsymbol{B}_0 + \lambda\boldsymbol{M} \tag{7.32}$$

式中，$\boldsymbol{B}_0$ 是外加磁感应强度。

按式（7.26），磁化强度的表达式为

$$M = ng\mu_{\text{B}}JB_J(y) \tag{7.33}$$

$$y = \frac{g\mu_{\text{B}}J(B_0 + \lambda M)}{k_{\text{B}}T}$$

式中，n 是单位体积内磁性原子（或离子）的数目；$B_J(y)$ 是布里渊函数。令 $B_0 = 0$，由式（7.33）可得无外磁场时铁磁体的自发磁化强度 M_S

$$M_S = ng\mu_{\text{B}}JB_J(\alpha) \tag{7.34}$$

式中

$$B_J(\alpha) = \frac{2J+1}{2J}\coth\left(\frac{2J+1}{2J}\right)\alpha - \frac{1}{2J}\coth\frac{\alpha}{2J} \tag{7.35}$$

$$\alpha = \frac{g\mu_{\text{B}}J\lambda M_S}{k_{\text{B}}T} \tag{7.36}$$

原则上，可由方程（7.34）解出 M_S 的表达式。但是，由于布里渊函数的复杂性，直接求解 M_S 的解析式是困难的，一般只能借助计算机和作图法求解 M_S。作图法求解 M_S 的思想是：首先由式（7.34）作 $M_S - \alpha$ 曲线，如图 7.10 所示；然后，选定一个温度 T，由式（7.36）有 $M_S = (k_{\text{B}}T/g\mu_{\text{B}}J\lambda)\alpha$，则可做 $M_S - \alpha$ 直线。很显然，由曲线和直线的交点可以确定该温度下的自发磁化强度。这样选择不同的温度 T，就可得到不同的 $M_S - \alpha$ 直线图，也就得到了不同温度下的 M_S，这样就得到了如图 7.10(b) 所示的 $M_S - T$ 关系曲线。当直线和曲线相切时，该直线所对应的温度就是居里温度。

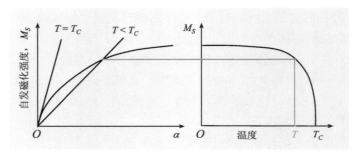

图 7.10　求解 M_S 的图解法

当 $T = 0$ K 时，$\alpha \to \infty$，$B_J(\alpha) \to 1$，自发磁化达到饱和值，即

$$M_S(0) = ngJ\mu_B \qquad (7.37)$$

随温度升高，热运动对磁矩的平行有序排列的破坏作用越来越大，当 $T > T_C$ 时，热运动的无序作用完全破坏了分子场所引起的磁矩有序排列，铁磁体转变为顺磁体。由此可见，外斯的分子场理论可以很好地解释铁磁体向顺磁体转变的现象。

基于以上分析，图 7.10（a）中直线和曲线在 $\alpha = 0$ 的切点对应于居里点，所以有

$$\frac{k_B T_C}{gJ\mu_B \lambda} = ngJ\mu_B \left. \frac{\mathrm{d}B_J(\alpha)}{\mathrm{d}\alpha} \right|_{\alpha=0} = \frac{ng\mu_B(J+1)}{3}$$

求解上述方程得

$$T_C = \frac{ng^2\mu_B^2 J(J+1)\lambda}{3k_B} \qquad (7.38)$$

可见，居里温度正比于参数 λ（表征分子场强弱），因此分子场越强，热运动破坏磁矩有序排列就越困难，居里温度就越高。

2. 铁族金属铁磁体轨道磁矩猝灭

由式（7.34）和式（7.37）有

$$\frac{M_S(T)}{M_S(0)} = B_J(\alpha) \qquad (7.39)$$

如果引进无量纲约化温度 $T_n = T/T_C$，对所有铁磁体，相变温度都发生在 $T_n = 1$ 时，则可得到普适的 $M_S(T)/M_S(0) - T_n$ 曲线。图 7.11 给出了金属 Fe、Co 和 Ni 的 $M_S(T)/M_S(0) - T_n$ 曲线。由图 7.11 可知，当 $J = 1/2$ 时，理论和实验符合的相当好。这意味着 $L = 0$，原子有效磁矩全部由 3d 电子的自旋所贡献，即轨道磁矩发生了猝灭。

关于过渡族离子轨道磁矩猝灭现象我们在过渡族顺磁盐中已经有所讨论。在铁族金属铁磁体中同样存在轨道磁矩猝灭的现象。轨道磁矩猝灭现象是由于 3d 电子受到晶体场的作用产生的，由于 3d 电子的运动不是有心力场中的运动，所以其角动量不是守恒量，因此，与之对应的轨道磁矩也不是守恒量。

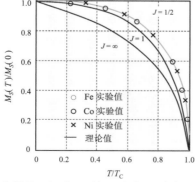

图 7.11   金属 Fe、Co 和 Ni 的 $M_S(T)/M_S(0) - T/T_C$ 曲线

3. 铁磁体的高温顺磁性

当温度高于居里温度 T_C 时,$\dfrac{g\mu_B J(B_0 + \lambda M)}{k_B T} \ll 1$,所以

$$B_J \approx \frac{g\mu_B(J + 1)}{3k_B T}(B_0 + \lambda M) \tag{7.40}$$

由式(7.33)得到

$$M(B_0) = \frac{ng^2\mu_B^2 J(J + 1)}{3k_B T}(B_0 + \lambda M) \tag{7.41}$$

利用 T_C 的表达式(7.38)有

$$\chi = \frac{\mu_0 M}{B_0} = \mu_0 \frac{C}{T - T_C} \tag{7.42}$$

其中,居里常数 $C = ng^2\mu_B J(J + 1)/3k_B$,这就是居里 – 外斯定律。但是,外斯分子场理论不能解释居里温度 T_C 与顺磁居里点 θ 的差别。原因是在 T_C 附近,铁磁 → 顺磁转变是二级相变,外斯的平均分子场模型不能准确描述二级相变的临界行为。

7.5.3　自发磁化的交换作用理论

外斯的唯象分子场理论在阐述固体磁性能方面取得了很大成功,并提供了计算自发磁化强度(包括铁磁体、反铁磁体和亚铁磁体)的方法。但是,外斯分子场理论并没有说明分子场的来源和自发磁化的物理本质。量子力学建立以后,海森堡(Heisenberg)等人逐步建立了交换作用理论,阐明了分子场的本质。这里主要介绍铁磁体中常见的交换作用模型。

1. 铁族金属的 d 电子直接交换作用

由于轨道磁矩的猝灭,铁族金属及其合金或化合物的铁磁性主要来自铁族原子未满 d 壳层电子的自旋磁矩。为了描述 d 电子自旋之间的相互作用,海森堡提出了交换作用模型。

下面以两个原子(分别记为 a 和 b)组成的体系来定性说明海森堡交换作用模型。假定每个原子都只有一个未满壳层 d 电子,电子的自旋分别为 S_1 和 S_2。两个电子和两个离子共同组成一个"分子"体系。假定 d 电子是局域的,d 电子的状态可用相应的原子波函数来描述。所形成的分子体系具有下述特点:

(1)由于泡利原理的限制,"分子"体系的波函数必须是反对称的。"分子"体系的反对称波函数由原子波函数乘积的组合来描述。

(2)在经典力学中,将两个分别属于两个原子的 d 电子相互交换,体系能量不发生变化。但在量子力学中,交换电子会改变体系的能量,称这种能量为交换能。

(3)交换能与电子自旋取向有关,海森堡证明交换能可以写成如

下形式:

$$E_{ex} = -2J_{12}\,S_1 \cdot S_2 \qquad (7.43)$$

式中,自旋以 $\hbar$ 为单位,J_{12} 称为交换积分,由下式近似给出

$$J_{12} = \iint \varphi_a^*(r_1)\varphi_b^*(r_2)\frac{e^2}{4\pi\varepsilon_0 r_{12}}\varphi_a(r_2)\varphi_b(r_1)\,dr_1 dr_2 \qquad (7.44)$$

式中,r_{12} 是两个电子之间的距离。交换能是与自旋相关的量子效应,其起源是泡利不相容原理,没有经典物理量与之对应。

以上交换模型可以推广到多电子体系。为处理问题方便,假定铁族晶体中每个原子只有一个 d 电子,则总交换能为

$$E_{ex} = -\sum_{i \neq j}^{N} J_{ij}\,S_i \cdot S_j \qquad (7.45)$$

式(7.45)求和包含 ij 和 ji 两个等价项。显然交换作用可以定性描述铁磁性分子场的来源。

> 如果交换积分 $J_{ij} > 0$,则 $S_i \cdot S_j > 0$,电子自旋平行取向,固体表现出铁磁性;如果交换积分 $J_{ij} < 0$,则 $S_i \cdot S_j < 0$,电子自旋反平行取向,固体表现出反铁磁性。

可见,d 电子自旋取向相同是由交换积分的性质决定的,分子场的来源是电子之间的交换作用。海森堡的交换模型在物理上阐明了外斯分子场的本质。

以上的模型中,交换积分来自于相邻原子 d 电子的直接交换,故称这种交换作用为直接交换作用。直接交换作用模型在定性处理 Fe、Co 和 Ni 等的铁磁性方面取得了很大的成功,特别重要的是它阐明了外斯分子场的物理本质。可是在定量上却存在较大的问题,例如,由于轨道角动量的猝灭,磁矩全部由 d 电子自旋贡献,则在绝对零度下,每个原子对铁磁性有贡献的磁矩应当是波尔磁子的整数倍,然而实验结果却并非如此,如 $T = 0$ K 时,Fe 为 $2.22\mu_B$,Co 为 $1.72\mu_B$,Ni 为 $0.606\mu_B$。在计算居里温度时,所得数值显著低于实验值。

2. 稀土金属 f 电子的间接交换作用

稀土金属及其合金的磁性主要来自于稀土原子中不满壳层的 4f 电子。由于 4f 电子"陷埋"在原子内部,空间波函数不可能像 d 电子那样在空间有很大伸展,所以 d 电子的直接交换作用对 4f 电子并不适用。另外一方面,4f 电子的轨道角动量没有猝灭。所以直接交换作用模型不能用来说明稀土金属及其合金中铁磁性的起源。4f 电子间的交换作用可用 RKKY 间接交换作用模型来加以分析,这个模型是由 Ruderman、Kittle、Kasuya 和 Yosida 逐渐建立越来的,其主要思想如下:

交换能或交换积分。

　　(1)稀土金属中的4f电子是局域的,s电子则是巡游的。f电子与s电子发生交换作用,使s电子极化(自旋有确定取向),极化的s电子对另外一个f电子的自旋取向有影响。这样就形成了以巡游s电子为媒介,近邻稀土原子(或离子)中4f电子的间接交换作用。

　　(2)考虑到4f电子的自旋和轨道角动量有很强的耦合,轨道角动量没有被猝灭,所以每个稀土原子的角动量是自旋与轨道角动量的和,间接交换作用能正比于: $-A_{ij}\boldsymbol{J}_i \cdot \boldsymbol{J}_j$,其中 A_{ij} 是交换积分,$\boldsymbol{J}_i$ 是第 i 个原子的总角动量。

　　(3)交换积分的正负号决定了稀土金属是铁磁性或是反铁磁性的。由于间接交换作用很弱,所以稀土金属的居里温度较低。

7.5.4　自发磁化的能带模型

　　仔细分析我们会发现,海森堡的直接交换模型不仅不能说明原子饱和磁化强度不是整数的实验事实,在大小上也存在很大差别。以 Fe 为例,每个 Fe 原子有 6 个 d 电子,由洪德定则可知,每个 Fe 原子有 4 个 3d 电子未配对, 似乎可以提供 $4\mu_B$ 大小的磁矩。然而实验发现,Fe(BCC) 晶体中每个 Fe 原子只提供了 $2.22\mu_B$ 大小的磁矩。实验测得的原子磁矩远小于直接交换模型的预测值。对 Co 和 Ni 可以得到相似的结论。这就是历史上的“波尔磁子数缺损之谜”。

　　为了克服海森堡模型的困难,解决波尔磁子数缺损之谜,斯托纳(Stoner)等人提出了铁磁性自发磁化的能带模型。由于能带是电子共有化运动的体现,所以也称之为巡游电子模型。自发磁化能带模型认为:

　　(1)虽然 d 电子是巡游的,它们之间仍存在交换作用;

　　(2)交换作用使 d 能带分裂成两个子带,一个自旋磁矩向上,一个自旋磁矩向下,如图 7.12 所示。

　　为了分析问题方便,规定 z 轴为正方向。将 d 电子能带分成自旋向上和向下两个子带,注意到自旋磁矩的方向与自旋角动量的方向相反,则有下面的结论。当不存在交换作用时,磁矩向上(自旋向下)和磁矩向下(自旋向上)的两个子带的态密度完全相同,与之相应,自旋向上的电子数和自旋向下的电子数相等,故不显示磁性。两个子带的费米能级相同。

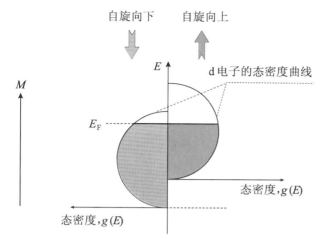

图 7.12　交换作用使 d 能带分裂成两个子带

自旋磁矩与自旋反平行。

当考虑到电子之间的交换作用以后,自旋磁矩为正(自旋为负)的子带能量较低,自旋磁矩为负的子带能量升高。能量升高的子带上的电子向能量降低的子带中转移,以保证二者的费米能级相等。其结果是 d 带总自旋磁矩不为零,形成自发磁化。

如果定义能量降低的子带为"多数自旋子带",定义能量升高的子带为"少数自旋子带",则二者磁矩的差就是自发磁化强度 M,即

$$M = \mu_{\mathrm{B}}(N_e^{\downarrow} - N_e^{\uparrow}) \tag{7.46}$$

式中,N_e 是电子数;上角标表示自旋取向。

自旋向下或向上的电子数不仅取决于态密度,而且还取决于交换作用的大小(交换作用决定两个子带的"错开"程度),平均到每个原子,磁矩不是整数是理所当然的。自发磁化的能带模型,可以较好的解释原子磁矩不是整数及波尔磁子数缺损现象。但是,能带模型计算的居里温度明显高于实验值。

直接交换模型和能带模型均有缺陷,两个模型历来存在争论,仍然是固体物理领域重要的问题之一。目前人们关心的焦点变成了3d电子在空间上有多少程度是局域的,有多少程度是巡游的。

7.6　固体的反铁磁性

反铁磁性是一种弱磁性。本节主要介绍反铁磁性的唯象理论和引起反铁磁性的超交换作用模型。

7.6.1　反铁磁体的实验规律

(1) 存在临界温度,即奈尔(Néel)温度 T_{N},当 $T > T_{\mathrm{N}}$ 时,磁化率满足如下形式的居里 – 外斯定律:

$$\chi = \mu_0 \frac{C}{T + \theta} \qquad (7.47)$$

当 $T = T_N$ 时, χ 达到最大值。图 7.13 示出了 MnO 的磁化率与温度的关系,其中 $T_N = 122$ K。

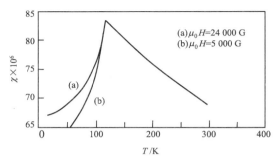

图 7.13　MnO 粉末的磁化率与温度的关系

（2）中子衍射证明,在奈尔温度以下,反铁磁材料中的磁矩是有序排列的;在奈尔温度以上,磁矩是无序的。以立方结构的 MnO 为例,在奈尔温度以下,每个（111）面上锰的自旋磁矩都是相同取向的,但相邻两个（111）面的自旋取向则是相反的,如图 7.14 所示。

7.6.2　反铁磁性的唯象理论

奈尔在外斯分子场理论的基础上,提出了反铁磁性的唯象理论,即定域分子场理论。反铁磁体的晶体结构有立方、六方、四方和斜方等几类,但大多数为立方和六方晶系。下面以立方晶格为例阐明奈耳的定域分子场理论。

奈尔假定在反铁磁性晶体中,磁性离子（例如 MnO 中的 Mn^{2+} 离子）可以分成两个磁性子晶格 A 和 B,如图 7.15 所示。在每个磁性子晶格中,自旋取向相反。奈尔进一步假定存在两种分子场,导致同一子晶格内的自旋平行取向,而相邻子晶格内的自旋反平行排列。

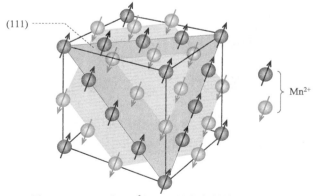

图 7.14　MnO 中 Mn^{2+} 磁矩的有序结构（$T < T_N$）

（未画出 O^{2-} 离子）

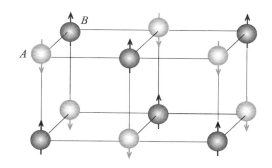

图 7.15　立方反铁磁氧化物中两个取向相反的磁性子晶格

　　按奈尔的观点,作用在 A、B 两个子晶格上的有效磁感应强度为

$$\begin{cases} \boldsymbol{B}_A = \boldsymbol{B}_0 - \lambda_{AB}\boldsymbol{M}_B - \lambda_{ii}\boldsymbol{M}_A \\ \boldsymbol{B}_B = \boldsymbol{B}_0 - \lambda_{AB}\boldsymbol{M}_A - \lambda_{ii}\boldsymbol{M}_B \end{cases} \tag{7.48}$$

式中,$\boldsymbol{B}_0$ 是外加磁感应强度;λ_{AB}、λ_{ii} 分别是最近邻磁矩相反原子之间和次近邻磁矩相同原子之间的分子场系数。由图 7.14 可知,最近邻磁性离子的磁矩是反平行的,所以 $\lambda_{AB} > 0$。λ_{ii} 随物质的不同可正可负,甚至为零,这里取负值。按前面讨论的半经典理论[见式(7.34)] 有

$$\begin{cases} M_A = N_A g\mu_B J B_J(y_A) \\ M_B = N_B g\mu_B J B_J(y_B) \end{cases} \tag{7.49}$$

式中,N_A 和 N_B 分别是两个子晶格中对磁矩有贡献离子的浓度;B_J 是布里渊函数,且

$$\begin{cases} y_A = \dfrac{g\mu_B J B_A}{k_B T} \\ y_B = \dfrac{g\mu_B J B_B}{k_B T} \end{cases} \tag{7.50}$$

　　下面利用布里渊函数的性质,分别对反铁磁体的奈尔温度、高低温磁化率进行讨论。

1. 奈尔温度

　　在反铁磁体中,必然有 $N_A = N_B = N/2$,N 是单位体积内对磁性有贡献的离子数。在奈尔温度附近,反铁磁晶体的离子热运动已非常强,因此可视为温度较高的情况,即 $y_A \ll 1$。此时,对布里渊函数做级数展开,并略去小量,可以得到

$$M_A = \frac{N}{2}gJ\mu_B\frac{J+1}{3J}y_A = \frac{Ng^2\mu_B^2 J(J+1)}{6k_B T_N}B_A \tag{7.51}$$

令

$$C = \frac{Ng^2\mu_B^2 J(J+1)}{3k_B} \tag{7.52}$$

当外场 $B_0 = 0$ 时,有

$\lambda_{ii} < 0$ 才对应反铁磁性。

$$M_A = \frac{C}{2T_N}(-\lambda_{AB}M_B - \lambda_{ii}M_A) \tag{7.53}$$

同样，令 $y_B \ll 1$，有

$$M_B = \frac{C}{2T_N}(-\lambda_{AB}M_A - \lambda_{ii}M_B) \tag{7.54}$$

即

$$\begin{cases} \left(1 + \dfrac{C\lambda_{ii}}{2T_N}\right)M_A + \dfrac{C\lambda_{AB}}{2T}M_B = 0 \\[3mm] \dfrac{C\lambda_{AB}}{2T_N}M_A + \left(1 + \dfrac{C\lambda_{ii}}{2T_N}\right)M_B = 0 \end{cases} \tag{7.55}$$

方程组(7.55)是关于 M_A 和 M_B 的齐次线性方程组，有非零解的条件是其系数行列式为零，即

$$\begin{vmatrix} 1 + \dfrac{C\lambda_{ii}}{2T_N} & \dfrac{C\lambda_{AB}}{2T_N} \\[3mm] \dfrac{B\lambda_{AB}}{2T_N} & 1 + \dfrac{C\lambda_{ii}}{2T_N} \end{vmatrix} = 0 \tag{7.56}$$

由式(7.56)可解出奈尔温度 T_N

$$T_N = \frac{C}{2}(\lambda_{AB} - \lambda_{ii}) \tag{7.57}$$

可见，最近邻分子场系数 λ_{AB} 越大，次邻近分子场系数 λ_{ii} 越小，T_N 越高。

2. 高温磁化率

当温度很高，即 $T > T_N$ 时，$y_A, y_B \ll 1$，由上节关于布里渊函数的分析，可得晶体的磁化强度为

$$M = M_A + M_B = \frac{C}{2T}[2B_0 - (\lambda_{AB} + \lambda_{ii})M] \tag{7.58}$$

则可得到高温磁化率为

$$\chi = \frac{\mu_0 M}{B_0} = \mu_0 \frac{C}{T + \theta} \tag{7.59}$$

其中，$\theta = C(\lambda_{AB} + \lambda_{ii})/2$。此式表明，奈尔的定域分子场理论可以很好的说明反铁磁固体的高温磁化行为。

3. 低温磁化率

当 $T < T_N$ 时，由于分子场的作用，A、B 子晶格中的自旋均规则排列，且二者磁化的方向相反，在无外场时 M_{A0} 和 M_{B0} 相互抵消。所以，当 $T < T_N$ 时，尽管在反铁磁内部存在自发极化，但是，无外场时，净磁化强度仍然为零，这一点与铁磁性有很大差别，如图 7.16 所示。可以想象，当外磁场方向不同时，反铁磁体的磁化行为会有很大差别。

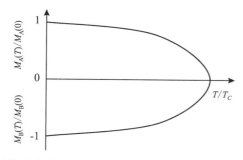

图 7.16　反铁磁体中次晶格的自发磁化强度与约化温度(T/T_C)的关系示意图

现在讨论外加磁场垂直于 M_{A0} 和 M_{B0} 的情况,如图 7.17 所示。若外加磁场垂直于 M_{A0} 和 M_{B0},则 M_A 和 M_B 都有一定的转矩,并转向外场,可是 A、B 次晶格上的分子场阻碍 M_A 和 M_B 的转动,当 M_A 和 M_B 转到一定角度 θ 后达到平衡,如图 7.17 所示。当达到平衡时有

$$M_A \times B_A = 0 \tag{7.60}$$

式中,$\boldsymbol{B}_A$ 是包含分子场在内的作用在 A 次晶格上的有效磁感应强度。

由式(7.60)得到

$$M_A \times B_0 - \lambda_{AB} M_A \times M_B - \lambda_{ii} M_A \times M_A = 0$$

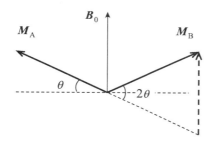

图 7.17　低温下反铁磁体的磁化强度

由图 7.16 所示的几何关系容易得到

$$M_A B_0 \cos\theta - \lambda_{AB} M_A M_B \sin(\pi - 2\theta) = 0$$

即

$$M_A B_0 \cos\theta - 2\lambda_{AB} M_A M_B \sin\theta\cos\theta = 0 \tag{7.61}$$

方程(7.61)有两个解,即

$$\cos\theta = 0$$

及

$$M_A B_0 - 2\lambda_{AB} M_A M_B \sin\theta = 0$$

$\cos\theta = 0$ 意味着次晶格的磁化强度与外磁场完全平行,即外磁场足够强,以至可以克服定域分子场的作用。由于分子场远远大于外加磁场,$\cos\theta = 0$ 实际上是不能实现的。故舍去第一个解,只取第二个解,有

$$\sin\theta = \frac{B_0}{2\lambda_{AB} M_B} \tag{7.62}$$

对 M_B 可以作同样的讨论。由图 7.17 可以得到,在外磁场作用下,磁化强度为

$$M = M_A \sin\theta + M_B \sin\theta \tag{7.63}$$

当 $M_A = M_B$ 时,可得当外磁场垂直于 M_{A0} 和 M_{B0} 时的磁化率为

$$\chi_\perp = \mu_0 \frac{M}{B_0} = \frac{1}{\lambda_{AB}} \tag{7.64}$$

可见 $\chi_\perp$ 与温度无关,从图 7.18 中 MnF_2 磁化率的实验结果可以看出,这一结论与实验符合。

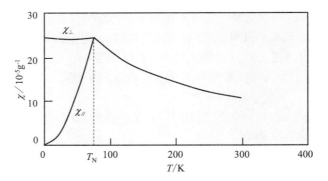

图 7.18　MnF_2 的磁化率与温度的关系

当外磁场与 M_{A0} 和 M_{B0} 平行时,计算比较烦琐,这里只给出结果,具体过程可参阅戴道生和钱昆明著《铁磁学(上册)》(科学出版社,1998)。

$$\chi_{/\!/} = \frac{\mu_0 N \mu_B^2 g^2 J^2 B'_J(y_0)}{k_B T + \frac{1}{2}(\lambda_{ii} + \lambda_{AB})\mu_B^2 g^2 J^2 N B'_J(y_0)} \tag{7.65}$$

且

$$B'_J(y_0) = \alpha^2 \left\{ \left[\frac{1 + \exp(-2\alpha y_0)}{1 - \exp(-2\alpha y_0)} \right]^2 \right\} - \beta^2 \left\{ 1 - \left[\frac{1 + \exp(-2\beta y_0)}{1 - \exp(-2\beta y_0)} \right]^2 \right\}$$

$$\alpha = \frac{2J + 1}{J}, \quad \beta = \frac{1}{2J}, \quad y_0 = \frac{Jg\mu_B}{k_B T}(\lambda_{AB} - \lambda_{ii})M_0$$

式中,$M_0 = M_A = M_B$。

读者可以自行验证,在奈尔温度下,$\chi_\perp = \chi_{/\!/}$。由图 7.18 可以看出,奈尔的定域分子场理论可以很好地解释反铁磁体的磁化行为。

7.6.3　反铁磁体的交换作用

奈尔的定域分子场理论虽然能够说明反铁磁体的特征,并具有物理图像清晰简单的特点,但是它没有阐明分子场源的具体物理本质。现在来分析分子场的物理本质。

1. 直接交换作用模型

某些过渡族金属及合金也呈现反铁磁性,这种反铁磁性可用前面

介绍的直接交换作用机制来解释。在海森堡的直接交换模型中，如果相邻原子的 d 电子之间的交换积分为负值（$J_{ij} < 0$），自旋磁矩反平行，交换能是负值，体系能量降低，物质就会表现出反铁磁性。奈尔的计算表明，Cr、Pt 和 Mn 等金属的交换积分小于零，为反铁磁体。

应当指出，直接交换作用所给出的反铁磁性只适用于某些金属与合金。在这些金属与合金中，原子距离较近，相邻原子的 d 电子的波函数有较大的交叠，所以才能给出较大的交换能。

2. 间接交换作用模型

在化合物反铁磁体中，如 MnO、NiO、FeF_2 等，具有固有磁矩的是其中的阳离子。但是，阳离子之间的距离很远，波函数交叠很少或不交叠，直接交换作用模型显然不能描述它们反铁磁的起源。1934 年，科拉莫斯（Kramers）和安德森（Anderson）等人提出和发展了间接交换作用模型，也称超交换作用模型。现在以 MnO 为例说明间接交换作用的物理图像。

MnO 具有 NaCl 型晶体结构，如图 7.14 所示。每个 Mn^{2+} 离子同 6 个 O^{2-} 离子配位。现在以 $Mn^{2+} - O^{2-} - Mn^{2+}$ 键合为例，说明间接交换作用的物理图像。在 MnO 晶体中，Mn 失去两个 4s 电子成为 Mn^{2+}，Mn^{2+} 的基态最外层电子是 $3d^5$。按洪德法则，5 个 3d 电子的自旋平行排列，以保证总的自旋角动量为最大值，此时总的轨道角动量为零。氧原子获得两个电子变成 O^{2-} 离子后，它的最外层电子组态是 $2p^6$，这 6 个电子两两分布在 p_x、p_y 和 p_z 轨道上。图 7.19 示出了在 x 方向上 $Mn^{2+} - O^{2-} - Mn^{2+}$ 间接交换示意图。设想 O^{2-} 的 p_x 轨道上的两个自旋相反的电子分别位于哑铃型轨道的两侧，这两个 p 电子与 Mn^{2+} 的 d 电子发生与海森堡交换作用类似的交换作用。由于两个 p 电子的自旋取向相反，导致与之发生交换作用的两个 Mn^{2+} 离子的 d 电子磁矩相反，从而引起反铁磁性。

间接交换作用也可用于其他磁性氧化物的分析。间接交换作用模型给出了反铁磁物质中分子场的本质。由于 Mn^{2+} 自旋的取向是借助 O^{2-} 离子来实现，所以称这种交换作用为间接交换作用，或超交换作用。

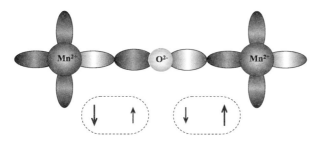

图 7.19　MnO 中 $Mn^{2+} - O^{2-} - Mn^{2+}$ 间接交换模型示意图

7.7　固体的亚铁磁性

亚铁磁体是一类重要的强磁性材料,人们最早使用的永磁体－磁铁矿就是一种典型的亚铁磁材料。亚铁磁材料有十分广泛的应用。本节主要以一类重要的亚铁磁材料－铁氧体为例介绍亚铁磁性物质的一般性质、唯象理论和间接交换作用模型。

铁氧体亚铁磁材料的晶体结构一般都比较复杂,主要有尖晶石结构、石榴石结构和磁铅石结构三大类。在亚铁磁材料中一般存在两种磁性次晶格,两种次晶格的磁矩取向相反,但并未全部抵消,总磁矩不为零,所以表现出强磁性。

7.7.1　亚铁磁体的实验规律

亚铁磁体主要具有以下特征。

1. 居里温度 T_C

当温度低于居里温度时,亚铁磁体内存在自发磁化,由于两种次晶格的磁矩不能全部抵消,因此存在由自发磁化引起的磁畴。同铁磁体一样,其磁化过程是不可逆的,因而存在磁滞现象。其矫顽力和剩磁随亚铁磁体成分和晶体结构的不同而有很大差别。当 $T > T_C$ 时,亚铁磁体内部磁畴因剧烈的热运动而被破坏,从而表现出顺磁性。当温度高于居里温度时,顺磁磁化率满足如下形式的居里－外斯定律,即

$$\chi = \mu_0 \frac{C}{T + \theta} \tag{7.66}$$

图 7.20 示出亚铁磁体典型的 $1/\chi - T$ 曲线,图中可见,当温度接近居里温度时,顺磁化率偏离居里－外斯定律。

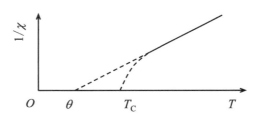

图 7.20　亚铁磁体典型的 $1/\chi - T$ 曲线

2. 次晶格和分子剩余磁矩

亚铁磁体的晶体结构一般比较复杂,现在以具有尖晶石结构的铁氧体为例说明亚铁磁体中的两类磁性次晶格和分子剩余磁矩。尖晶石结构的典型分子式为 $MgAl_2O_4$,具有尖晶石结构的铁氧体的分子式可以写为 $Me^{2+}Fe_2^{3+}O_4$,其中 Me 代表 Mg、Mn、Fe、Co、Ni、Cu、Zn 等二价金

属离子。图7.21给出了尖晶石的晶体结构示意图。由于结构复杂、单胞内原子数目较多，为了清晰起见，图7.21示出了原子在(001)面的投影。

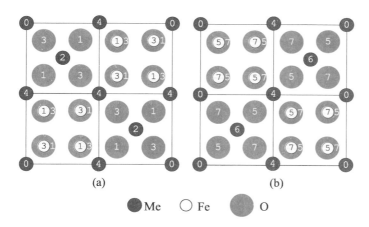

Me ○ Fe O

图 7.21   尖晶石结构在(001)面上的原子投影图
(a) 上半晶胞，(b) 下半晶胞图中的数字是原子的高度(以 $c/8$ 为单位)
(注意原子高度为 0 或 8 是等价的)

尖晶石结构是一个复杂面心立方结构，每个晶胞中共有32个氧离子 O^{2-}，16 个 Fe^{3+} 离子和 8 个 Me^{2+} 离子，其结构式可写为 $8Me^{2+}16Fe^{3+}32O^{2-}$。氧离子是立方密堆积结构(面心立方)。晶胞可以分成 8 个小立方体单元，如图7.22所示。其中 A 型立方体单元(A 型次晶格)中，二价金属离子处在氧离子形成的四面体中心，称为 A 位置。这样的 A 型立方体单元在一个晶胞中共有 4 个，如图7.22(a)所示。同样，B 型小立方体单元(B 型次晶格)也有 4 个，三价金属离子处在对角线上与氧离子对称的位置上，这种位置称为 B 位置，如图 7.22(b) 所示。

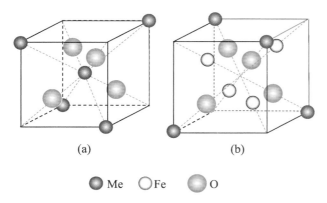

Me Fe O

图 7.22   尖晶石的晶体结构中的 A 型和 B 型两种次晶格

如果处在 A 位置上的 8 个二价金属离子同处在 B 位置上的 8 个三价金属离子对调(在正尖晶石结构中 B 位上的三价离子共有 16 个,此处仅有 8 个同二价离子对调),就形成了反尖晶石结构。

一般说来,当 $T < T_C$ 时每个次晶格内部(即上述 A 型立方体单元或 B 型立方体单元)的磁性离子的磁矩都是平行排列的,而 A、B 两种次晶格的磁矩取向则是反平行的。实验发现,Fe_3O_4(即 $FeFe_2O_4$)具有反尖晶石结构,依据上面的分析,通过计算次晶格的磁矩可以获得一个 Fe_3O_4 单胞和一个分子的剩余磁矩。A 位和 B 位 Fe 离子磁矩示于图 7.23。

Fe^{2+} 有 6 个 3d 电子,轨道角动量淬灭后,其磁矩全部由 d 电子自旋磁矩所提供,按洪德法则,Fe^{2+} 离子的总自旋量子数为 $S = 2$。Fe^{3+} 离子有 5 个 3d 电子,总自旋量子数为 $S = 5/2$。Fe_3O_4 具有反尖晶石结构,一个单胞中的磁矩分布如图 7.23 所示,则每个单胞的剩余磁矩为

$$\mu_{单胞} = g\mu_B\left(2 \times 8 + \frac{5}{2} \times 8 - \frac{5}{2} \times 8\right) = 32\mu_B \qquad (7.67)$$

式中,$g = 2$(磁矩全部由自旋提供),由于一个单胞中相当于含有 8 个 $FeFe_2O_4$ 分子,所以一个分子的剩余磁矩为

$$\mu_{分子} = \frac{1}{8}\mu_{单胞} = 4\mu_B$$

实验值为 $\mu_{分子} = 4.2\mu_B$,同计算值基本相符,表明以上分析是正确的。

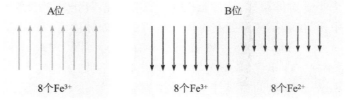

图 7.23　Fe_3O_4($FeFe_2O_4$)中的铁离子自旋

3. 磁化强度与温度的关系

由于在亚铁磁体中存在两种磁矩取向相反的磁性次晶格,且二者的磁矩不等,所以其磁化强度与温度的关系表现出多样性。若两种次晶格的单位磁矩分别记为 M_A 和 M_B,则亚铁磁体自发磁化强度为 $M_S = M_B - M_A$。图 7.24 给出了三种 $M_S - T$ 的关系曲线,其中 Q 型与铁磁体的情况相同;而 N 型和 P 型则与铁磁体有显著差异,特别是 N 型亚铁磁体中,在某一温度 T_d 时,$M_S = 0$,这显然是由 $|M_A| = |M_B|$ 造成的,通常称 T_d 为抵消点。

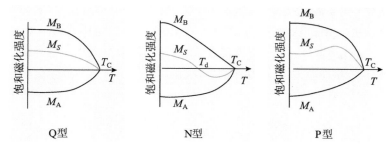

图 7.24　铁氧体自发饱和磁化强度的温度特性

7.7.2　亚铁磁性的唯象理论

奈尔根据反铁磁性分子场理论,提出了尖晶石型铁氧体中的分子场理论,现在,对此进行简单介绍。假定只有 A 位和 B 位之间有反铁磁相互作用,则作用在 A 位和 B 位上的有效磁感应强度分别为

$$
\begin{cases}
\boldsymbol{B}_{\mathrm{A}} = \boldsymbol{B}_0 - \mu_0 \beta_1 \boldsymbol{M}_{\mathrm{B}} \\
\boldsymbol{B}_{\mathrm{B}} = \boldsymbol{B}_0 - \mu_0 \beta_2 \boldsymbol{M}_{\mathrm{A}}
\end{cases}
\tag{7.68}
$$

这里 $\beta_1, \beta_2 > 0$。在接近临界温度时,利用布里渊函数展开项的性质有

$$
\begin{cases}
M_{\mathrm{A}} = \dfrac{C_{\mathrm{A}}}{T_{\mathrm{C}}} (B_0 - \mu_0 \beta_1 M_{\mathrm{B}}) \\
M_{\mathrm{B}} = \dfrac{C_{\mathrm{B}}}{T_{\mathrm{C}}} (B_0 - \mu_0 \beta_2 M_{\mathrm{B}})
\end{cases}
\tag{7.69}
$$

式中,选取 β_1 和 β_2 为不同值是考虑到 A 位和 B 位的磁性离子浓度可能不同,C_{A} 和 C_{B} 分别是子晶格 A 和子晶格 B 的居里常数,见 7.6 节的讨论。

当 $B_0 = 0$ 时,方程(7.69) 有异于零的 M_{A} 和 M_{B} 的条件是

$$
\begin{vmatrix}
T_{\mathrm{C}} & \mu_0 \beta_1 C_{\mathrm{A}} \\
\mu_0 \beta_2 C_{\mathrm{B}} & T_{\mathrm{C}}
\end{vmatrix} = 0
\tag{7.70}
$$

从而可解出居里温度为

$$
T_{\mathrm{C}} = \mu_0 \sqrt{\beta_1 \beta_2 C_{\mathrm{A}} C_{\mathrm{B}}}
\tag{7.71}
$$

应当指出,上面的分析中忽略了 A 次晶格自身的分子场及 B 次晶格自身的分子场,因而是很不严格的,我们的目的只在于说明分子场理论同样可以用于描述亚铁磁性。详细计算请参阅戴道生和钱昆明著的《铁磁学(上册)》(科学出版社,1998)。

7.7.3　亚铁磁体中的间接交换作用

从某种意义上讲,亚铁磁体是反铁磁体的一种特例,所以由 MnO 中所得到的间接交换作用模型可以用来定性分析亚铁磁体中的间接交换作用机制。无论是反铁磁性还是亚铁磁性均来自于磁性金属离子

借助 O^{2-} 离子的间接交换。但是由于亚铁磁体的晶体结构复杂,使得具体分析也十分复杂。由图 7.22 可以看出,尖晶石结构中有 A－O－A、A－O－B、B－O－B 三类耦合方式,这三类耦合方式由于键角的不同又可分为图 7.25 所示的五种耦合情况。

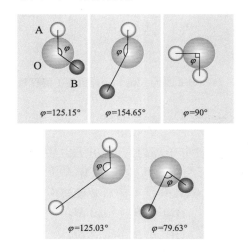

图 7.25　尖晶石结构铁氧体中五种间接交换作用方式

在这五种间接交换作用方式中,图中所示的 A－O－B 间接交换最强,它要求 A 和 B 是自旋反平行排列的,起主导作用。这样 A 位和 B 位的磁性离子是反平行的,而 A 位和 B 位子晶格的磁矩只能各自平行排列。结果 A 位和 B 位各自形成一个子晶格,互相穿插互为近邻。因为 A 和 B 两个子晶格的总磁矩不相等,所以出现亚铁磁性。当考虑到 d 电子波函数的空间分布形式,仔细分析表明 A－O－B 的间接交换作用很强,所以铁氧体亚铁磁体的居里点较高。

7.8　强磁材料的磁畴与技术磁化

强磁材料一般指铁磁材料和亚铁磁材料。在居里温度以下,强磁材料中均存在自发磁化。自发磁化在材料内部引起磁畴以及磁化过程的不可逆性(即磁滞回线)。强磁材料在工程实际中有极为重要的应用,特别是具有不同形状磁滞回线的材料因其性能迥异,在不同领域有不同的应用。本节主要介绍强磁材料内部磁畴的起因和影响因素,以及强磁材料技术磁化的物理过程。

7.8.1　磁　　畴

1. 静磁能与磁畴

首先,材料内部的自发磁化使原子磁矩定向排列,这一过程使原子间磁矩的相互作用能降低,但这个过程不能使整块晶体都变成一个磁畴,甚至不可能是一个很大的畴,因为磁畴要在空间产生磁场,从而引起静磁能,其大小为

$$U_m = \frac{\mu_0}{2}\int H^2 \, dv \qquad (7.72)$$

这样,就可能形成多个反平行的磁畴以相互抵消它们各自在空间所产生的磁场,从而降低静磁能,如图7.26所示。

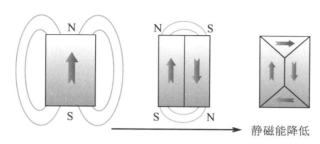

图 7.26   磁畴形成的示意图

然而,磁畴的分割不能无限进行下去,因为磁畴界面的过渡区域(称为畴壁)是一个高能量区。当磁畴被分割至很小时,畴壁能会非常大,因为畴壁的体积分数随磁畴的变小而增加。这样就形成了具有一定大小的磁畴结构。有时,会在晶体的上、下表面形成三角棱体磁畴,以便将磁力线全部封闭在晶体内部,进一步降低静磁能。

前已述及,铁磁和亚铁磁材料具有较大的磁晶各向异性,在某些方向很容易达到饱和磁化,而另外一些方向则很难达到饱和磁化。这种磁晶各向异性使得强磁材料的磁畴结构比图7.26所示的结构要复杂。图7.27示出了在 Ni 的(110)面观察到的磁畴结构。

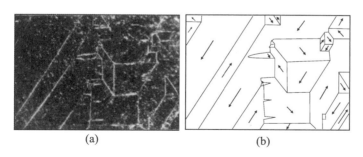

(a)   (b)

图 7.27   Ni(110)面的磁畴结构

图(b)是根据图(a)绘制的

(取自 H. J. Williamas and J. G. Walker, Phys. Rev. 83,634,1951)

2. 畴壁能

两个不同取向磁畴间的过渡区域称为畴壁（布洛赫壁）。事实上，为了降低畴壁的能量，两个不同取向磁畴的磁矩不是突然在界面处转向的，而是如图7.28所示的那样逐渐过渡的。如果两个磁畴的夹角是 φ_0，畴壁是通过 N_b 个原子磁矩过渡的，则畴壁增加的交换能（相对于磁矩平行的情况）为

$$\Delta E_b = \frac{A S^2 \varphi_0^2}{2 N_b} \qquad (7.73)$$

式中，A 为交换积分。可见，畴壁越厚（N_b 越大），所增加的交换能越少，然而磁晶各向异性能（见下面小节）限制了布洛赫壁的无限增厚，因为畴壁中的磁矩方向大部分都不在易磁化方向上。

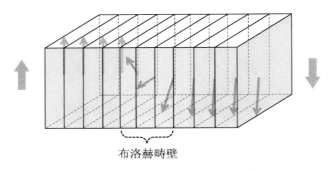

布洛赫畴壁

图7.28 布洛赫畴壁结构示意图

另外，磁性材料磁化时，材料的线度要发生变化，这一现象称为磁滞伸缩。磁致伸缩也会引起磁畴结构不同程度的变化。

7.8.2 磁晶各向异性能

强磁材料大都具有明显的磁晶各向异性，即存在易磁化方向和难磁化方向。例如，Co 晶体（六方结构）的易磁化方向是 [001]，α - Fe(BCC结构) 的易磁化方向是 [100]，而 Ni 具有 FCC 结构，其易磁化方向是 [111]。磁晶各向异性导致不同方向的磁化能量不同，称这种能量对晶体学方向的依赖关系为磁晶各向异性，而磁晶各向异性能是指在某个方向上磁化时相对于在易磁化方向上磁化时能量的增量。

在 Co 晶体中，若磁化方向与易磁化方向 [0001] 的夹角为 θ 时，其磁晶各向异性能可表示为

$$U_k = K_1 \sin^2 \theta + K_2 \sin^4 \theta \qquad (7.74)$$

对于立方晶体的 Fe 和 Ni 而言，若磁化方向在布拉菲单胞的晶体学坐标系中的方向余弦为 α_1，α_2 和 α_3，则磁晶各向异性能为

$$U_k = K_1 (\alpha_1^2 \alpha_2^2 + \alpha_2^2 \alpha_3^2 + \alpha_3^2 \alpha_1^2) + K_2 \alpha_1^2 \alpha_2^2 \alpha_3^2 \qquad (7.75)$$

室温下,三种晶体的磁晶各向异性常数(K_1 和 K_2)如表 7.5 所示。

表 7.5　室温下 α – Fe、Ni 及 Co 的 K_1 和 K_2 值

晶体	$K_1/(\mathrm{J \cdot m^{-3}})$	$K_2/(\mathrm{J \cdot m^{-3}})$
α – Fe	4.2×10^4	1.5×10^4
Ni	$- 4.5 \times 10^3$	$- 2.34 \times 10^3$
Co	41×10^4	10×10^4

7.8.3　技术磁化

当将一块铁磁体或亚铁磁体置于磁场中时,材料内部要发生磁畴的合并与转动等过程,当撤去磁场后,其反磁化过程是不可逆的,形成磁滞回线。将强磁性材料从未磁化到饱和磁化的过程称为技术磁化。在技术磁化过程中主要包括以下三个步骤,如图 7.29 所示。

(1)当从零开始施加较小的磁场时,那些自发磁化方向接近外场方向的磁畴间的畴壁开始移动,其移动从能量最有利取向的磁畴向不利取向的磁畴中进行。如果外加磁场较小,畴壁的移动是可逆的,称此阶段为可逆畴壁位移阶段。

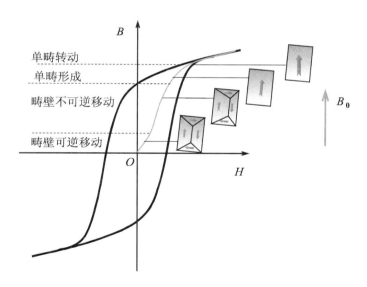

图 7.29　技术磁化过程磁畴的演化示意图

(2)当进一步增加磁场时,畴壁发生不可逆移动。如果此时减小磁场,畴壁很难回到原来的位置,退磁曲线与磁化曲线不重合,形成小的未饱和的磁滞回线。

(3)第二阶段中,大部分有利取向的磁畴均已吞并了不利取向的磁畴,并逐渐形成单畴。在一般情况下,这种长大的单畴与外场方向并

不严格平行。所以,当进一步提高外磁场强度时,单畴开始转向外磁场方向,当磁畴达到与外磁场平行时,技术磁化达到饱和。

不同的强磁材料具有不同的磁滞回线,由于其磁滞回线的特征不同,其应用也不同。下面介绍几种常见的铁磁(或亚铁磁)材料。

① 软磁材料。其特点是矫顽力(H_C)小,磁导率较高。磁滞损耗是指磁铁历经一个磁滞回线的能量损耗,其值等于磁滞回线所包围的面积。软磁材料大量用于变压器铁芯,此时,高的磁导率减少了漏磁,狭窄的磁滞回线减少了磁滞损耗。另外,软磁材料还大量用于制造发电机、电动机的转子和定子、继电器铁芯,等等。软磁材料包括纯铁、硅钢片、铁镍合金和软磁铁氧体等。

② 硬磁材料。其特点是 H_C 和剩磁(B_r)都较大,且最大磁能积(BH)$_{max}$ 很高(最大磁能积是指磁化曲线在第二象限磁场与磁感应强度乘积的最大值)。硬磁材料有时也称永磁材料,技术磁化以后可以对环境提供磁场,广泛用于制造各种永久磁铁,用途十分广泛。常见的永磁材料有铁氧体(如锶铁氧体)、Fe – Al – Ni – Co 合金(商业名称为Alnico,或称为铝镍钴合金)、Sm – Co 系合金、Nd – Fe – B 系合金、Fe – Cr – Co 系合金等。

③ 矩磁材料。其特征是磁滞回线呈矩形,具有"开关"效应。矩形磁性材料广泛用于电子计算机存储器中的记忆元件及自动控制装置中的控制元件。矩形磁性材料有矩磁铁氧体、改性钴粉、Cr_2O_3 等。

习题 7

7.1　一种盐中含有 1 mol Cr(Cr 的 3d 壳层中含有 4 个 d 电子),计算该种盐在 300 K 下的顺磁磁化率。

7.2　Dy^{3+} 的 4f 壳层中含有 9 个电子,计算该离子的总角动量量子数 L,S 和 J;若某盐中含有 1 mol Dy^{3+},计算该盐在 4 K 下的顺磁化率。

7.3　考虑一个顺磁系统,其中含有浓度为 n,$s = 1$,磁矩为 μ 的离子,求其顺磁磁化强度和温度的关系,并证明在高温情况下,$M \approx 2(n\mu^2/3k_BT)B$。

7.4　详细评述各种交换作用所引起的材料磁性的特征,以及哪些交换作用在何种条件下会引起材料的铁磁性。

7.5　利用铁磁性的分子场理论,计算铁中每个铁原子的有效磁矩,假定 Fe 的居里温度为 1 043 K。

第 8 章　固体的介电与铁电性质

电介质是一类重要的功能材料,其性质依赖于介质中束缚电荷在外加电场中的响应行为。在绝缘电介质中,束缚电荷的极化过程和规律对电介质的性质有极为重要的影响。束缚电荷的极化依赖于电介质的成分和原子结构,从而使电介质表现出许多不同的宏观性质,如介电、铁电、压电、热释电性能等,基于上述性能的器件具有重要应用。

本章只限于讨论绝缘电介质的基本物理现象及机制,主要包括:电介质极化的微观机制、介质损耗、铁电体与铁电相变等。

8.1　电介质的物质方程

本节主要介绍与电介质有关的基本概念和基本物理量,以及电介质极化及其相关现象的最基本的宏观规律。为了方便起见,如不特殊说明在本章中我们用 E 表示介质中的宏观电场强度矢量,用 D 表示电位移矢量(也称电感应强度矢量)。

如图 8.1 所示,如果两个电量分别为 $+q$ 和 $-q$ 的电荷相距 R 构成一个电偶极子,其电偶极矩 p 为

$$p = qR \tag{8.1}$$

当施加电场时,电偶极矩倾向于向电场方向转动,如图 8.1(b) 所示。

电介质中的电偶极矩有以下两种类型:一种是没有外场时其内部就已经存在电偶极矩(也称固有电矩)。分子结构或晶体结构的非对称性可以造成一个分子或一个小区域中正负电中心不重合,从而形成固有电矩。如图 8.2(a) 所示的水分子,带正电的两个氢原子的正电中心和带负电的氧原子的负电中心并不重合,这就相当于一个电偶极子。具有固有电矩的分子一般称为极性分子,如 H_2O、HCl 等。在铁电晶体中由于单胞中阳离子的正电中心和阴离子的负电中心不重合而具有固有电矩,如 $BaTiO_3$ 晶体。

E 在本章表示电场强度矢量。

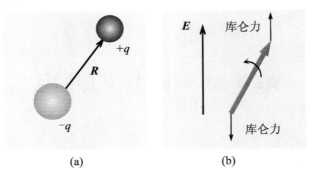

图 8.1　电偶极子(a)及其在外电场下的转动(b)

　　另外一种情况是固体中不存在固有电矩,但在外场的作用下,正电中心向着电场方向移动,负电中心向电场的反方向移动,从而感生出电偶极矩,这种电矩称为感应电矩。由于在电介质中电荷是束缚电荷而非传导电荷,所以,以上正负电荷中心的相对位移是有限的。图8.2(a)示出了一个原子中电子云的负电中心和原子核的正电中心在外电场作用下产生相对位移形成感应电矩的示意图。由图8.2(b)可见,感应电矩的方向平行于外加电场方向。

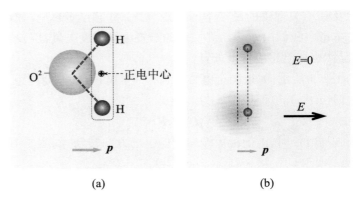

图 8.2　H_2O 的固有电矩(a)和原子感应电矩(b)

　　在外电场的作用下,固有电矩要向着与电场平行的方向转动。外电场作用下固有电矩转向和产生感应电矩的过程称为电介质的极化。电介质的极化是电介质介电性能的起源,将在下一节介绍电介质极化的微观机制。

　　单位体积内电偶极矩的矢量和称为电介质的极化强度。若取一个宏观无限小的体积 ΔV,在这个宏观的小体积中仍然包含许多电矩,在 ΔV 中所有电矩的矢量和为 $\sum \boldsymbol{p}$,则极化强度矢量定义为

$$\boldsymbol{P} = \frac{\sum \boldsymbol{p}}{\Delta V} \tag{8.2}$$

极化强度可以看作电介质在外电场作用下的一种响应。图8.1(b)示出了一个电偶极矩在外加电场作用下转动示意图。在电介质中,极化强度与外加电场有如下关系:

$$\boldsymbol{P} = \chi_{\mathrm{E}}\varepsilon_0\boldsymbol{E} \tag{8.3}$$

式中,χ_{E} 称为电介质的极化率;ε_0 是真空电容率。

按照电学中关于电感应强度的定义,有

$$\begin{aligned}\boldsymbol{D} = \varepsilon_0\boldsymbol{E} + \boldsymbol{P} = \\ \varepsilon_0(1 + \chi_{\mathrm{E}})\boldsymbol{E} = \varepsilon_0\varepsilon\boldsymbol{E}\end{aligned} \tag{8.4}$$

式中,$\varepsilon = 1 + \chi_{\mathrm{E}}$ 称为电介质的相对介电常数,或直接称为介电常数。

8.2 电介质的极化

电介质的极化包括诱导产生电偶极矩及电矩在电场作用下的转动行为,极化的驱动力为库仑力。由于库仑场的长程性,电介质空间中的某一点的电场不仅仅来自于外加电场,还包括其他电荷在该点产生的电场。阐明电介质中的电场对分析电介质的微观极化过程是十分必要的。本节在讨论电介质中的电场的基础上,阐述电介质极化基本类型和微观机制。

8.2.1 电介质中的电场

1. 退极化场的概念

为了说明退极化场的概念,考虑一个平行板电容器,如图 8.3 所示。令平板电容器两个极板所带电量分别为 $+Q$ 和 $-Q$,且 $-Q$ 极板接地。在略去了边界效应以后,若电容器中间是自由空间,电容之间的电场强度为 $E_0 = Q/(\varepsilon_0 A)$,$A$ 是极板的面积。假设 d 是两极板之间的距离,则两极板之间的电压(V_0)为

$$V_0 = \frac{Qd}{\varepsilon_0 A} \tag{8.5}$$

现在考虑将电介质移入电容器中,电容器两端的电压就要下降至 V_0/ε(ε 是电介质的介电常数)。电容器两端电压的下降意味着电容器中的电场强度降低了。如图 8.3(b)所示,可以想象,在外电场 $\boldsymbol{E}_0$ 的作用下,电介质中的电矩定向排列,内部电荷相互抵消,等效于在电介质表面留下了一层表面束缚电荷。所以,含电介质的电容器用图 8.3(c)描述。根据静电学理论,表面等效束缚电荷密度 σ_{S} 为

$$\sigma_{\mathrm{S}} = \boldsymbol{P} \cdot \boldsymbol{n} \tag{8.6}$$

式中,$\boldsymbol{P}$ 为极化强度矢量;$\boldsymbol{n}$ 为电介质表面法向的单位矢量。

很显然,电介质表面电荷将产生一个与外电场相反的电场 $\boldsymbol{E}_1$,容

易算出

$$E_1 = -\frac{\sigma_S}{\varepsilon_0} = -\frac{P}{\varepsilon_0} \tag{8.7}$$

由于 $\boldsymbol{E}_1$ 的方向同 $\boldsymbol{E}_0$ 相反，它有抵消外电场对电介质的极化作用，所以称 $\boldsymbol{E}_1$ 为退极化场。可见，电介质在电场 $\boldsymbol{E}_0$ 的作用下发生极化，极化反过来在表面形成净的束缚电荷，从而产生退极化场。由于退极化场的作用，电介质中的电场强度被削弱，考虑到退极化场，电介质的极化程度不再由 $\boldsymbol{E}_0$ 单独决定，而必须考虑退极化场的影响。退极化场与电介质的形状有关。如果将一个形状复杂的电介质置入电场中，计算其中的退极化场是非常复杂的。所以在下面的分析中以平行板电容器中的电介质为主。

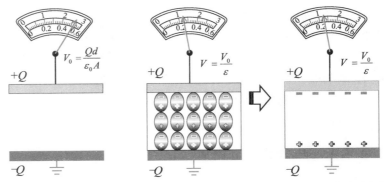

(a) 自由空间中的电容器　(b)电介质中电矩排列示意图　(c)电介质表面的束缚电荷

图 8.3　平行板电容器的退极化场

2. 微观局部电场

为了考察一个原子或离子的极化行为，求得作用在它们上面的局部电场十分必要。下面用洛伦兹建立的方法讨论作用在一个原子或离子上的局部电场（E_{loc}）。洛伦兹设想，在样品中以参考原子（或离子）为中心切割出一个球形空腔，空腔外的电矩大小和分布不变，如图 8.4（a）所示。这个球相对于参考原子（或离子）足够大，相对于整个电介质又足够小，这样，球外的介质可视为均匀连续介质，而从宏观角度看，球内的电场又可视作是均匀的。

按照洛伦兹方法（见图 8.4），局部电场为

$$\boldsymbol{E}_{loc} = \boldsymbol{E}_0 + \boldsymbol{E}_1 + \boldsymbol{E}_2 + \boldsymbol{E}_3 \tag{8.8}$$

式中，$\boldsymbol{E}_0$ 是外加电场；$\boldsymbol{E}_1$ 是退极化场；$\boldsymbol{E}_2$ 是由于空腔表面净束缚电荷在空腔中产生的电场，称为洛伦兹有效场，如图 8.4（b）所示；$\boldsymbol{E}_3$ 是空腔内部电矩所产生的电场，它与晶体结构密切相关，对具有立方对称性的晶体，$\boldsymbol{E}_3 = 0$。

为了求解洛伦兹有效场,只需求解图8.4(b)中空腔表面电荷在球心处产生的电场,由对称性可知洛伦兹有效场一定与外场平行,所以只需将球面上点电荷在圆心 O 处所产生电场在 E_0 方向的分量积分(求和)就行。根据式(8.6)和图8.4,可知空腔表面电荷密度为

$$\boldsymbol{p} \cdot \boldsymbol{n} = - p\cos\theta$$

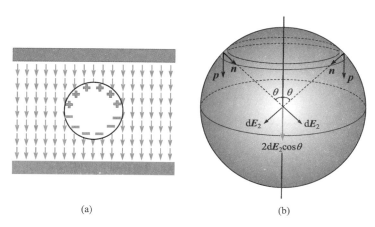

图8.4 洛伦兹空腔示意图(a)及计算洛伦兹有效场的几何关系(b)

空腔的洛伦兹有效场为

$$E_2 = \int_0^\pi \left(-\frac{P\cos\theta}{4\pi\varepsilon_0 R^2} \right)\cos\theta(2\pi R^2\sin\theta\mathrm{d}\theta) \tag{8.9}$$

式中,$2\pi R^2\sin\theta\mathrm{d}\theta$ 是球形空腔的面积元。

上式积分可以得到

$$E_2 = \frac{P}{3\varepsilon_0} \tag{8.10}$$

对于立方晶体,有如下形式的局部电场:

$$E_{\mathrm{loc}} = E_0 + E_1 + \frac{P}{3\varepsilon_0} = E + \frac{P}{3\varepsilon_0} \tag{8.11}$$

式(8.11)称为洛伦兹关系。

3. 克劳修斯 – 莫索提方程

重新整理式(8.5)可以得到

$$P = \varepsilon_0(\varepsilon - 1)E \tag{8.12}$$

利用式(8.11)和式(8.12)容易得到

$$E_{\mathrm{loc}} = \frac{(\varepsilon + 2)}{3}E \tag{8.13}$$

若假定电介质中有多种类型的极化方式,每种极化所产生的每个电偶极矩都正比于局部电场,则对于第 j 种极化的每个电偶极矩都有

$$P_j = \alpha_j E_{\mathrm{loc}}$$

那么,总的极化强度矢量为

$$P = \sum_j N_j P_j = E_{loc} \sum_j N_j \alpha_j \qquad (8.14)$$

式中,N_j 是第 j 种极化方式的单位体积的原子数(或离子数);α_j 是第 j 种极化的微观极化系数(平均到一个电偶极矩的极化率)。

利用式(8.13)和式(8.14)可以得到

$$P = \left(\frac{\varepsilon + 2}{3}\right) E \sum_j N_j \alpha_j \qquad (8.15)$$

即

$$\sum_j N_j \alpha_j = \frac{3P}{(\varepsilon + 2)E} \qquad (8.16)$$

利用式(8.12)和式(8.16)有

$$\sum_j N_j \alpha_j = 3\varepsilon_0 \frac{\varepsilon - 1}{\varepsilon + 2} \qquad (8.17)$$

这就是克劳修斯 – 莫索提(Clausius – Mossorti)方程,它给出了介电常数和微观极化系数间的关系。但应特别注意,克劳修斯 – 莫索提方程仅适用于具有立方对称的晶体,或式(8.11)得到满足的那些电介质。

应当强调指出,洛伦兹有效场仅仅适用于没有固有电矩的电介质。当介质中有固有电矩时,精确地求解局部场一直都是该领域的繁难问题。尽管人们做了很多努力,目前尚没有统一的方法。不过,当研究电介质的宏观性质时,只要知道了电介质中的宏观平均场就够了,而宏观平均场与局部场比较是相当光滑的。

8.2.2 电介质极化的微观机制

1. 电子位移极化

在电场的作用下,原子或离子中的电子云将发生畸变,偏离原子核的正电中心,如图 8.2 所示,这种极化过程称为电子位移极化。假定外加电场为正弦变化的交变电场,而且局部电场与外加电场的频率相等,那么,电子的运动方程为

$$m \frac{\mathrm{d}x^2}{\mathrm{d}t^2} + \beta x = -eE_{loc} = -eE_a \mathrm{e}^{\mathrm{i}\omega t} \qquad (8.18)$$

式中,x 是电子位移;$-\beta x$ 是电子(一种束缚电荷)的弹性恢复力;β 是恢复力常数;E_a 是局部场振幅;ω 是电场变化的角频率。

方程(8.18)可以改写成

$$m \frac{\mathrm{d}x^2}{\mathrm{d}t^2} + m\omega_0^2 x = -eE_a \mathrm{e}^{\mathrm{i}\omega t} \qquad (8.19)$$

式中,$\omega_0 = \sqrt{\beta/m}$。

方程(8.19)是频率为 ω_0 的简谐振子运动方程,其解可以写为

$$x = \frac{-eE_a e^{i\omega t}}{m(\omega_0^2 - \omega^2)} = \frac{-eE_{loc}}{m(\omega_0^2 - \omega^2)} \qquad (8.20)$$

那么,由于电子位移极化而引起的微观极化系数 α_e 为

$$\alpha_e = \frac{-ex}{E_{loc}} = \frac{e^2}{m(\omega_0^2 - \omega^2)} \qquad (8.21)$$

当 $\omega \to 0$ 时,得到静态极化系数为 $\alpha_{es} = e^2/m\omega_0^2$,$\omega_0$ 可由介质对电磁波(如紫外光)共振吸收来测量。

式(8.21)表明,交变电场的频率等于固有频率 ω_0 时,微观极化系数将趋于无穷大;然而实际电介质的微观极化系数不可能是无穷大,如果考虑到介电损耗就可消除这种奇异性。首先,振动的电子总是处于被加速或减速状态,必将引起正比于 dx/dt 的能量辐射。其次,电子间的非弹性散射也将引起介电损耗,电子非弹性散射的概率正比于电子的速度 dx/dt。综合上述两种电子损耗机制,可以认为电子位移极化的介电损耗正比于 dx/dt。为此,在电子运动方程(8.18)中添加一个正比于 dx/dt 的耗散项,可以得到

$$m\frac{d^2 x}{dt^2} + m\gamma\frac{dx}{dt} + m\omega_0^2 x = -eE_{loc} \qquad (8.22)$$

式中,γ 称为耗散常数。

方程(8.22)的解,具有如下形式

$$x = \frac{-eE_{loc}}{m(\omega_0^2 - \omega^2 + i\gamma\omega)} \qquad (8.23)$$

电子的微观极化系数为

$$\alpha_e = \frac{-ex}{E_{loc}} = \frac{e^2}{m(\omega_0^2 - \omega^2 + i\gamma\omega)} \qquad (8.24)$$

式(8.24)表明,考虑到极化损耗以后,极化系数是一个复数。利用克劳修斯 - 莫索提方程和式(8.24)可以得到电介质的相对介电常数为

$$\varepsilon = \varepsilon_1 + i\varepsilon_2 = \left[1 + \frac{e^2 N_e}{\varepsilon_0 m(\omega_0^2 - \omega^2 + i\gamma\omega) - e^2 N_e/3}\right] \qquad (8.25)$$

式中,N_e 是单位体积内的极化电子数。

由式(8.25)可以证明,此时电介质的共振吸收率由 ω_0 变成 ω_1,且有

$$\omega_1 = \left(\omega_0^2 - \frac{e^2 N_e}{3m\varepsilon_0}\right)^{1/2} \qquad (8.26)$$

相对介电常数的实部和虚部分别表示为

$$\varepsilon_1 = \left[1 + \frac{(e^2 N_e/m\varepsilon_0)(\omega_1^2 - \omega^2)}{(\omega_1^2 - \omega^2)^2 + \gamma\omega^2}\right] \qquad (8.27)$$

$$\varepsilon_2 = \frac{(e^2 N_e/m\varepsilon_0)\gamma\omega}{(\omega_1^2 + \omega^2)^2 + \gamma\omega^2} \qquad (8.28)$$

后面将会看到,介电损耗总是与复介电常数相对应,或者说,复介电常数是介质极化损耗的一种反映。

2. 离子位移极化

考虑没有固有电矩的离子晶体。在无外场时,离子晶体中的正负离子相互交叉地周期性排列,因而没有电偶极矩。施加外场以后,正离子向着电场方向位移,负离子向电场反方向位移,形成感生电矩。

设正离子的位移为 x_+,负离子的位移为 x_-,每对离子感生的电偶极矩为

$$p = q(x_+ - x_-) = qx = d_i E_{\text{loc}} \tag{8.29}$$

式中,q 是正负离子所带的电荷量;d_i 是每对离子的微观极化系数;x 是正负离子相对位移。

离子偏离平衡位置的恢复力可以表达成 $\pm \beta_i(x_+ - x_-) = \pm \beta_i x$,则正负离子在局部电场和恢复力共同作用下的运动方程为

$$\begin{cases} M_+ \dfrac{\mathrm{d} x_+^2}{\mathrm{d} t^2} = -\beta_i x + q E_{\text{loc}} \\[2mm] M_- \dfrac{\mathrm{d} x_-^2}{\mathrm{d} t^2} = +\beta_i x - q E_{\text{loc}} \end{cases} \tag{8.30}$$

式中,M_+ 和 M_- 分别是正负离子的质量。

引入相对运动的约化质量(也称折合质量)M^*,即

$$M^* = \frac{M_+ M_-}{M_+ + M_-} \tag{8.31}$$

那么,由式(8.30)可以得到描述正负离子相对运动的动力学方程为

$$M^* \frac{\mathrm{d} x^2}{\mathrm{d} t^2} + \beta_i x = q E_a \mathrm{e}^{\mathrm{i}\omega t} \tag{8.32}$$

$E_{\text{loc}} = E_a \mathrm{e}^{\mathrm{i}\omega t}$。

由式(8.32)和式(8.21)可得无损耗时离子位移的微观极化系数为

$$\alpha_i = \frac{q^2}{M^*} \left(\frac{1}{\omega_0^2 - \omega^2} \right) \tag{8.33}$$

式中,$\omega_0^2 = \beta_i / M^*$。当 $\omega \to 0$ 时,得到静态极化系数

$$\alpha_{is} = \frac{q^2}{M^* \omega_0^2} \tag{8.34}$$

当考虑到极化耗散时,正负离子的运动方程可以改写为

$$M^* \frac{\mathrm{d}^2 x}{\mathrm{d} t^2} + \gamma_i M^* \frac{\mathrm{d} x}{\mathrm{d} t} + M^* \omega_0^2 x^2 = q E_{\text{loc}} \tag{8.35}$$

利用与讨论电子位移极化相类似的方法,可以得到离子位移极化的共振吸收频率和微观极化系数的实部和虚部,以及复介电常数表达式。

3. 固有电矩的转向极化

固有电矩存在于极性电介质中,当对极性电介质施加电场时,固有电矩倾向于与电场平行,这就是固有电矩的转向极化。由于热运动要破坏电矩的有序化,最终在电矩转向和热运动之间建立起热平衡。如果电矩之间相互独立(如极性气体中、稀薄的水蒸气等),可利用经典玻耳兹曼统计处理固有电矩的转向极化行为。

电介质晶体电矩不能完全自由地转向外电场方向。但是,如果将固有电矩在外场作用下的转向看成是离子借助于空位等缺陷的跳动来实现的,仍然可以用"自由"电矩的统计方法处理极性固体中固有电矩的转向极化过程。图 8.5 示出了一种离子跳跃引起的固有电矩转向的一种机制。如果晶体中存在一个阳离子空位,由于电中性的需要,阳离子空位一定对应某种电荷补偿机制,如高价阳离子杂质、阳离子变价等。图 8.5 中,阳离子空位 C 附近存在一个高价阳离子,由于阳离子空位相当于负电中心,所以阳离子空位和高价阳离子形成固有电矩。当正常价阳离子 A 经过跳跃至 B 处时,固有电矩发生了重新取向。离子借助跳跃发生重新取向以后,电矩与外场的夹角更小,能量更低。有时,将上述借助离子在两个平衡位置之间跳动而实现的固有电矩转向极化称为离子跃迁极化。

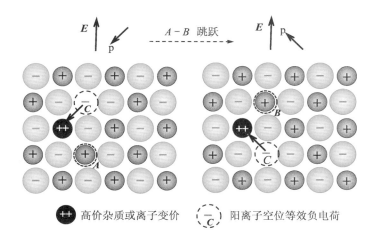

图 8.5 离子跃迁极化机制

假定一单位体积电介质中含有 N 个固有电矩,每个电矩都为 $\boldsymbol{p}$,而且固有电矩可以在外场作用下"自由"的转动。在无外电场的作用时,这些电矩是混乱分布的。当施加外电场 E 时,极性电介质中的固有电矩就要向外场方向转动,则单位体积的极化强度为

$$P_{\mathrm{dp}} = \sum_{j} p\cos\theta_j = Np < \cos\theta > \tag{8.36}$$

式中，θ_j 是第 j 个电矩同外场方向的夹角；$<\cos\theta>$ 为 $\cos\theta_j$ 的平均值。

可由经典玻耳兹曼统计确定平均值 $<\cos\theta>$

$$<\cos\theta> = \frac{\int_o^\pi 2\pi\sin\theta\cos\theta e^{-U/k_BT}d\theta}{\int_o^\pi 2\pi\sin\theta e^{-U/k_BT}d\theta} \tag{8.37}$$

式中，U 是与外场成 θ 角的固有电矩同外电场的相互作用能，且

$$U = -\boldsymbol{p}\cdot\boldsymbol{E} = -pE\cos\theta \tag{8.38}$$

令

$$\begin{cases} y = \dfrac{-U}{k_BT} = \dfrac{pE}{k_BT}\cos\theta \\[2mm] y_0 = \dfrac{pE}{k_BT} \end{cases} \tag{8.39}$$

则式(8.37)可以写为

$$<\cos\theta> = \frac{\int_{-y_0}^{y_0} \dfrac{y}{U_0}e^y dy}{\int_{-y_0}^{y_0} e^y dy} = L(y_0) \tag{8.40}$$

式中，$L(y_0)$ 为朗之万函数，且有

$$L(y_0) = \frac{1+e^{-2y_0}}{1-e^{-2y_0}} - \frac{1}{y_0} =$$
$$\coth(y_0) - \frac{1}{y_0} \tag{8.41}$$

当电场强度很大时，$y_0 \gg 1$，$L(y_0) \approx 1$，$<\cos\theta> \approx 1$，意味着电场强度甚高时，所有固有电矩都平行于外电场。

当所加电场很小时，即 $y_0 \ll 1$，此时

$$<\cos\theta> \approx \frac{pE}{3k_BT} \tag{8.42}$$

电矩转向极化引起的极化强度为

$$P_{dp} = \frac{Np^2E}{3k_BT} \tag{8.43}$$

相应的极化率为

$$\chi_{dp} = \frac{P_{dp}}{\varepsilon_0 E} = \frac{Np^2}{3\varepsilon_0 k_BT} \tag{8.44}$$

而微观极化系数为

$$\alpha_{dp} = \frac{p^2}{3k_BT} \tag{8.45}$$

基于以上分析，对于每一种极化机制，都可计算出相应的极化率，进而可以得到介质总极化率 χ_E 和总介电常数 ε：

$$\begin{cases} \chi_E = \chi_{dp} + \chi_e + \chi_i \\ \varepsilon = 1 + \chi_{dp} + \chi_e + \chi_i \end{cases} \tag{8.46}$$

上述固有电矩转向极化的分析不适用于铁电体。铁电体是电介质的一种，在铁电体中不仅存在固有电矩，而且，固有电矩因自发极化而定向排列（自发极化）。铁电体的自发极化不需要外电场，它是铁电体的结构相变造成的。有关铁电体自发极化的机制及结构相变将在8.4节和8.5节中进行详细介绍。

8.3 极化弛豫

体系从一个平衡态到另外一个平衡态过程一般需要一定的时间，并伴随能量耗散，这就是弛豫。弛豫过程和弛豫时间的长短与在其中所发生的耗散过程密切相关。例如，在电子位移极化中，如果没有任何能量耗散过程发生，电子在交变电场下的运动行为犹如一个无损耗的谐振子，电子位移与交变电场完全同步，不产生介电弛豫。然而，实际过程中的耗散过程是不可避免的，从而导致极化响应滞后于外电场，引起极化弛豫。由于电矩间的作用比磁矩间的作用复杂得多，也强烈得多，所以弛豫过程对电介质的极化过程非常重要。

8.3.1 德拜弛豫方程

当在某一时刻向电介质施加一个角频率为 ω 的交变电场时，电介质开始在外场作用下发生极化响应，经过一定时间的弛豫后达到稳定。可以设想电介质的介电常数由两部分组成，其一是与频率无关的介电常数，对应于极高频率下的介电常数。将与频率无关的介电常数记为 ε_∞；其二是与频率有关且伴随介电弛豫的极化引起的介电常数，其极化响应滞后于电场，并逐渐达到平衡。基于以上考虑，电介质的介电常数可以表示为：

$$\varepsilon(\omega) = \varepsilon_\infty + \int_0^\infty \alpha(t) e^{i\omega t} dt \tag{8.47}$$

式中，ω 是正弦波交变电场的角频率；ε_∞ 是当 $\omega \to \infty$ 时介质的介电常数；$\alpha(t)$ 称为衰减因子，它描述了突然除去外场时，介质极化衰减的规律，或者迅速施加电场时介质极化趋于平衡的规律。在交变电场作用下，它则反映了极化响应的滞后或惯性行为。

在前面的分析中，我们看到耗散过程总是将介电常数分成实部和虚部两个部分，而耗散过程引起介电常数的衰减，常见的衰减规律可以写为：

$$\alpha(t) = \alpha_0 e^{-t/\tau} \tag{8.48}$$

式中,τ 称为弛豫时间,它与介质的种类和温度有关,而与时间无关。

将式(8.48)代入到式(8.47)积分后有

$$\varepsilon(\omega) = \varepsilon_\infty + \frac{\alpha_0}{1/\tau - i\omega} \tag{8.49}$$

当 $\omega = 0$ 时,将 $\varepsilon(0)$ 记为 ε_S,称为静态介电常数,则有

$$\varepsilon_S = \varepsilon(0) = \varepsilon_\infty + \alpha_0\tau \tag{8.50}$$

结合式(8.48)有

$$\varepsilon(\omega) = \varepsilon_\infty + \frac{\varepsilon_S - \varepsilon_\infty}{1 - i\omega\tau} \tag{8.51}$$

如果令 $\varepsilon(\omega) = \varepsilon_1(\omega) + i\varepsilon_2(\omega)$,则由式(8.51)可得

$$\begin{cases} \varepsilon_1 = \varepsilon_\infty + \dfrac{\varepsilon_S - \varepsilon_\infty}{1 + \omega^2\tau^2} \\[3mm] \varepsilon_2 = \dfrac{(\varepsilon_S - \varepsilon_\infty)\omega\tau}{1 + \omega^2\tau^2} \end{cases} \tag{8.52}$$

称式(8.52)为德拜弛豫方程。也可以将复数介电常数表示为

$$\begin{cases} \varepsilon = \varepsilon_a e^{i\delta} \\ \varepsilon_a = \sqrt{\varepsilon_1^2 + \varepsilon_2^2} \\ \tan\delta = \varepsilon_2/\varepsilon_1 \end{cases} \tag{8.53}$$

若电场为 $\boldsymbol{E}_0 e^{i\omega t}$,则电位移矢量为

$$\boldsymbol{D} = \varepsilon_0 \varepsilon_a \boldsymbol{E}_0 e^{i(\omega t + \delta)} \tag{8.54}$$

可见当介质存在极化弛豫时,电位移矢量滞后电场一个 δ 位相角。

8.3.2　固有电矩转向极化的弛豫

首先来回顾一下固有电矩转向极化的微观过程。在图 8.5 中,阳离子从图 8.5(a)到 8.5(b)的跳跃过程实际上是一个热激活过程。因为 8.5(a)所示的位置是一个稳定的位置,只有当阳离子获得了足够的热运动能量以后,才能翻跃一定的势垒以后达到图 8.5(b)所示的位置。可以将阳离子在位置 A 和 B 之间的跳跃简化成图 8.6 所示的双势阱之间的跃迁问题。

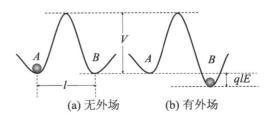

图 8.6　固有电矩转向极化的双势阱模型

在没有外场时,图8.6中阳离子在两个平衡位置的概率相等,不体现极化。离子从 A 处跳跃到 B 处(或反过来)所必须克服的位垒高度为 V,无外场时,离子从 $A \to B$ 和从 $B \to A$ 的跳动几率相等。如果用 p^0_{AB} 表示无外场时 $A \to B$ 的几率,p^0_{BA} 表示无外场时 $B \to A$ 的几率,ν_0 表示离子在势阱中跳动频率,按玻耳兹曼计分布可以得到

$$p^0_{AB} = p^0_{BA} = \nu_0 e^{-V/k_B T} \tag{8.55}$$

当施加由 A 指向 B 的电场时,离子处在 B 位置的势能如图8.6(b)所示。若阳离子的电荷为 q,A 和 B 两点的距离为 l。由图8.6(b)可知,有 $A \to B$ 的几率仍为式(8.55),而从 $B \to A$ 的几率 p_{BA} 为:

$$p_{BA} = \nu_0 e^{-(V+qlE)/k_B T} = p_{BA} e^{-qlE/k_B T} \tag{8.56}$$

当电场较小时,即当 $qlE \ll k_B T$ 时,有

$$p_{BA} = p_{AB} \left(1 - \frac{qlE}{k_B T}\right) \tag{8.57}$$

假定体系中在无外电场时只有 A 和 B 两个位置是稳定态,处于 A 和 B 位置上的离子数分别为 N_A 和 N_B,而正离子空位总数为 N,则有

$$N = N_A + N_B$$

而

$$\begin{cases} \dfrac{dN_A}{dt} = -N_A p_{AB} + N_B p_{BA} \\[2mm] \dfrac{dN_B}{dt} = N_A p_{AB} - N_B p_{BA} \end{cases} \tag{8.58}$$

方程(8.58)中两式相减有

$$\frac{d}{dt}(N_B - N_A) = -(p_{AB} + p_{BA})(N_B - N_A) + (p_{AB} - p_{BA})N \tag{8.59}$$

当 $qlE \ll k_B T$ 时,由(8.56)可得

$$\begin{cases} p_{AB} + p_{BA} \approx 2p_{AB} \\[2mm] p_{AB} - p_{BA} \approx \dfrac{qlE}{k_B T} p_{AB} \end{cases} \tag{8.60}$$

将式(8.60)代入式(8.59)可以得到

$$\frac{d}{dt}(N_B - N_A) = -2p_{AB}(N_B - N_A) + p_{AB} N \frac{qlE}{k_B T} \tag{8.61}$$

利用初值条件,$t = 0$,$N_A = N_B = N/2$,可以得到

$$(N_B - N_A) = \frac{NqlE}{2k_B T}(1 - e^{-2p_{AB}t})$$

很显然,宏观极化强度正比于 $(N_B - N_A)$,所以弛豫时间为

$$\tau = \frac{1}{2p_{BA}} = \frac{1}{2}\nu_0^{-1}e^{V/k_BT} \tag{8.62}$$

可见,势垒高度和温度强烈影响固有电矩转向极化的弛豫时间。势垒高度越大,离子翻越势垒的难度加大,弛豫时间增加。当温度升高时,离子获得的热运动能量增加,翻越势垒的几率增加,弛豫时间缩短。

8.3.3 极化率与频率的关系

以上分析表明,所有极化机制都存在耗散过程和极化弛豫。极化弛豫是导致复介电常数和介质损耗的根本原因。由于各种极化机制在交频电场下的弛豫时间不同,所以不同频率下对介电常数的贡献也就不一样。在上面讨论的三种极化微观机制中,电子位移极化的弛豫最小,在非常宽的频率范围内都能"跟得上"电场的变化。而固有电矩转向极化因涉及离子的运动而具有最大的极化弛豫,只有当电场频率不是很高的情况下,固有电矩极化响应才能跟得上电场的变化,因此只有在低频下,固有电矩转向极化才有意义。原子位移极化的弛豫时间介于电子位移极化和固有电矩转向极化之间。图8.7示意性地给出了介电常数与频率的关系。

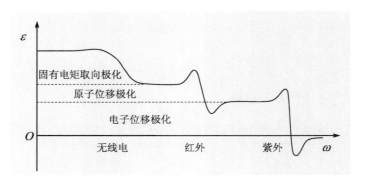

图 8.7 极化率与频率的关系

在高频下(红外光频率以上),只有电子位移极化是主要的,因为其他极化机制的惯性太大,弛豫时间太长,对极化率没有贡献,如图8.7所示。随频率的降低,原子位移极化对极化率的贡献开始体现出来,所以在中频范围内,极化率由电子位移极化和原子位移极化共同贡献。在低频下,电子位移极化、原子位移极化和固有电矩转向极化均对极化率有贡献。

8.4 铁电体的一般性质

铁电体是一类重要的电介质,其内部的固有电矩在居里温度以下自发定向排列。像铁磁体一样,铁电体极化过程也是不可逆的,表现出电滞回线的特征。由于滞后回线最早是在铁磁体中发现的,一般情况下,如果物质在激励信号的作用下,某种物理量的响应特性具有滞后回线特征,则称这种性质为"铁"性,这是铁电体名称的由来,并不是说铁电体是含铁的电介质。

本节主要介绍有关铁电体的基本概念、铁电体的基本性质,以及与铁电晶体结构相联系的自发极化机制。

8.4.1 铁电体的基本性质及分类

1. 自发极化

同铁磁体的自发磁化相类似,铁电体内存在自发极化。所谓自发极化,就是铁电体内固有电矩在没有外电场的作用下就能自发地同向排列。铁电体中的固有电矩的形成主要有以下两种方式:一是单胞中原子的不对称构型使正负电荷中心相对位移形成固有电矩,二是离子晶体中某种离子有序分布形成固有电矩。所以说,铁电体的自发极化同晶体结构的关系极为密切。产生自发极化的晶体学方向称为特殊极性方向。特殊极性方向是在晶体所属点群的任何对称操作下都保持不变的方向。这样一来,铁电体的晶体结构就不可能是任意的。在32种点群对称类型中,只有10个不具备反演对称中心的点群具有特殊极性方向,自发极化只能出现在这10个点群所属的晶体中。这10个点群称为极性点群。

2. 电畴

电畴是同磁畴相类似的概念,它是铁电体存在自发极化的必然产物。在固有电矩间的作用能、静电能、各向异性能和畴壁能等因素共同作用下,电畴只能是一些有限大小的区域。而且,对未经极化的铁电体,不同电畴之间的取向是杂乱无章的,宏观平均极化矢量为零。在外电场的作用下,电畴趋于同外场方向平行。

3. 电滞回线

电滞回线是铁电极化行为的重要特征,图8.8示出了铁电体电滞回线。向铁电体施加电场时,铁电体的极化强度开始沿 OA 线逐渐增加,电场较弱时,铁电体内部的电畴变化主要是畴壁的可逆移动。当电场强度增加时,畴壁的不可逆移动占主导地位,能量有利取向的电畴逐渐长大,所谓能量有利的电畴是平行或接近平行于外场方向的电畴。当电场进一步增强到 B 点时,晶体内所有晶粒都是单畴的,极化趋于饱和。电场继续增加时,由于其他极化的增加,总极化强度仍然有所增大至 C 点。而后减小电场,极化强度沿 CB 变化,将 CB 沿长与 P 轴的交点 P_s 称为饱和极化强度。由图 8.8 可以发现,当电场强度为零时,极化强度并不为零,而等于 P_r,称 P_r 为剩余极化强度。当反向电场强度为 E_C 时,铁电体的极化强度为零,E_C 称为矫顽场。

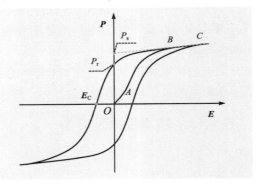

图 8.8　铁电体的电滞回线示意图

4. 居里温度

一般说来,铁电体只能存在临界温度 T_C 以下,这个临界温度称为铁电体的居里温度或居里点。居里点以下称为铁电体,其极化是不可逆的,表现出电滞回线特征。居里点以上,称为顺电体,其极化是可逆的,不存在电滞回线。铁磁 - 顺磁相变一般不涉及晶体结构的变化,只是自发磁化因剧烈的热运动而被破坏。与铁磁 - 顺磁相变不同,铁电相变一般要伴随晶体结构的变化,这是由铁电体固有电矩的特点和自发极化机制所决定的。从晶体结构上看,铁电相变有位移式相变和有序 - 无序相变两种,从热力学上看,铁电相变又可分为一级和二级相变两类。

当温度大于居里温度时,顺电体的相对介电常数满足如下形式的居里 - 外斯定律:

$$\varepsilon = \frac{C}{T - T_0} + \varepsilon_\infty \tag{8.63}$$

ε_∞ 的数值接近于 1,所以 $T > T_C$ 时有

$$\chi_E \approx \frac{C}{T - T_0} \tag{8.64}$$

式中,T_0 称为居里 - 外斯温度或特性温度;C 为居里常数。

5. 铁电体的种类

虽然具有铁电性的晶体很多,但从极化机制和相变的微观机制上

分,铁电体大致有两种:一种是位移型铁电体,其典型代表是具有钙钛矿型结构的 $BaTiO_3$;一种是有序 – 无序型铁电体,其代表是磷酸二氢钾 KH_2PO_4(KDP),其铁电相的晶体结构为复杂正交结构。在位移型铁电体中,自发极化来自于顺电 – 铁电相变时原子的位移。在有序 – 无序型铁电体中,自发极化来自于铁电相中某些离子的有序分布,择优占据某个平衡位置。

8.4.2 自发极化的微观机制

自发极化是铁电体的本质所在。铁电体的结构很复杂,这里只选取具有代表性的铁电体介绍其自发极化的微观机制,旨在说明上述两种典型铁电体自发极化在微观上的区别。

1. 位移型铁电体

具有 ABO_3 钙钛矿结构的铁电体是典型的位移型铁电体。当铁电体被加热时,铁电体会发生一系列结构相变,称顺电相中对称性最高的相为原型相(顺电相)。钙钛矿型铁电体原型相的晶体结构为复杂简单立方。钙钛矿型铁电体是目前发现的为数最多的一类铁电体,其通式为 ABO_3,A 和 B 的价态可为 $A^{2+}B^{4+}$、$A^{1+}B^{5+}$ 或 $A^{3+}B^{3+}$,例如 $BaTiO_3$、$LiNbO_3$、$BiFeO_3$。钙钛矿型晶体结构示于图 8.9。温度高于居里温度时,顺电钙钛矿型铁电体的结构为立方结构,在图 8.9(a) 所示的结构单元中,顶角由 A 离子所占据,体心位置为 B 离子所占据,面心位置则由氧离子占据。氧离子形成氧八面体,B 离子处于氧八面体中心。

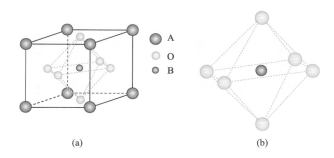

图 8.9 顺电钙钛矿晶体($T > T_C$) 的结构(a) 和氧八面体(b)

当温度从高温冷至 $T_C = 120\ ℃$ 以下,$BaTiO_3$ 转变为铁电体,其微观机制是晶体结构由立方结构转变为四方结构,如图 8.10 所示。发生顺电 – 铁电相变时,Ti^{4+} 离子沿 $[001]$ 方向移动,O^{2-} 离子沿 $[00\bar{1}]$ 方向移动,正电中心和负电中心不重合,形成固有电矩,产生自发极化。单胞的电偶极矩平行于 $[001]$ 方向。四方 $BaTiO_3$ 相的 c/a 约为 1.01,饱和极化强度约为 $P_s = 0.26\ C/m^2$。

可见,位移式铁电体的自发极化主要是靠正负离子之间的相对位移。由于阴阳离子的相对位置相对于原型顺电相的平衡位置有了变化,从而在某些方向上引起自发极化,产生铁电性。很明显,铁电相离子相对位移的大小和方向同晶体结构关系十分密切。以 $BaTiO_3$ 为例,当温度降低至居里点以下时,晶体结构是图 8.10 所示的四方结构,极化方向沿原立方相的[001]方向,如图8.10(a)、8.11(a)所示。当温度降至 5 ℃ 以下,晶体结构转变为正交结构,极化方向沿原立方相的[011]方向,如图8.11(b)所示。当温度继续降低至 -80 ℃,晶体结构转变为菱方相,极化方向沿原立方相的[111]方向,如图 8.11(c)所示。

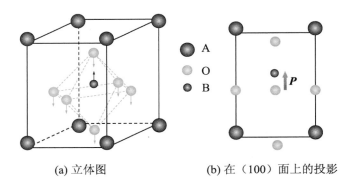

	A
	O
	B

(a) 立体图   (b) 在 (100) 面上的投影

图 8.10　铁电相 $BaTiO_3$(四方结构)相对于原型相的原子位移示意图

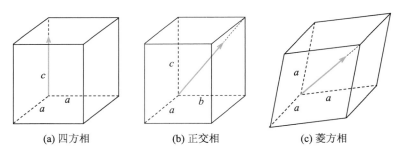

(a) 四方相   (b) 正交相   (c) 菱方相

图 8.11　$BaTiO_3$ 三种铁电相

(箭头为自发极化方向)

2. 有序 – 无序型铁电体

KH_2PO_4(KDP)是一种含氢键的铁电体,也是一种典型的有序 – 无序铁电体。它的自发极化来自于无序 – 有序相变,在原型顺电相中氢是无序分布的,而在铁电相中氢则是有序分布的。顺电 KDP 的晶体结构示于图8.12。该晶体的顺电相空间群为 I_{45d},铁电相空间群为 F_{dd2},居里温度为 -50 ℃。室温顺电相的晶格常数为 $a = 1.044$ nm,$b = 1.053$ nm,$c = 0.690$ nm。

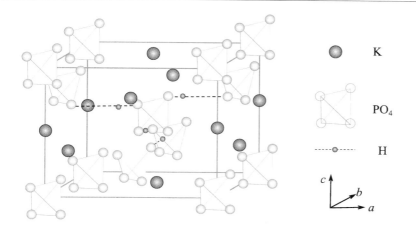

图 8.12 KH_2PO_4 的晶体结构

图 8.12 是 KDP 的晶体结构示意图，P 位于氧四面体的中心形成 PO_4 四面体，每个 PO_4 四面体通过氢键同四个 PO_4 相连（图 8.12 中仅画出了与体心位置处 PO_4 四面体相连的四个氢键）。中子衍射实验表明，两个氢原子处于离子构型为 $K^+(H_2PO_4)^-$ 的任一 PO_4 四面体的最近邻位置，T_C 以上，氢原子无序分布，随机占据上述两个最近邻位置。当温度降到 T_C 以下时，氢原子呈现有序化分布，择优地占据两个位置中的一个。

由于氢原子与负离子成键后几乎就是一个带正电的质子，所以氢原子的有序化分布导致了 K 离子和 P 离子的相对位移，从而形成平行或反平行 c 轴方向的自发极化。图 8.13(a) 和(b) 示出了与两种氢原子有序分布所对应的两种反向自发极化的示意图。当与 PO_4 四面体相连的两个氢原子形成如图 8.13(a) 所示的有序分布时，两个质子排斥相邻的 P 和 K 离子，产生平行于 c 轴的自发极化。当与 PO_4 四面体相连的两个氢原子形成如图 8.13(b) 所示的有序分布时，两个质子排斥相邻的 P 和 K 离子，产生反平行于 c 轴的自发极化。

当 $T > T_C$ 时，热运动破坏了氢的有序分布。两个氢原子在上述两个有序位置随机分布，可以简单地认为是图 8.13(a) 和(b) 的组合，此时，不给出自发极化，如图 8.13(c) 所示。

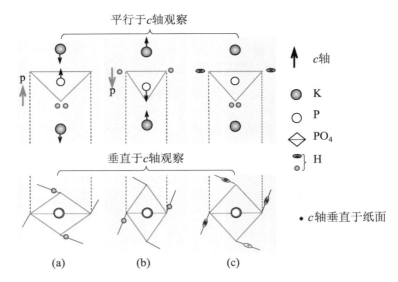

图 8.13　KH_2PO_4 晶体中自发极化((a) 和(b)) 及无自发极化(c) 示意图

8.5　铁电相变

铁电体的自发极化来源于顺电 – 铁电相变。铁电相变是一种结构相变,伴随着顺电体在 T_C 附近晶体结构变化而出现铁电体中的自发极化。本节主要介绍描述铁电相变的朗道热力学理论的基本内容。所涉及的理论除了适用于顺电 – 铁电相变以外,尚可在一定条件下推广到其他类型相变。特别是朗道理论具有相当广泛的普适意义。

8.5.1　相变的热力学分类与对称破缺

1. 一级相变和二级相变

在相变温度下,相变前后两相的自由能相等,但自由能的导数却因相变类型的不同而不同。若自由能(自由能具体形式取决于独立热力学变量的选取)的一阶偏导数在相变点不连续,则称此种相变为一级相变;若自由能一阶偏导数在相变点连续,但二级偏导数不连续则称此相变为二级相变。

在 T_C 温度下,二级相变的体积和自发极化强度均是连续变化(体积和自发极化强度均是自由能的一阶偏导数),即自发极化强度 P 从低温到高温连续地变为零,而 $\partial P/\partial T$ 是不连续的。对于一级相变,由于自由能的一级偏导数在相变点处不连续,所以,体积和自发极化强度 P 在相变点处也不连续。这两种情况下的自发极化强度及介电常数在居里温度附近的变化示于图 8.14(a)。由于极化率是自由能的二阶导数,所以无论是一级相变还是二级相变,极化率在居里温度处均不连续,如图 8.14(b) 所示。

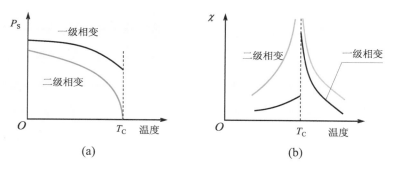

图 8.14 自发极化强度(a) 和极化率(b) 随温度的变化规律

鉴于以上热力学量在相变温度附近的变化行为,一级相变经常被称为不连续相变,而二级相变被称为连续相变。上述无序 – 有序相变为连续(二级)相变,而位移式相变为不连续(一级)相变。

2. 相变与对称破缺

当将相变与物质微结构联系起来时,可以发现,从高温到低温相变,总是伴随对称性的降低。例如,液态金属从高温到低温的凝固过程,对称性降低,有序性提高。再如,$BaTiO_3$ 高温时为立方结构,温度低于居里点以后,晶体结构变为四方结构,对称性降低,有序性提高。所以,我们可将高温(高对称、低有序)相向低温(低对称、高有序)相的相变过程看成是对称破缺的过程。

朗道建议利用序参量表述相变过程中的对称破缺。这里,序参量是反映系统内部有序化程度的参量,它是低温低对称相中原子(或电子)构型相对于高对称相(高温相)中原子(或电子)构型偏离程度的一种度量。序参量在低温有序相(低对称相)中不为零,而在高温无序相(高对称相) 中为零。而且,序参量应是一个可测量的宏观量。临界温度以下序参量的出现可以形象地理解为它引起了高对称相的对称破缺。对于多数铁电体,顺电 – 铁电相变序参量为极化强度矢量 $\boldsymbol{P}$。在顺磁 – 铁磁相变中,序参量可以选取宏观磁化强度 M。

在给定压力和温度的情况下,体系的稳定性由自由能的最小值来确定,因此自由能是研究相变的基础。朗道最早将序参量与自由能相联系,并给出了相应的自由能展开式。朗道理论认为,体系的自由能在相变点附近可以展开为序参量的幂级数。为了物理概念的清晰和讨论问题的方便,我们考虑一个一维铁电体长棒,其自发极化只能平行或反平行长棒轴向。若压力不变,选取温度(T) 和极化强度(P) 为热力学

变量,体系的单位体积自由能可以表示为下面的幂级数的形式:

$$F(T,P) = F(0) + \frac{\alpha}{2}P^2 + \frac{\beta}{4}P^4 + \frac{\gamma}{6}P^6 + \cdots \quad (8.65)$$

式中,$F(0)$ 是 $P = 0$ 时的单位体积自由能;P 为极化强度,无外电场时,$P = P_s$(自发极化强度)。

因为铁电体冷至居里点时,铁电长棒向左和向右极化是等价的,自由能表达式必须是序参量的偶函数,所以自由能展开式中极化强度的奇次幂项系数均为零。

8.5.2 朗道二级相变理论

1. 无外电场的情况

对于二级相变而言,序参量在趋近临界点时可以任意变小。在相变点附近,式(8.65)可以只取到 4 次方项,则在外场为零时有

二级相变朗道自由能。

$$F(T,P) = F(0) + \frac{\alpha}{2}P^2 + \frac{\beta}{4}P^4 \quad (8.66)$$

相稳定的条件是自由能取得极小值,即

$$\frac{\partial F}{\partial P} = 0 \quad (8.67)$$

及

$$\frac{\partial^2 F}{\partial P^2} > 0 \quad (8.68)$$

由式(8.67)可以得到

$$\frac{\partial F}{\partial P} = \alpha P + \beta P^3 = 0 \quad (8.69)$$

$P = 0$ 总是方程(8.69)的解。$T > T_C$ 时,铁电相变要求 $P = 0$ 是唯一稳定平衡点(自由能极小点);$T < T_C$ 时,要求 $P = 0$ 是不稳定点(自由能极大点),自由能极小点对应 $P \neq 0 (= P_s)$。所以,要求 $\beta > 0$,而 α 在居里点以上大于零,居里点以下小于零。将 α 对温度作级数展开,且只取一次方项,有

$$\alpha = \alpha_0(T - T_C) \quad (8.70)$$

式中,$\alpha_0 > 0$。式(8.70)保证了在居里温度以上,$P = 0$ 是方程(8.69)的唯一解,且满足式(8.68),表明 $T > T_C$ 时铁电体没有自发极化。

居里温度以下,$P = 0$ 是自由能的极大点,最不稳定。此时方程(8.69)的非零解就是铁电体的自发极化强度 P_s,且有

指数 1/2 也称朗道临界指数。

$$P_s = \pm\sqrt{-\frac{\alpha}{\beta}} = \pm\sqrt{\frac{\alpha_0}{\beta}}(T_C - T)^{1/2} \quad (8.71)$$

由此可见,自发极化强度由 $T > T_C$ 到 $T < T_C$ 连续地由零过渡到有

限值,如图 8.14(a)所示。式(8.71)中的正负号表示自发极化沿一维铁电棒的正负两个方向是等价的(在无外电场的情况下)。

　　图 8.15 示出了各种温度下自由能与极化强度(序参量)的关系。当 $T > T_C$ 时,自由能只有一个最低点在 $P = 0$ 处,此时,无自发极化的顺电相是稳定的。当 $T = T_C$ 时,自由能曲线的变化在 $P = 0$ 附近相当平缓,符合二级相变的特征。当 $T < T_C$ 时,$P = 0$ 是自由能的极大点,无序顺电相是最不稳定的,而在 $P = \pm P_s$ 处自由能取得极小值,表明具有自发极化的有序相(铁电相)是稳定的。而且随温度的降低,P_s 的大小以正比于 $(T_C - T)^{1/2}$ 的方式增加,如图 8.14(a)所示。

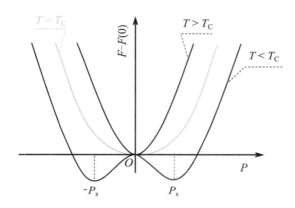

图 8.15　不同温度下的朗道自由能与极化强度的关系

2. 有外电场的情况

　　若外加电场 E 平行于一维铁电体的轴向,则朗道自由能展开式中应添加"$-EP$"一项,即

$$F(T,P) = F(0) + \frac{\alpha}{2}P^2 + \frac{\beta}{4}P^4 - EP \tag{8.72}$$

由式(8.67)可得

$$\frac{\partial F}{\partial P} = \alpha P + \beta P^3 - E = 0 \tag{8.73}$$

　　当电场很小时,顺电体的极化很小,可忽略上式的高次相,直接利用上式求得顺电极化率

$$\frac{1}{\varepsilon_0 \chi_E^P} = \left(\frac{\partial E}{\partial p}\right)_T = \alpha = \frac{T - T_C}{C} \tag{8.74}$$

$$C = \frac{1}{\alpha_0}$$

式中,上角标"P"表示顺电相,此处,极化率以 ε_0 为单位。

　　式(8.74)就是居里-外斯定律。对居里温度附近的铁电相,由式(8.73)可得

$$\frac{1}{\varepsilon_0 \chi_E^F} = \left(\frac{\partial E}{\partial p}\right)_T = \alpha + 3\beta P_s^2$$

式中,上角标"F"表示铁电相。

将式(8.71)代入上式,可得

$$\frac{1}{\varepsilon_0 \chi_E^F} = 2\frac{T_C - T}{C} \tag{8.75}$$

可见无论是铁电相还是顺电相,极化率倒数在居里点处均为零,即极化率在居里点处趋于无穷大,这一结论与实验相符合,如图8.14所示。

有外场的情况下,自由能曲线示于图8.16(a)。图中可以发现,外场使自由能曲线关于序参量 P 不再对称分布,在平行于外场一侧自由能更低。当 $T < T_C$ 时,由式(8.73)解出的 P 与外场 E 的关系示于图8.16(b)。图8.16(b)中 BD 虚线段是不稳定的($\partial F^2 / \partial P^2 < 0$),而 AB 、CD 段是亚稳的。正向饱和极化以后降低电场,$P \sim E$ 曲线逐渐达到 A 点($E = 0$)为零。自 A 点施加反向电场时,由于电场为零时的残留有序度可以使曲线"冲"到 B 点,然后极化强度发生图中箭头所示的突变,从而形成电滞回线。

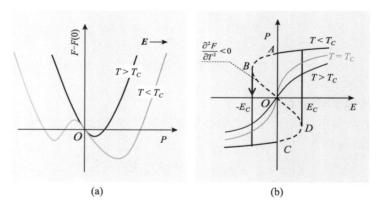

图8.16 有外场时的自由能曲线(a)和极化强度与外场的关系曲线(b)

朗道理论是针对二级相变提出的,其自由能展开项的系数可通过实验确定,理论本身旨在描述在临界点附近的相变行为。朗道理论预言

$$P_s \sim (T_C - T)^c$$

式中,c 称为相变临界指数。如式(8.71)所示,朗道理论给出的临界指数为 $c = 1/2$。实验表明,当温度十分接近相变温度时,朗道理论给出的临界指数常与实验不符合。这主要是朗道理论是一种平均场理论,它没有考虑到相变温度附近序参量的长程涨落。

8.5.3 朗道 – 德冯希亚一级相变理论

一级相变朗道自由能。

在朗道二级相变理论中,$\beta > 0$,且自由能展开式中高于 4 次方项可以略去不计。德冯希亚(Devonshire)指出,只要将朗道理论进行适当修正就可用来讨论一级相变,一般称之为朗道 – 德冯希亚理论。首先,自由能展开式中保留到 6 次方项,即

$$F(T,P) = F(0) + \frac{\alpha}{2}P^2 + \frac{\beta}{4}P^4 + \frac{\gamma}{6}P^6 \qquad (8.76)$$

另外,为了能够描述一级相变,朗道 – 德冯希亚理论对自由能展开项系数做如下约定:$\beta < 0, \gamma > 0$。

下面讨论 α 的取值。对于固体而言,可选择压强为零,而选择温度(T)和极化强度(P)作为热力学变量时,则有

$$dF = -SdT + EdP \qquad (8.77)$$

$$E = \left(\frac{\partial F}{\partial P}\right)_T$$

极化率为

$$\frac{1}{\varepsilon_0 \chi_E} = \frac{\partial E}{\partial P} = \frac{\partial^2 F}{\partial P^2} = \alpha + 3\beta P^2 + 5\gamma P^4 \qquad (8.78)$$

对于顺电相,极化强度很小,可以略去式(8.78)中的高次相,进而求得顺电相的极化率。结合居里 – 外斯定律可得

T_0 是居里 – 外斯温度。

$$\frac{1}{\varepsilon_0 \chi_E^P} = \alpha = \frac{1}{C}(T - T_0) = \alpha_0(T - T_0) \qquad (8.79)$$

式中,C 为居里常数;T_0 为居里 – 外斯温度;$\alpha_0 = 1/C$。

式(8.79)表明,α 可取为

$$\alpha = \alpha_0(T - T_0)$$

1. 无外电场的情况

自由能的极值点由下式给出

$$\frac{\partial F}{\partial P} = \alpha P + \beta P^3 + \gamma P^5 = 0 \qquad (8.80)$$

上述方程的根为

$$\begin{cases} P = 0 \\ P = \dfrac{-\beta \pm \sqrt{\beta^2 - 4\alpha\gamma}}{2\gamma} \end{cases} \qquad (8.81)$$

由上述根决定自由能极值的性质(极大值或极小值由自由能的二级导数的正或负决定)。各种温度下的 $F(T,P) - P$ 曲线示于图 8.17,下面对自由能曲线和相变特性作如下分析。

(1)由式(8.81)可知 $4\alpha\gamma - \beta^2 > 0$ 时,方程(8.80)只有一个 $P =$

0 的实根。根据式(8.79)可以将方程(8.80)只有一个实根的条件表示为

$$T > T_+ = T_0 + \frac{\beta^2}{4\alpha_0\gamma} \tag{8.82}$$

当 $T > T_+$ 时,自由能曲线上只有在 $P = 0$ 有一个极小值,如图 8.17 所示,表明顺电相是绝对稳定的。

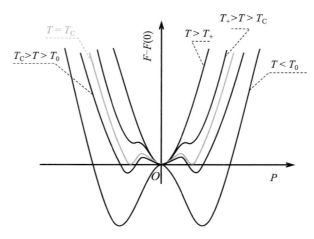

图 8.17　由朗道 – 德冯希亚理论得到的不同温度下的 $F(T,P) - P$ 曲线

（2）当 $T \le T_+$ 时,自由能曲线上除位于 $P = 0$ 的极小值外,在 $P = 0$ 两侧还有对称的两个极小值,不过这两个极小值大于位于 $P = 0$ 处的极小值,表明此时顺电相依然是稳定的。

（3）当温度进一步降低至 $T = T_C$ 时,上述三个极小值相等,即顺电 – 铁电相变处于临界状态。由图 8.17 可知,$F(T_C, P) - F(0) = 0$。所以,居里温度可由下面的方程组确定

$$\begin{cases} \dfrac{\partial F}{\partial P} = \alpha_0(T_C - T_0)P + \beta P^3 + \gamma P^5 = 0 \\[2mm] F(T_C, P) - F(0) = \dfrac{\alpha_0}{2}(T_C - T_0)P^2 + \dfrac{\beta}{4}P^4 + \dfrac{\gamma}{6}P^6 = 0 \end{cases} \tag{8.83}$$

略去 $P = 0$ 的解,可以得到

$$\begin{cases} T_C = \dfrac{3}{16}\Big(\dfrac{\beta^2}{\alpha_0\gamma}\Big) + T_0 \\[2mm] P_s^2(T_C) = -\dfrac{3}{4}\dfrac{\beta}{\gamma} \end{cases} \tag{8.84}$$

可见,发生一级顺电 – 铁电相变时,自发极化强度由零突变至 $P_s(T_C)$,如图 8.18（a）所示。居里温度略高于居里 – 外斯温度。

（4）极值点的性质由自由能二阶导数决定,自由能的二阶导数为

$$\frac{\partial^2 F}{\partial P^2} = \alpha + 3P^2 + 5\gamma P^4$$

则有

$$\left.\frac{\partial^2 F}{\partial P^2}\right|_{P=0} = \alpha = \alpha_0(T - T_0) \tag{8.85}$$

可见,当 $T < T_0$ 时,$P = 0$ 处的自由能二阶导数为负值,自由能曲线上只有两个对称的极小值。此时,顺电相绝对失稳。

利用式(8.78),可得到具有一级相变特征的铁电相的极化率,如图 8.18(b) 所示。

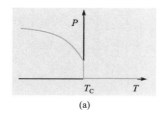 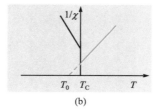

(a)　　　　　　　　(b)

图 8.18　极化强度(a) 和 T_C 附近的极化率(b) 与温度(T) 的关系

2. 有外电场的情况

当对铁电体施加外电场 $\boldsymbol{E}$ 时,体系的自由能为

$$F(T, P) = F(0) + \frac{\alpha}{2}P^2 + \frac{\beta}{4}P^4 + \frac{\gamma}{6}P^6 - PE \tag{8.86}$$

自由能的极小值由自由能导数为零来确定,即

$$E = \alpha P + \beta P^3 + \gamma P^5 \tag{8.87}$$

由方程(8.86) 和(8.87) 可以讨论有电场情况下一级铁电相变的相变规律,但情况远比二级相变要复杂,除 $T < T_C$ 铁电相对稳定外,还可能存在场致相变。这里只做如下定性分析。

(1) 图 8.19 给出了自由能具有三个极小值情况下($T_+ > T > T_0$) 的 $F \sim P$ 曲线与外电场的关系。可以发现,由于极化强度平行于外场时能量较低,所以自由能曲线是非对称的。

(2) 无外场时,居里温度以上的自由能曲线上在 $P \neq 0$ 存在两个对称的极小值点,但由于这两个极小值大于 $P = 0$ 处的自由能极小值,顺电相是稳定的。施加外场以后(假定 $E > 0$),与外场平行的极小值随外场增加而降低,当外场大到一定程度以后,顺电相($T > T_C$) 中自由能曲线 $P > 0$ 一侧的较小的极小值点可能与横轴相交,甚至比原 $P = 0$ 的极值点还低。此时,$P \neq 0$ 的铁电相极小值是稳定的,这一现象可以理解为场致相变。由于自发极化强度 $P \neq 0$,所以就会表现出铁电性特有的电滞回线。当然,当 $E < 0$ 时会出现同样现象,所以当温度高于居里温度时,可以在 $P - E$ 曲线上观察到双电滞环,如图 8.20 所示。

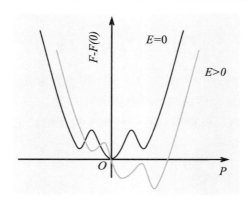

图 8.19 $T_+ > T > T_0$ 时,电场对 $F(T,P)-P$ 曲线的影响示意图

场致相变。

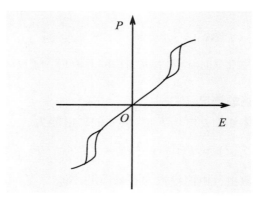

图 8.20 $T > T_C$ 时一级相变铁电体 $P-E$ 曲线上的双电滞环

习题 8

8.1 求置于电场 $\boldsymbol{E}_0$ 中的椭球形电介质内部的退极化场。

8.2 证明:具有立方对称性的晶体式(8.8)中的 $E_3 = 0$。

8.3 证明:当考虑耗散作用时,电子位移极化的共振频率为

$$\omega_1 = \left(\omega_0^2 - \frac{e^2 N e}{3 m \varepsilon_0} \right)^{1/2}$$

8.4 试比较铁电体自发极化、铁磁化和铁磁体自发磁化的异同。

8.5 试比较铁电体电滞回线和铁磁体磁滞回线的异同,并说明其中物理原因。

8.6 利用朗道理论分析顺电－铁电相变的熵变和比热变化。

8.7 选择磁化强度 M 为序参量,分析铁磁－顺磁相变。

8.8 讨论铁电－顺电相变同铁磁－顺磁相变的异同及其物理本质。

第9章 固体的超导电性

1908 年昂内斯(Onnes)实现了氦的液化,从此诞生了低温物理学这一重要研究领域。三年后(1911 年),昂内斯研究汞的低温电阻率时发现,当温度降至 T_C(约 4.15 K)以下,汞的直流电阻突然消失。之后,人们又在许多金属和化合物中发现了这一现象。这种失去了电阻的固体称为超导体,T_C 称为临界温度或超导转变温度。自超导体发现以来,关于超导电性的研究一直受到人们的广泛重视。这不仅仅是因为超导体有极为诱人的应用前景,而且关于超导电性机制的理解对发展和完善固体理论具有重大意义,特别是 1986 年发现氧化物高 T_C 超导体以来,超导体这一研究领域异常活跃。

本章主要介绍超导体的基本现象、唯象理论、BCS 理论等内容。

9.1 超导体的基本性质

超导体除具有零电阻性质外,还是完全抗磁体,这是超导体两个最基本的电磁学性质。本节主要介绍超导体的这两个基本性质和超导体存在的临界条件。

9.1.1 零电阻现象

人们认识超导体的第一个性质就是超导体的电阻为零,超导体的名称也由此而来。当然,超导体只能存在于临界温度 T_C 以下,在一般情况下,T_C 是指在无磁场条件下测得的超导体转变温度。图 9.1 是正常导体金属的电阻率和超导体的电阻率与温度的关系(在零磁场条件下)。由第 4 章的分析可知,正常金属导体的低温电阻率与温度的关系为

$$\rho(T) = \rho_0 + AT^{\delta} \tag{9.1}$$

如果没有超导转变,正常金属的电阻率以 T^{δ} 的形式衰减到 ρ_0。而对超导金属而言,当温度高于 T_C 时,式(9.1)仍然能得到满足,当 $T < T_C$ 时,$\rho = 0$。也就是说,超导体的零电阻现象同正常金属低温小电阻现象是截然不同的。

实验发现,超导转变可以在很窄的温度范围之内完成,例如,超纯 Ga 的超导转变温度范围为 $\Delta T \approx 10^{-5} \mathrm{K}$。迄今,已经发现大约 25 种元素

和数千种化合物具有超导电性。1986 年氧化物超导体发现以前,超导转变温度最高的超导体是 Nb_3Ge,约为 23 K。1986 年柏诺兹(Bednorz)和缪勒(Müller)发现氧化物超导体以后,超导转变温度已达 125 K。表 9.1 示出了一些超导体的临界转变温度 T_C。

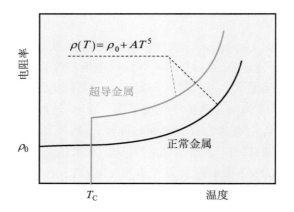

图 9.1 正常金属和超导金属的电阻率 – 温度曲线

一般认为,高 T_C 氧化物超导体的转变机制尚不完全清楚。除去这些超导体之外,从表 9.1 中,我们至少可以得到如下信息:

(1)与超导转变温度相联系的能量($k_B T_C$)为 10^{-8} ~ 10^{-3} eV,这个能量与费米能的典型值(10 eV)相比非常小。所以,在这些金属与合金中导致超导转变的基本电子相互作用同常规电子相互作用相比一定是很弱的。

(2)具有室温高导电性的正常金属,如铜、银、金和碱金属,至今未发现它们有超导转变。这表明超导体的导电机制与正常导体不同。

(3)由非超导元素组成的化合物或合金,则可具有超导电性。

(4)合金的超导转变温度 T_C 与其组成元素的 T_C 相差甚远,有时,前者比后者高三个数量级之多。

表 9.1 一些超导体的临界转变温度

超导体	T_C/K	超导体	T_C/K	超导体	T_C/K
Nb	9.26	Ga	1.08	Nb_3Al	18
Tc	7.8	Mo	0.915	V_3Si	17
Pb	7.2	Am	0.85	V_3Ga	16.5
La(α)	4.88	Os	0.66	NbN	15
La(β)	6.00	Zr	0.61	La_3In	10
V	5.40	Cd	0.517	NbTi	10

续表 9.1

超导体	T_C/K	超导体	T_C/K	超导体	T_C/K
Ta	4.47	Ru	0.49	Ti_2Co	3.44
Hg(α)	4.15	Ti	0.40	AuBe	2.64
Hg(β)	3.95	Hf	0.128	CuS	1.62
Sn	3.72	Ir	0.113	$(SN)_x$	0.26
In	3.41	Lu	0.1	$CeCu_2Si_2$	0.65
Tl	2.38	Be	0.026	UBe_{13}	0.85
Re	1.70	W	0.015 4	UPt_3	0.54
Pa	1.4	Rh	0.000 325	$La_2Cu_3O_7$	40
Th	1.38	Nb_3Ge	23	YBCO[*]	90
Al	1.17	Nb_3Sn	18	TBCCO[*]	125

注:[*] $YBCO = YBa_2Cu_3O_7$,$TBCCO = Tl_2Ba_2Ca_2Cu_3O_{19}$

9.1.2 完全抗磁性

完全抗磁性是超导体的一个重要性质,它与超导体的零电阻性质是完全独立的性质。超导体的完全抗磁性是指超导体内的磁感应强度为零($\boldsymbol{B} = 0$),超导体将磁感应线全部排斥于超导体之外。超导体的抗磁性与超导转变和施加磁场的先后顺序无关,只要所加的磁场小于某个临界值 B_C,超导体就是完全抗磁的。这一实验事实表明超导态是一个热力学平衡态,与进入超导态的途径无关。超导体的完全抗磁性是由迈斯纳(Meissner)和奥森菲尔德(Ochsenfeld)于 1933 年发现的,所以也称迈斯纳效应。迈斯纳效应不能由 $\rho = 0$ 这一结论推导出来,它是超导体的固有特征。

由于超导体内的磁感应强度总是等于零,所以有

$$\boldsymbol{B} = \mu_0(\boldsymbol{H} + \boldsymbol{M}) = 0$$

由此得到超导磁化率为

$$\chi = \frac{M}{H} = -1 \tag{9.2}$$

现在来说明超导体的迈斯纳效应与零电阻效应是独立的。首先分析 $\rho = 0$ 的理想导体。因为理想导体是电阻率为零的完美导体,其内部电场强度为零。根据麦克斯韦(Maxwell)方程,有

$$\nabla \times \boldsymbol{E}_e = -\frac{\partial \boldsymbol{B}}{\partial t} \tag{9.3}$$

式中,$\boldsymbol{E}_e$ 是理想导体内部的电场强度,恒等于零,所以对理想导体有

$$\frac{\partial \boldsymbol{B}}{\partial t} = 0 \qquad\qquad (9.4)$$

方程(9.4)的解为 $\boldsymbol{B} = \boldsymbol{B}(t = 0)$。这一结果表明理想导体中的磁感应强度依赖于初始条件,如图9.2(a)所示,现在导体转变成理想导体前(这种转变是假想的,并不存在理想导体)施加磁场 H,当 $T < T_{\mathrm{C}}$ 时,导体转变成理想导体。式(9.4)表示理想导体内磁感应强度与转变前相等。当在 $T < T_{\mathrm{C}}$ 条件下去磁场后,理想导体的磁通量仍然不发生变化。如果先令导体转变为零电阻理想导体,后加磁场,则当磁场撤去以后,理想导体内部 $\boldsymbol{B} = 0$。上述分析表明,理想导体内部的磁感应强度与初始条件有关。

　　超导体的迈斯纳效应是指超导体内部的磁感应强度 $\boldsymbol{B}$ 恒为零,与初始条件没有关系。无论是先施加磁场再发生超导转变,还是先发生超导转变再施加磁场,超导体内部的磁感应强度均为零,如图9.2(b)所示。所以迈斯纳效应与零电阻是两个独立的性质。

9.1.3　临界磁场和临界电流密度

　　超导体不仅存在临界转变温度 T_{C},而且在 T_{C} 以下,如果对超导体施加磁场,当磁场强度超过临界值 $H_{\mathrm{C}}(B_{\mathrm{C}} = \mu_0 H_{\mathrm{C}})$ 后,超导体就要转变为正常导体。H_{C} 不仅与材料本身有关,而且还依赖于温度,温度越高,H_{C} 越小。临界磁场强度和温度的关系可用下式表示

迈斯纳效应。

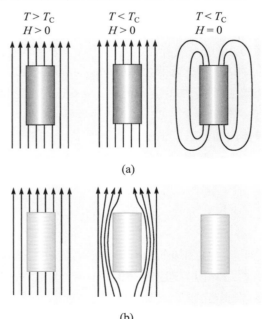

图9.2　理想导体(a)和超导体(b)在磁场中的行为
（假想金属在 T_{C} 温度下转变为理想导体）

$$H_C = H_0 \left[1 - \left(\frac{T}{T_C} \right)^2 \right] \tag{9.5}$$

式中，H_0 是温度趋于 0 K 时超导体的临界磁场强度。在一般情况下，T_C 越高 H_C 也越大。图 9.3 示出了一些金属超导体的临界磁场强度与温度的关系。常将图 9.3 称为超导相图，左下角为超导相区，右上部分为非超导相区，而 $H_C - T$ 曲线就是超导相和非超导相的相界。

另外，流过超导体的电流密度必须小于临界电流密度，称之为超导的临界电流密度。当流过超导体的电流超过临界电流密度（J_C）时，超导体转变成正常导体。临界电流密度与温度的关系可以表示为

$$J_C = J_0 \left[1 - \left(\frac{T}{T_C} \right)^2 \right] \tag{9.6}$$

式中，J_0 是温度趋于 0 K 时，超导体的临界电流密度。

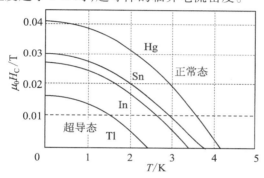

图 9.3　某些超导体的 $H_C - T$ 曲线

9.2　两类超导体

9.2.1　第 I 类超导体

前面讨论的超导体都是这样一种超导体：当外加磁场 $H > H_C$ 时，零电阻现象就消失了，这类超导体为第 I 类超导体。第 I 类超导体的磁学性质和超导相图示于图 9.4 中。大部分元素晶体的超导电性都符合第 I 类超导体的特征，属于第 I 类超导体。

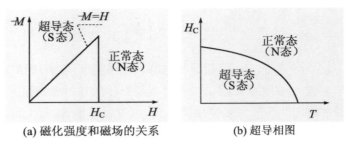

图 9.4　第 Ⅰ 类超导体的磁学特性和超导相图示意图

9.2.2　第 Ⅱ 类超导体

　　第 Ⅱ 类超导体的磁学特性比第 Ⅰ 类超导体要复杂得多,第 Ⅱ 类超导体存在两个临界磁场强度 H_{C1} 和 H_{C2},$H < H_{C1}$ 时,第 Ⅱ 类超导体不仅具有零电阻效应,而且具有迈斯纳效应,其电磁学行为类似于第 Ⅰ 类超导体。而当 $H_{C1} < H < H_{C2}$ 时,超导体逐渐失去其完全抗磁性,磁力线开始进入超导内部,超导体内部的磁感应强度随外加磁场的增加而逐步增加,但此时,零电阻效应依然存在。当 $H > H_{C2}$ 时,超导体则转变为正常态。有时将 $H < H_{C1}$ 的状态称为迈斯纳态,将 $H_{C1} < H < H_{C2}$ 的状态称为混合态,将 $H > H_{C2}$ 的状态称为正常态。第 Ⅱ 类超导体的磁学特性和超导相图示于图 9.5。

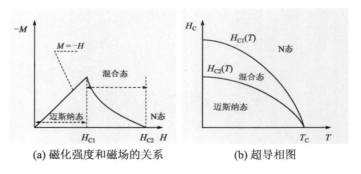

图 9.5　第 Ⅱ 类超导体的磁学特性和超导相图示意图

　　当 $H_{C1} < H < H_{C2}$ 时,第 Ⅱ 类超导体进入混合态。实验发现,混合态的超导体内部存在许多正常区,超导体内磁感应线只分布在这些正常区中,如图 9.6 所示。

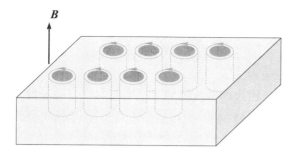

图 9.6   第 Ⅱ 类超导体中的磁感应线分布

9.3   超导相变的热力学分析

固体从正常态(N)到超导态(S)的相变称为超导相变。本节主要介绍超导相变的一般热力学特点,以及影响超导转变温度的同位素效应。超导相变的热力学研究不仅解释了超导相变的宏观特性,也为超导相变微观理论的建立奠定了基础。

9.3.1   超导态的内聚能

当磁场强度大于临界磁场时,超导体要转变成正常导体。利用这一现象,人们可以研究临界温度以下正常态和超导态热力学性质的异同。当考虑单位体积超导体时,超导体在磁场中的自由能变化为

$$G_{\mathrm{S}}(H,T) = G_{\mathrm{S}}(0,T) - \int_0^H \mu_0 M \cdot \mathrm{d}H \tag{9.7}$$

式中,$G_{\mathrm{S}}(0,T)$ 和 $G_{\mathrm{S}}(H,T)$ 分别是无外磁场和有外磁场时超导体的自由能。

当磁场小于临界磁场时,超导体具有完全抗磁性,$M = -H$,由式(9.7)积分后得到

$$G_{\mathrm{S}}(H_{\mathrm{C}},T) = G_{\mathrm{S}}(0,T) + \frac{1}{2}\mu_0 H_{\mathrm{C}}^2 \tag{9.8}$$

式中,$G_{\mathrm{S}}(0,T)$ 是无外磁场时超导体的自由能;$G_{\mathrm{S}}(H_{\mathrm{C}},T)$ 是在相变点 $H = H_{\mathrm{C}}$ 处超导体的自由能。

由于两相自由能在临界点处相等,所以,$G_{\mathrm{S}}(H_{\mathrm{C}},T)$ 与 $H = H_{\mathrm{C}}$ 时正常态的自由能相等,即

$$G_{\mathrm{S}}(H_{\mathrm{C}},T) = G_{\mathrm{N}}(H_{\mathrm{C}},T)$$

式中,$G_{\mathrm{N}}(H_{\mathrm{C}},T)$ 是正常态的自由能。

一般来说,超导体正常态的磁性很弱,$M \approx 0$,磁场对正常态自由能的影响很小,所以

$$G_{\mathrm{N}}(0,T) = G_{\mathrm{N}}(H_{\mathrm{C}},T) = G_{\mathrm{S}}(0,T) + \frac{1}{2}\mu_0 H_{\mathrm{C}}^2 \tag{9.9}$$

即

$$G_S(0,T) = G_N(0,T) - \frac{1}{2}\mu_0 H_C^2 \qquad (9.10)$$

式中，H_C 是 T 的函数。

式(9.10)表明，可以利用某一温度下的临界磁场值表征该温度下超导态和正常态自由能的差。超导态的自由能比正常态的自由能要低 $\mu_0 H_C^2/2$，因此，$\mu_0 H_C^2/2$ 称为超导体的内聚能。

9.3.2　超导态的熵和比热

1. 超导态的熵

由于正常态的自由能与磁场没有关系，则由式(9.8)可以得到

$$G_N(H,T) = G_N(0,T) = G_S(0,T) + \frac{1}{2}\mu_0 H_C^2 \qquad (9.11)$$

将式(9.11)与(9.8)两边相减可得

$$G_N(H,T) - G_S(H,T) = \frac{1}{2}\mu_0(H_C^2 - H^2) \qquad (9.12)$$

由 $S = -\partial G/\partial T$，可得

$$S_N(H,T) - S_S(H,T) = -\mu_0 H_C \frac{\mathrm{d}H_C}{\mathrm{d}T} \qquad (9.13)$$

式中，S_N 和 S_S 分别为正常态和超导态的熵。

由图9.3可知，温度越高，H_C 越小，即 $\mathrm{d}H_C/\mathrm{d}T < 0$，那么，式(9.13)表明：

> $S_N - S_S > 0$，超导态的熵小于正常态的熵，因此，超导态是比正常态更为有序的状态。

由超导态和正常态熵的变化可求得在相变过程中所释放的相变潜热(L)为

$$L = T(S_N - S_S) = -\mu_0 H_C T \frac{\mathrm{d}H_C}{\mathrm{d}T} \qquad (9.14)$$

可见，当 $T = T_C$ 时，$H_C = 0$ 时，$L = 0$，所以说，超导相变是二级相变。

2. 超导态的比热

下面来分析超导态和正常态比热的差别。由热力学可知一个体系的定容比热为

$$C_V = T\left(\frac{\partial S}{\partial T}\right)_V$$

结合上式与式(9.13)可得单位体积超导态与正常态的比热差为

$$C_S - C_N = \mu_0 T\left[H_C \frac{\mathrm{d}^2 H_C}{\mathrm{d}T^2} + \left(\frac{\mathrm{d}H_C}{\mathrm{d}T}\right)^2\right] \qquad (9.15)$$

由于 H_C 是温度的函数,所以,$C_S - C_N$ 也依赖于温度。我们特别感兴趣的是 $T = T_C$ 时二者的比热差(此时 $H_C = 0$),故有

$$\Delta C_{SN}\big|_{T=T_C} = \mu_0 T_C \left(\frac{\mathrm{d}H_C}{\mathrm{d}T}\right)^2\bigg|_{T=T_C} \tag{9.16}$$

可见,在 $T = T_C$ 时,比热在相变前后发生突变,如图9.7(a)所示。比热在临界点发生突变是二级相变的特征之一。另外,正常态比热在温度大致高于 0.1 K 时与式(4.36)相吻合。而超导态的比热则严重偏离式(4.36)所示的比热与温度的关系。

在第 4 章,我们曾得到电子的低温比热与温度成正比,见式(4.36),即 $C_e = gT$。图9.7(b)给出了超导态电子比热(C_{es})与温度的关系曲线。实验发现,超导态的电子比热满足下述关系

$$C_s \sim \mathrm{e}^{-\Delta/k_B T} \tag{9.17}$$

式(9.17)表明,超导态中存在能隙。但能隙的红外光谱结果表明,超导能隙实际上是比热所得能隙的 2 倍,即 $E_g = 2\Delta$。这一结果暗示,超导态内部所涉及的电子跃迁似乎是两个电子的共同行为。

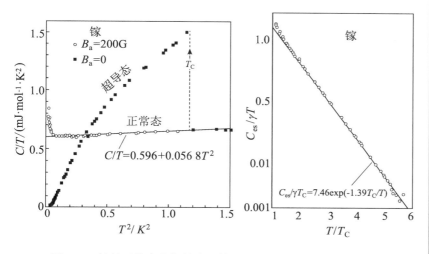

图 9.7　镓的正常态和超导态比热(a)及 Ca 低温比热曲线(b)

9.3.3　同位素效应

利用同位素原子质量不同而其他性质相近的特点,可以研究原子质量对超导电性的影响规律。图9.8示出了雷诺德(Reynolds)等人在1951年利用汞同位素所做的实验结果,图中示出了超导转变温度与原子质量的关系。对于大部分元素而言,有如下实验规律

$$M^{1/2}T_C = 常数 \tag{9.18}$$

式中，M 是原子质量；T_C 是临界温度。

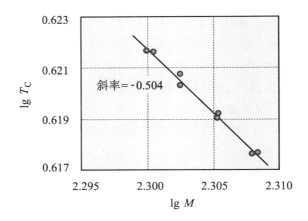

图 9.8　汞的同位素原子质量对超导转变临界温度的影响
（M 是平均原子质量）

　　由于同位素原子间相差的仅仅是原子核中的中子数量，原子的电子结构没有发生变化，固体的电子结构也不会因为同位素原子质量不同而不同。然而对晶格振动而言，原子质量的影响却不能忽略。原子越重，晶格振动越困难。由于晶格振动可以用声子描述，所以超导转变温度的同位素效应暗示超导相变与电子 – 声子的相互作用有关。同位素效应在超导的研究历史上具有重要地位，对超导量子理论的建立有重要作用。

9.4　二流体模型及伦敦方程

　　伦敦方程是 1935 年伦敦兄弟（F. London 和 H. London）为解释超导体迈斯纳效应而提出的一种唯象理论。本节在介绍二流体模型的基础上介绍伦敦方程的物理图像，以及超导体完全抗磁性的唯象解释。

9.4.1　二流体模型

　　二流体模型认为在超导体中存在两种类型的电子，一种是有电阻的正常传导电子，一种是没有电阻的超导电子，两种电子的密度分别用 n_N 和 n_S 表示。当 $T > T_C$ 时，导体内全部是正常电子，从而没有超导电性；当 $T < T_C$ 时，导体内部既存在正常电子也存在超导电子，整个导体因超导电子的短路作用而呈现零电阻特性。随温度的降低，n_S 越来

越大,而 n_N 则越来越小,即低温下有更多的电子成为超导电子。

由于超导电子是无阻的,其在电场中的运动方程为

$$m \frac{\mathrm{d}\boldsymbol{v}_s}{\mathrm{d}t} = -e\boldsymbol{E} \tag{9.19}$$

式中,$\boldsymbol{v}_s$ 是超导电子的速度;$\boldsymbol{E}$ 是外加电场;e 是电子的电量。

超导体的电流密度为

$$\boldsymbol{j}_s = -n_s e \boldsymbol{v}_s \tag{9.20}$$

9.4.2 伦敦方程

由式(9.19)和式(9.20)可以得到

$$\frac{\mathrm{d}\boldsymbol{J}_s}{\mathrm{d}t} = \frac{e^2 n_s}{m} \boldsymbol{E}$$

由麦克斯韦方程 $\nabla \times \boldsymbol{E} = -\dfrac{\mathrm{d}\boldsymbol{B}}{\mathrm{d}t}$ 有

$$\frac{\mathrm{d}}{\mathrm{d}t} \Big[\nabla \times \boldsymbol{J}_s + \frac{e^2 n_s}{m} \boldsymbol{B} \Big] = 0 \tag{9.21}$$

应当指出,虽然在上式中使用了 J_s 的符号,但可用于任何金属,它并不能解释迈斯纳效应。伦敦提出只要对式(9.21)进行某些限制就可以描述迈斯纳效应,为此,伦敦假设超导态是方程(9.21)的一个特殊解,即超导体满足下式的伦敦方程

$$\nabla \times \boldsymbol{J}_s + \frac{e^2 n_s}{m} \boldsymbol{B} = 0$$

伦敦方程也可以写为

$$\nabla \times \boldsymbol{J}_s = -\frac{e^2 n_s}{m} \boldsymbol{B} \tag{9.22}$$

由麦克斯韦方程可以得到

$$\nabla \times \boldsymbol{B} = \mu_0 \boldsymbol{J}_s \tag{9.23}$$

将式(9.23)代入(9.22),并利用 $\nabla \times \nabla \times \boldsymbol{B} = \nabla(\nabla \times \boldsymbol{B}) - \nabla^2 \boldsymbol{B} = -\nabla^2 \boldsymbol{B}$,可得

$$\nabla^2 \boldsymbol{B} = -\frac{\boldsymbol{B}}{\lambda_L^2} \tag{9.24}$$

式中

$$\lambda_L = \sqrt{m} / \sqrt{\mu_0 n_s e^2}$$

称为伦敦穿透深度或穿透深度。如果将金属中所有电子都视为超导电子,大部分金属的穿透深度为 10 ~ 100 nm。

下面分析穿透深度的物理意义。为此,考虑如图9.9所示的简单情况,即超导体占据 $y \geq 0$ 的半无限空间,$y < 0$ 的空间为自由空间。则伦

敦方程(9.24) 简化为

$$\frac{\mathrm{d}^2 B_z(y)}{\mathrm{d}y^2} = \frac{B_z(y)}{\lambda_L^2}$$

利用 $y = 0$ 时, $B = B_0$ (B_0 是外加磁场) 这一边界条件,可得上述方程的解为

$$B_z(y) = B_0 \mathrm{e}^{-y/\lambda_L} \tag{9.25}$$

式(9.25) 表明,超导体的完全抗磁性是出现在 $y \gg \lambda_L$ 的区域,而在超导体的表层区域里仍然有磁感应强度。当 $y = \lambda_L$ 时, $B_z(\lambda_L)/B_z(0) = \mathrm{e}^{-1}$。可以认为超导体中的磁场仅仅分布在距表面 λ_L 的深度内,这就是称 λ_L 为穿透深度的原因。考虑到在二流体模型中超导电子浓度随温度增加而降低,则由穿透深度的表达式可知, λ_L 则是随温度而递增的,并有如下实验规律

$$\lambda_L = \lambda(0) \left[1 - \left(\frac{T}{T_C} \right)^4 \right]^{1/2} \tag{9.26}$$

式中, $\lambda(0) = \left(\dfrac{m}{\mu_0 n_S e^2} \right)^{1/2}$ 为 $T = 0$ K 时的穿透深度。

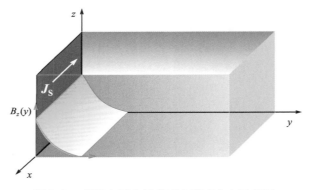

图 9.9　超导金属表层磁感应强度分布示意图

由式(9.26) 和麦克斯韦方程可以得到在超导体穿透深度内的超导电流密度为

$$J_{Sx} = -\frac{B_0}{\lambda} \mathrm{e}^{-\frac{y}{\lambda_L}} \tag{9.27}$$

上式表明,当外加磁场存在时,在 x 方向,超导体表层内有超导电流存在。容易判定,由 J_{Sx} 所产生的磁场方向同外加磁场方向相反。这样超导体迈斯纳效应可以看成是表面超导电流抵消了外加磁场所致,故称 J_{Sx} 为抗磁电流或屏蔽电流。

伦敦方程从唯象的角度阐明了超导体迈斯纳效应的来源,提出了穿透深度这一重要概念,指出了迈斯纳效应是一种宏观量子现象。伦敦方程为后来超导理论建立提供了基础。但是,伦敦方程没有对超导

电子的来源给出实质性的描述。

9.5 BCS 理论

大约在超导现象发现半个世纪以后,巴丁(Bardean)、库伯(Cooper)和施里弗(Schrieffer)于1957年建立了可以圆满解释金属与合金超导电性的量子力学理论,现在人们称这个理论为 BCS 理论。在 BCS 理论建立之前,人们对超导体进行了大量的实验研究,这些实验结果为 BCS 理论的建立奠定了重要的实验基础。例如,同位素效应表明,原子的质量越大,T_C 越低,这一结果暗示了在超导体中电子同声子相互作用的重要性。

本节首先介绍 BCS 理论,而后讨论 BCS 理论对超导体的一些物理性质的阐述。BCS 理论涉及非常复杂的量子力学推导和计算,本节主要介绍 BCS 理论的实质而省略了大部分结果的量子力学证明。

9.5.1 电子 – 声子相互作用与库柏对

温度大于 0 K 时,晶格对电子有散射作用,且可用电子 – 声子的相互作用来描述。如果不考虑电子同晶格的相互作用,电子 – 电子间的库仑相互作用总是相互排斥的。弗雷里希(Frohlich)提出,电子与声子的相互作用可以导致两个电子的弱相互吸引作用。如图 9.10(a) 所示,电子"A"吸引其周围的正离子,使晶体发生微弱的极化。晶体的微弱极化使该区域内正电荷的密度相对增加(被电子所吸引),这个正电荷密度较高的区域会吸引临近的电子"B"。通过晶格中的阳离子的位移作为媒介,两个电子可以表现出弱相互吸引。

电子 – 电子之间的借助于晶格畸变而产生的相互吸引作用可以用两个电子相互交换声子这一模型来描述。如图 9.10(b) 所示,一个波矢为 k_1 的电子同晶格相互作用发射一个波矢为 q 的声子,而被散射后,波矢变为 k'_1。与此同时,另外一个具有波矢为 k_2 的电子吸收前面的那个电子发射的波矢为 q 的声子,被散射后波矢变为 k'_2。显然,上述交换声子的过程完成以后,并没有净的声子产生或湮灭。由动量守恒定律可以知道

$$\begin{cases} k_1 = k'_1 + q \\ k_2 + q = k'_2 \end{cases} \tag{9.28}$$

显然有

$$k_1 + k_2 = k'_1 + k'_2 \tag{9.29}$$

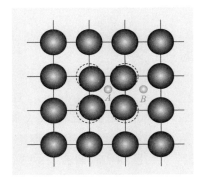 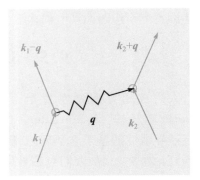

(a) 两个电子借助晶格畸变相互吸引　　　(b) 两个电子交换声子示意图

图 9.10　晶体中两个电子相互吸引的微观机制

库柏证明,当两个费米面附近的电子相互交换声子而相互吸引时,两个电子就有可能克服库仑排斥力而形成束缚态。形成束缚态后,两个电子的能量低于它们在费米面上的能量 $2E_F$。这就是库柏对的概念。库柏对只在一定温度以下才有意义,温度升高时,热运动剧烈程度增加,库柏对就被拆散了。

(1) 温度较低时,显著低于费米能级的状态全部被电子所占据。由于泡利不相容原理的限制,形成库柏对的电子只能在费米面附近。

(2) 具有动量相反、自旋相反的两个电子最易形成库伯对,所以,常将库伯对记为 $(\boldsymbol{k}\uparrow , -\boldsymbol{k}\downarrow)$。借助于声子交换而形成的库伯对能量降低,并与正常态形成能隙。

(3) 两个电子交换声子的过程中,每个电子的能量改变必定小于声子的最大允许能量 $\hbar\omega_D$(ω_D 为德拜频率)。对于大部分金属而言,德拜温度为 10^2 K,而费米温度(E_F/k_B)约为 10^5 K,$\hbar\omega_D$ 相对于费米能很小。所以,只有那些在费米面附近,能量间隔为 $\hbar\omega_D$ 的球壳内电子才能由于电子 - 声子相互作用而产生相互吸引作用。

9.5.2　BCS 理论

首先,电子可以正常态费米气体中任意小地激发到费米能级以上,电子 - 声子相互作用却可以使费米面附近的两个电子有净的相互吸引作用而形成库柏对。

其次 BCS 理论以为,由于组成库柏对的两个电子具有净的相互吸引作用,所以当有大量的电子形成库柏对以后,体系的能量降低。由于库柏对中包含了两个自旋相反的电子,所以可以将一个库柏对当做一个玻色子。因此,库柏对遵循玻色子的玻色 - 爱因斯坦统计。这样,在 $T = 0$ K 下所有玻色子都可以占据一个基态,这个基态就是超导基态,正是这个基态引起超导电性的。

另外,由于库柏对的能量降低,形成新的超导基态后,体系的能量比正常态要低,从而形成超导态与正常态之间的能隙。

下面先来分析库柏对是如何引起零电阻现象的。理论计算表明,库柏对的空间线度约为 10^{-8} m,远大于晶格常数。所以说,库柏对在空间必然就是相互交叉和关联的,库柏对的运动也是高度关联的。在超导基态,所有库柏对的动量都为零(库柏对中的两个电子的动量相反),没有电流。当超导体处于载流超导态时,每个库柏对都获得相同的动量 $\hbar\boldsymbol{K}$,相当于库柏中的两个电子波矢发生了如下变换:

$$(\boldsymbol{k}\uparrow,\ -\boldsymbol{k}\downarrow)\rightarrow\left[\left(\boldsymbol{k}+\frac{\boldsymbol{K}}{2}\right)\uparrow,\ -\left(\boldsymbol{k}+\frac{\boldsymbol{K}}{2}\right)\downarrow\right] \qquad (9.30)$$

库柏对的质心动量为 $\hbar\boldsymbol{K}$,超导电流正是由库柏对提供的。晶格对库柏对的散射作用,只是将一个库柏对变成另外一个库柏对,库柏对的总动量没有发生变化,从而不引起电阻,电流不会发生变化。这就是零电阻现象。

下面介绍 BCS 理论对超导体某些性质的解释。

1. 临界温度

库柏对在临界温度(T_C)以下才是稳定的,当温度很高时,库柏对就会被热运动拆散。当 $T = 0$ K 时,所有满足条件的电子都将形成库柏对。在零磁场条件下,BCS 给出临界温度如下

$$k_B T_C = 1.13\hbar\omega_q \mathrm{e}^{-1/g_0(E_F)V_0} \qquad (9.31)$$

式中,$g_0(E_F)$ 是费米面附近不计自旋取向的态密度;$\hbar\omega_q$ 是可以产生库伯对的声子的平均能量,一般情况下,$\hbar\omega q \approx \hbar\omega_D$;$V_0$ 是描述电子与声子相互作用强弱的系数。V_0 越小,电子与声子的相互作用就越弱,就越不容易转变成超导体。

具有强的电子 – 声子相互作用的金属容易转变成超导体,而具有强电子 – 声子相互作用的金属必然具有较大的正常态电阻率。反之,室温电阻率越小,金属或合金中的电子 – 声子相互作用越弱,在低温下就越难以转变成超导体。例如,Cu、Ag、Au 具有很小的室温电阻,因此很难转变成超导体,至今尚未发现它们有超导转变。

由式(9.31)精确地预测和计算临界温度是困难的,因为很难精确计算出平均声子频率 ω_q 和系数 V_0。BCS 理论发表以后,许多人在 BCS 理论的框架下进行多方修正,认为按照 BCS 理论,T_C 最高不超过 40 K。这一预言在 1986 年以前从未发生问题,但高 T_C 氧化物超导体的 T_C 值已高达 120 K 以上,这对 BCS 理论提出了挑战。

2. 能隙

由于库柏对的能量低于未成对时的两个电子的能量,所以超导态

和正常态之间存在能隙,其大小为2Δ。库柏对被激发至两个电子时,每个电子所需要的能量都为Δ,BCS 理论证明,绝对零度下的能隙为

$$\Delta_0 = 2\hbar\omega_q e^{-1/g(E_F)V_0} \tag{9.32}$$

由式(9.31)和式(9.32)可得如下结果

$$\frac{2\Delta_0}{k_B T_C} \approx 3.5 \tag{9.33}$$

上式不含物质参量,因此如果 BCS 理论是正确的,式(9.33)应适用于不同超导体。一些元素超导体的$2\Delta_0/k_B T_C$值列于表 9.2,其中可以看出,除 Hg 和 Pb 以外,BCS 理论同实验符合很好。

表 9.2　某些超导体的$2\Delta_0/k_B T_C$实验值

超导体	$2\Delta_0/k_B T_C$	超导体	$2\Delta_0/k_B T_C$	超导体	$2\Delta_0/k_B T_C$
Al	3.4	Sn	3.5	Zn	3.2
Cd	3.2	Ta	3.6	Hg(α)	4.6
In	3.6	Tl	3.6	Pb	4.3
Nb	3.8	V	3.4		

3. 临界磁场

当有磁场存在时,磁场会对超导体中库柏对的动量产生影响,可借助 BCS 理论预测迈斯纳效应和临界磁场的大小。BCS 理论指出,临界磁场和温度有如下关系

$$H_C = H_0\left[1 - 1.07\left(\frac{T}{T_C}\right)^2\right] \tag{9.34}$$

式(9.34)同式(9.5)略有差别。后来,更精确的实验表明 BCS 理论是正确的,更好地符合实验结果。

9.6　隧道效应

隧道效应是指电子可以穿越比其自身能量高的势垒。这一节主要介绍与超导体有关的隧道效应。

9.6.1　单电子隧道效应

1960 年吉厄弗(Giaever)提出利用单电子隧道效应测定超导体的能隙,由于能隙是 BCS 理论的核心结果,也是超导体的重要特征,吉厄弗的隧道效应实验具有重要意义。吉厄弗测量单电子隧道效应的样品如图 9.11 所示,这是一种金属 – 绝缘体 – 金属(MIM)夹心结构。其中,绝缘层(Al_2O_3)很薄(厚度为几个纳米)以便电子能够翻越绝缘体

造成的势垒而从一侧进入另一侧形成隧道效应。

若两个金属不相同,电子会从功函数小的金属向另外一个金属中流动,直到二者的电子化学势相等为止。在绝对零度下,若它不转变成超导体则两块金属中的费米面相等,如图9.12(a)所示。在图9.12(a)中我们看到,当$V = 0$时,两侧金属的费米能相等,没有电流产生。当在金属两端施加如图9.12(b)所示的电压时,两侧金属费米能级差为eV,电子通过隧道效应而从右侧进入左侧金属形成电流,此时$I - V$曲线是线性的,表现出一般金属的欧姆特性,如图9.12(b)所示。当温度升高时,电流增大,但$I - V$曲线特性不变。

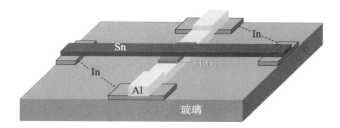

图9.11 一种 MIM 结($Al/Al_2O_3/Sn$)夹层结构示意图

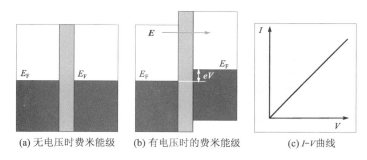

(a) 无电压时费米能级   (b) 有电压时的费米能级   (c) I-V曲线

图9.12 两个金属都是正常导体时的 MIM 结构

在一定温度下,若一个金属转变为超导体,另一个金属为正常态金属导体,就形成了 SIN 结构(S 代表超导体,I 代表绝缘体,N 代表正常态金属)。为了分析问题的方便,我们讨论绝对零度下的情况。首先必须明确,正常态金属中的电子通过隧道效应进入超导态的条件是:在超导态中必须有比正常态金属费米能级低且是未被占据的空态。在绝对零度下,超导体由于库柏对的形成导致了能隙的出现,如图9.13(a)所示。$V = 0$时,正常金属的费米面和超导体的费米面一样高,但是,超导体的费米面位于能隙中央。由于超导态费米能级以下的所有状态都是被填满的,所以$V = 0$时正常态金属不可能通过隧道效应进入比它自身能量高的超导能隙上方的空态,此时在 SIN 结构两端不可能有电流存在。当施加如图 9.13(b) 所示的电压时，正常态金属的费米开始逐渐升高。当正常态的费米能级比超导态的费米能级高时，发生隧道效应，形成电流。也就是存在一个临界电压 V_C，才会出现明显的隧道电流，而且：

$$V_C = \frac{\Delta}{e} \tag{9.35}$$

这样就可以通过测量临界电压 V_C，确定超导体的能隙 2Δ。图 9.13(c) 示出了 SIN 结构的电流–电压曲线，其中临界电压 $V_C = \Delta/e$ 的存在清晰可辨。实际测量不可能在 0 K 下进行，热激活可能在 $V < V_C$ 时造成一定大小的电流。但由于热激活引起电流很小，如图 9.13(c) 所示，所以对能隙的测量精度影响不大。

单粒子隧道效应已经成为了测量超导体能隙的有效方法，表 9.2 中的数据就是利用单电子隧道效应测得的。单电子隧道效应实验证实了超导能隙的存在，验证了 BCS 理论的正确性。

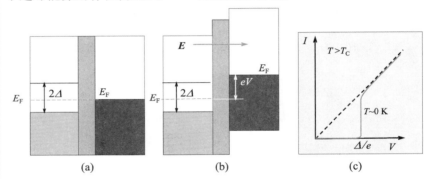

图 9.13 SIN 结构在无电压(a) 和有电压(b) 的能带结构以及 $I - V$ 曲线(c)

9.6.2 约瑟夫森效应

前面我们分析了超导体的单粒子隧道行为，在单粒子隧道效应中，穿越绝缘体层的是正常电子，故有时也称单粒子隧道效应为正常隧道效应。1962 年约瑟夫森证明，只要绝缘层足够薄，库伯对也可以发生隧道效应，从而表现出约瑟夫森效应。本节主要介绍约瑟夫森效应的具体结果，而不讨论约瑟夫森效应的推导过程，有兴趣的读者请参阅书后的有关文献。

约瑟夫森结的几何结构示于图 9.14 中，很薄的一层氧化物(1 nm 左右) 将两个超导体分开。当氧化物很薄时，界面势垒高度较低的库柏对可以一定的概率翻越氧化物界面势垒，库柏对会从一个超导体整体进入另外一个超导体，形成库柏对的隧道效应。由于两个超导体中波函数的位相是高度关联,发生隧道效应的时候,结成库柏对的两个电子将保留它们的动量和自旋关系,依然是库柏对。因此隧道效应形成的电流依然是超导电流,不会在氧化物层两侧形成电压降,除非电流密度超越过某种临界值,引起两个超导体的单电子隧道效应。

为了体现两个超导体中库伯对的位相关系,可以将两块超导体中的超导电子波函数写成如下形式:

$$\begin{cases} \varphi_1 = \sqrt{n_1}\,e^{i\theta_1} \\ \varphi_2 = \sqrt{n_2}\,e^{i\theta_2} \end{cases} \tag{9.36}$$

式中,n_1 和 n_2 是两块超导体的超导电子密度;θ_1 和 θ_2 是两块超导体的超导电子波函数的相位角。当两个超导体相互靠近时,超导电子波函数在氧化物层中就会相互耦合。

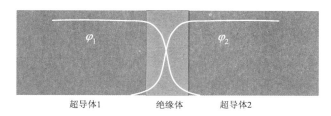

超导体1   绝缘体   超导体2

图 9.14 约瑟夫森结示意图及两个超导波函数在结区的耦合

约瑟夫森证明,当电流密度不超过某临界值 J_C 时,约瑟夫森结不会引起电压降。也就是说,由于库柏对的整体隧道效应,约瑟夫森结没有直流电阻。通过约瑟夫森结的电流取决于两个超导体基态波函数的位相差,且电流密度为

$$J = J_C\sin(\theta_2 - \theta_1) = J_C\sin\delta \tag{9.37}$$

式中,$\delta = \theta_2 - \theta_1$ 是两个超导体基态波函数的位相差;J_C 是临界电流密度。当电流密度大于 J_C 时,就会引起单粒子隧道效应,通过约瑟夫森结的电流就不是库柏对隧道效应造成的无阻电流,而是正常电子的电流,它必然是有电阻的。由于通过约瑟夫森结的电流密度由两个超导体的位相差决定,约瑟夫森效应是宏观量子干涉的一种表现。BCS 理论计算表明

$$J_C = \frac{\pi\Delta}{2eR_{NN}}\tanh\frac{\Delta}{2k_BT} \tag{9.38}$$

式中,R_{NN} 是约瑟夫森节两端金属都处于正常态时,单位面积的结电阻。

9.7 高 T_C 氧化物超导体

超导电性是固体的重要性质之一,其工程应用所产生的价值十分巨大。所以,提高超导体的转变温度一直是人们的追求。从超导的发现到 1986 年的七十多年时间里,超导体的转变温度也未超过 30 K,可见提高超导转变温度的艰巨性。所以,1986 年 4 月当柏诺兹和缪勒宣布 La – Ba – Cu – O 化合物的超导转变温度为 35 K 时,立即引起全球性的超导研究热潮。1987 年柏诺兹和缪勒获得诺贝尔奖。表9.3 给出了几种高 T_C 氧化物超导体的临界温度。

表9.3 高 T_C 氧化物超导体的临界温度

化合物	缩写	T_C/K
$BaPb_{0.75}Bi_{0.25}O_3$	BPBO	12
$La_{1.85}Ba_{0.15}CuO_4$	LBCO	36
$YBa_2Cu_3O_7$	YBCO	90
$Tl_2Ba_2Ca_2Cu_3O_{10}$	TBCCO	120
$Hg_{0.8}Tl_{0.2}Ba_2Ca_2Cu_3O_{8.33}$	—	138

高 T_C 氧化物超导体具有如下特点:

(1)高 T_C 氧化物超导体的晶体结构均比较复杂,但它们有一个共同的特征,就是都含有铜。现已查明,氧化物超导体结构中 Cu – O 层对超导转变有极为重要的作用。图 9.15 示出了 $YBa_2Cu_3O_7$ 的晶体结构。

(2)约瑟夫森实验表明,高 T_C 氧化物超导体中也存在电荷为 $2e$ 的库柏对,但大部分高 T_C 氧化物超导体的载流子为空穴。

(3)高 T_C 氧化物超导体基本都是第 II 类超导体。

(4)高 T_C 氧化物超导体具有明显的各向异性,平行于 CuO_2 平面和垂直于 CuO_2 平面的性质差别很大,表明了 CuO_2 层面在高 T_C 氧化物超导体中所起的作用是很重要的。例如,在平行 CuO_2 面上 H_{C2} 在低温时超过 100 特斯拉,这对高磁场强电流应用十分重要。

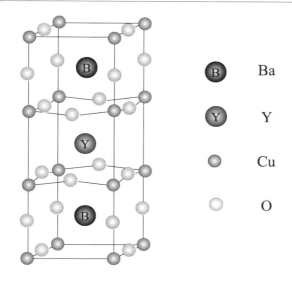

图 9.15　YBCO 的晶体结构

（5）超导态和正常态之间存在能隙。

人们研究超导体的兴趣不仅是基于理论上的兴趣，重要的是超导体一旦可以大面积商业应用，在许多方面都具有重要意义。例如，如果超导体的转变温度足够高、临界电流足够大，在能源节约方面的意义将是十分巨大的。再如，超导体可以在很小体积内实现超强磁场，这些强磁场在医学、核物理等方面已经获得了重要应用，这些应用是常规电磁铁所不能相比的。另外，像超导磁悬浮列车等方面也是人们希望能在将来实现的。超导体的应用非常广泛，著名物理学家金兹伯格（Ginzburg）曾说，在物理学中，除了受控核聚变外，对社会冲击最大的就是高温（最终将达到室温）超导体。

习题 9

9.1　根据图 9.3 所给的数据，对 1 cm^3 Sn 而言作如下近似估计：（1）在正常态和超导态自由能差；（2）在 0 K 超导转变温度处比热的不连续性，即 $T = T_C$ 时，正常态和超导态比热的差别。

9.2　证明当一个超导体的超导电性被外加磁场破坏时，样品的温度要下降。

9.3　Hg 在 3.5K 时伦敦穿透深度 $\lambda_L = 75$ nm，计算 $T = 0$ K 时的穿透深度和库柏对的密度。

9.4　证明由于穿透深度的影响，厚度为 t 的超导板的临界磁场强度的量级为 $H_C(1 + \lambda_L/t)$，式中，λ_L 为穿透深度，H_C 是体块材料的临界磁场强度。（假定正常态和超导态的自由能差与板的厚度无关）

参考文献

［1］周世勋. 量子力学［M］. 北京:人民教育出版社,1979.

［2］曾谨言. 量子力学(上册)［M］. 北京:科学出版社,1981.

［3］江元生. 结构化学［M］. 北京:高等教育出版社,1997.

［4］LIBOFF R L. Introdutory Quantum Mechanics［M］. San Francisco:Holden-Day, Inc. , 1980.

［5］方俊鑫,陆栋. 固体物理(上册)［M］. 上海:上海科技出版社,1980.

［6］方俊鑫,陆栋. 固体物理(下册)［M］. 上海:上海科技出版社,1980.

［7］吴代鸣. 固体物理学［M］. 长春:吉林大学出版社,1996.

［8］C 基泰尔. 固体物理导论［M］. 杨顺华,金怀成,王鼎盛,等译. 北京:科学出版社,1979.

［9］黄昆. 固体物理学［M］. 韩汝琦,改编. 北京:高等教育出版社,1989.

［10］顾秉林,王喜坤. 固体物理学［M］. 北京:清华大学出版社,1989.

［11］陈长乐. 固体物理学［M］. 西安:西安工业大学出版社,1998.

［12］BLACKEMORE J S. Solid State Physics［M］. Seciongd Eidtion. Britain:Cambridge University Press, 1985.

［13］ROSENBERG H M. The Solid State［M］. Second Edition. Britain:Clarendon Press, Oxford, 1978.

［14］BURNS C. Solid State Physics［M］. New York:Academic Press, Inc. ,1985.

［15］戴道生,钱昆明. 铁磁学(上册)［M］. 北京:科学出版社,1998.

［16］关振铎,张中太,焦金生. 无机材料的物理性能［M］. 北京:清华大学出版社,1992.

［17］冯端. 金属物理学(第二卷,第三卷)［M］. 北京:科学出版社,1998.

［18］钟维烈. 铁电体物理学［M］. 北京:科学出版社,1998.

［19］方俊鑫,殷之文. 电介质物理学［M］. 北京:科学出版社,1998.

［20］冯端,金国均. 凝聚态物理学新论［M］. 上海:上海科学出版社,1992.

［21］OMAR M A. Elementary Solid State Physics: Principles and Applications［M］. New York: Addison-Wesley Publishing Company, Inc. , 1975.